海洋环境中的氨基脲污染及其生物效应

徐英江　田秀慧　张小军　宫向红　等　著

海洋出版社

2018年 · 北京

内容简介

目前，关于我国海洋环境中污染物的调查数据很多，但极少涉及新型的重要环境污染物——氨基脲，鲜见我国主要贝类产区的黄渤海海域中海水、沉积物和贝类氨基脲污染状况报道。因此，开展黄渤海海域环境和水产品中氨基脲系统化研究势在必行。本研究填补了黄渤海海域海水、沉积物和贝类氨基脲污染状况、氨基脲污染源以及氨基脲在海水中的消除规律、贝类对氨基脲的富集规律、氨基脲在海水及沉积物中的分配系数及生物标示物等系统化研究的空白。本研究建立了海水、沉积物及生物体内氨基脲的测定方法，开展了氨基脲环境风险评价技术研究。通过对海水、沉积物和贝类氨基脲污染状况的研究，氨基脲污染源的研究，氨基脲在海水中消除规律的研究，贝类对氨基脲的富集规律、氨基脲在海水及沉积物中的分配系数的研究，提出了海水中氨基脲的预警值。通过氨基脲在贝类体内的代谢规律的研究，对受氨基脲污染贝类的净化方式和净化条件提出了建议，并对氨基脲的产生机理和前体生物标示物识别开展了相关研究工作。

图书在版编目（CIP）数据

海洋环境中的氨基脲污染及其生物效应/徐英江等著. —北京：海洋出版社，2018. 11

ISBN 978-7-5210-0241-6

Ⅰ. ①海…　Ⅱ. ①徐…　Ⅲ. ①氨基脲-海洋污染-研究　Ⅳ. ①X55

中国版本图书馆 CIP 数据核字（2018）第 248060 号

责任编辑：杨传霞　赵　娟

责任印制：赵麟苏

海洋出版社　出版发行

http：//www. oceanpress. com. cn

北京市海淀区大慧寺路 8 号　邮编：100081

北京朝阳印刷厂有限责任公司印刷　　新华书店发行所经销

2018 年 11 月第 1 版　2018 年 11 月北京第 1 次印刷

开本：889mm×1194mm　1/16　印张：12. 25

字数：250 千字　定价：78. 00 元

发行部：62132549　邮购部：68038093　总编室：62114335

前　言

海洋是地球生命的发源地，面积辽阔，是地球上最稳定的生态系统，是人类生存和发展的重要组成部分。我国是海洋大国，主张管辖的海域约 300 万 km^2，海洋资源极其丰富。近几十年，随着中国工业、沿海养殖业的发展，海洋污染也日趋严重，大量携带化工废料、农残、兽残等污染物工业废水、养殖废水间接或直接排入近海，使局部海域环境发生了很大变化，并有继续扩展的趋势。随着全球工业化程度的提高、城市化进程的加快和人口的不断增加，近海环境污染、生物资源衰退等问题日益突出。据调查，造成海洋污染的主要原因有陆地输入污染源、海洋倾倒废弃物、石油泄漏或排放污染、人类无节制的捕捞活动等。

所谓海洋污染是指人类在生活、生产过程中所产生对海洋环境有害的物质。所以构成海洋污染必须具备两个条件；一是该物质是在人类生活、生产过程中产生的；二是该物质对海洋造成了损害或超过了海洋处理有害物质的能力。近年来，抗生素所造成的环境问题越来越受到人们的关注。尽管抗生素类药物给人们的生活及生产带来巨大的、其他药物无法取代的作用，然而抗生素已经成为环境中重要的新型污染物之一。

氨基脲一直作为抗生素呋喃西林的标志性代谢产物用于动物性食品的兽药残留监控，然而食品中氨基脲的来源非常复杂。近年来研究表明，甲壳类水生动物体内存在内源性氨基脲；食品加工及处理程序也会给食品中引入氨基脲，例如欧盟研究发现，在婴儿食品和果酱等灌装食品甚至面粉中检出氨基脲，上述食品均未使用呋喃西林却出现氨基脲检出的现象。同时，氨基脲也是一种化工中间体，这也是海洋环境中氨基脲的来源之一，目前已有科研工作者提出，将氨基脲作为一种海洋环境和食品的新型污染物。本书作者多年来致力于海洋环境污染物氨基脲的研究，同时关注海洋环境健康，对目前广泛存在的海洋环境问题有了一些新的认识和了解，在此基础上编写了本书，以期能够对海洋污染研究有所贡献，并为保护海洋环境、维护海洋生态平衡，实现人类与海洋环境的和谐发展提供参考。

全书共分为 10 章，第 1 章综述了目前海洋环境污染的现状，主要由徐英江、黄会整理、执笔编写；第 2 章介绍了氨基脲的主要来源、毒性机理及目前所用的检测方法，主要由徐英江、孙国华执笔编写；第 3 章介绍了海水、沉积物和海洋生物体样品中氨基脲测定的液相色谱-串联质谱法，主要由田秀慧、吴蒙蒙执笔编写；第4章介绍了山东北部3个典型养殖海湾金城湾、四十里湾和莱州湾西部，氨基脲在海水、沉积物和代表性贝类中的分布情况，主要由宋秀凯、宫向红和苏博执笔编写；第5章介绍了潮河口邻近海域氨基脲污染现状调查研究及四十里湾海洋贝类对氨基脲的生物富集特性，主要由任利华、于召强执笔编写；第6章和第7章介绍了甲壳类中氨基脲富集消除规律，并对产生机理及前体生物标示物进行了深入探讨，主要由张小军、陈思和张帅执笔编写；第8章和第9章介绍了刺参中氨基脲的生物毒性及低浓度残留规律，主要由张华威、任传博、郑伟云执笔编写；第10章为结论与展望。

本书的编写和出版得到了海洋公益性行业科研专项“黄渤海重点海域贝类养殖环境安全评价及其监控体系技术研究”（200805031）、国家重点研发计划课题（2017YFC1600702）和中央引导地方科技发展专项资金项目（Z135050009017）等项目的资助，感谢张利民研究员、张秀珍研究员在此书出版方面给予的各种支持和指导。

在本书的编写过程中参考和引用了有关专家、学者的大量文献，还有一小部分引用文献未在正文中注明或在文后列出，对此敬请原作者谅解。由于作者对氨基脲的认识仍然有很多的局限性，本书在内容上还有很多不足及欠妥之处，真诚希望广大读者批评指正。

徐英江

2018年9月

目 次

第 1 章　国内外海洋环境污染现状

海洋是我国经济社会发展的基础，沿海地区以 13%的国土面积，承载了 40%以上的人口，创造了约 60%的国民生产总值，实现了 90%以上的进出口贸易。在陆地资源日益枯竭的情况下，海洋是支撑中国经济社会可持续发展的必然选择。海洋环境是人类赖以生存和发展的重要组成部分，近海及海岸带的海洋生态系统为国民的生产和生活提供了多种重要资源，因此，加强海洋生态环境保护，牢固树立绿色发展理念，维护海洋对我国可持续发展的支撑，对我国海洋事业的发展十分重要。

全球环境问题已成为国际社会关注的焦点，改善生态与环境是事关经济社会可持续发展和人民生活质量提高的重大问题。2006 年 2 月，国务院发布《国家中长期科学和技术发展规划纲要（2006—2020 年）》，提出要把发展能源、水资源和环境保护技术放在优先位置，下决心解决制约经济社会发展的重大瓶颈问题。纲要指出，要加强海洋生态与环境保护，重点开发海洋生态与环境监测技术和设备，加强海洋生态与环境保护技术研究，发展近海海域生态与环境保护、修复及海上突发事件应急处理技术，开发高精度海洋动态环境数值预报技术。2015 年 4 月，国务院发布《水污染防治行动计划》，计划明确要求加强近岸海域环境保护，实施近岸海域污染防治方案，并指出要重点整治辽东湾、渤海湾、胶州湾、杭州湾、北部湾、黄河口、长江口、闽江口、珠江口等海湾河口污染；7 月，国家海洋局印发《国家海洋局海洋生态文明建设实施方案（2015—2020 年）》，方案指出，在增强对海洋开发利用活动的引导和约束、深化资源科学配置与管理的同时，做好严格海洋环境监管与污染防治，加强海洋生态保护与修复等多方面工作。

根据国家海洋局近年来对相关生态监控区的监控结果表明，我国近海海域生态系统还在进一步恶化。2010—2016 年《中国海洋环境状况公报》结果表明，我国近海主要污染要素为无机氮、活性磷酸盐和石油类，2016 年严重污染区域主要分布在辽东湾、渤海湾、莱州湾、江苏沿岸、长江口、杭州湾、浙江沿岸、珠江口等近岸区域；2017 年 9 月，国家海洋局发布的 2017 年第 1 期（总第 28 期）海洋环境信息对我国近岸海域冬季和春季海水综合评价结果显示，近岸局部海域海水环境污染依然严重。国家环境保护部高度重视海洋环境保护与健康问题，于 2017 年 2 月印发了《国家环境保护“十三五”环境与健康工作规划》，规划中提出要重点加强农药类、重金属类、挥发性有机物、多氯联苯、多溴联苯醚等对环境影响的监测。

兽药在畜禽及水产养殖中应用非常广泛，残留的兽药最后随养殖废水排入海洋，直接污染海洋环境。氨基脲是禁用兽药呋喃西林代谢物，有研究表明，氨基脲在国内多个海域的海水、沉积物中有检出，已成为一种新型环境污染物，可能会对海洋生物、海洋环境造成较高的生态风险。“十三五”时期，我国海洋环境与水产品质量安全工作仍面临巨大压力，海洋环境中新型污染物的检出与水产品中兽药残留、代谢等问题基础数据缺乏、技术支撑不足问题依然突出，海洋环境、水产品质量安全管理制度建设与公共健康、经济社会发展的协调性亟待增强。因此，探讨海洋环境污染的成因、深入研究海洋环境中新型兽药残留、污染状况及潜在生态风险，加强对水产品质量安全的监管、开展海洋生态环境污染预警机制，不仅是食品安全问题和环境问题，还是一个关注度极高的社会问题，事关社会和谐稳定、国家长治久安和民族生存繁衍。

1.1 海洋环境污染的成因

海洋污染（Marine pollution）通常是指人类改变了海洋原来的状态，使海洋生态系统遭到破坏。联合国教科文组织下属的政府间海洋学委员会对海洋污染明确定义为：由于人类活动，直接或间接地把物质或能量引入海洋环境，造成或可能造成损害海洋生物资源、危害人类健康、妨碍捕鱼和其他各种合法活动、损害海水的正常使用价值和降低海洋环境的质量等有害影响。有害物质进入海洋环境而造成的污染，会损害生物资源，危害人类健康，妨碍捕鱼和人类在海上的其他活动，损坏海水质量和环境质量等。海洋面积辽阔，储水量巨大，因而长期以来是地球上最稳定的生态系统。由陆地流入海洋的各种物质被海洋接纳，而海洋本身却没有发生显著的变化。然而近几十年来，随着世界工业、沿海养殖业的发展，海洋的污染也日趋严重，大量携带着化工废料、农残、兽残等污染物的工业废水、养殖废水间接或直接排入近海，使局部海域环境发生了很大变化，并有继续扩展的趋势。据调查，造成海洋污染的主要原因是：陆地输入污染源、海洋倾倒废弃物、石油泄漏或排放污染、人类无节制的捕捞活动等。

联合国环境规划署（United Nations Environment Programme，UNEP）在蒙特利尔环境部长会议报告中指出，80%的海洋污染源于陆地污染源。世界资源研究所（The World Resources Institute，WRI）的最新研究也表明，导致全球近海生态环境系统污染和富营养化的最主要原因是陆源输入。随着工业、农业经济的发展，工农业生产中废水、石油类、重金属、化肥和兽药、农药等，直接或间接通过地表径流、河流等途径进入海洋环境，人类产生的生活垃圾和生活污水等直接排入沿海水域，成为陆源污染的主因。中国近岸海域每年几百亿吨的工业和生活污水将大量的氮、磷、石油类、重金属以及其他有害物质排入大海，造成近海海域水质污染。此外，由于含大量高营养物质的污水排入大海，近年来我国近海海域发生赤潮的次数大幅度增加，极大地破坏了海洋的生态环境，给近海养殖业造成了巨大的损失，严重威胁了人们的生活安全。山东半岛重要海域烟台四十里湾海域是赤潮频发区，四十里湾最大流发生在养马岛以外的东北水域，流速为 17~20 cm/s，养马岛西南端流速最低，仅为 4~5 cm/s，受水建工程和筏式养殖的干扰，养殖区内流速有所减缓，不利于污染物的扩散。特定的地理环境及物质条件十分适合藻类的生长繁殖，一旦遇到适宜的水文气象条件，赤潮藻即骤然快速增殖而形成赤潮（高昊东等，2011）。近年来多方对海洋环境的监测表明，新型污染物、持久性污染物在不断涌现。目前，我国关于新型污染物、持久性污染物等造成的污染还缺乏技术跟踪和前瞻性研究，特别是对海洋环境中污染物的研究更是少之又少。

此外，船舶运输、海上采矿及油井作业等带来了许多海洋环境问题，对海洋环境造成污染，最直接、最严重的问题是原油污染。据统计全球每年约有 320×10^4 t 石油造成海洋污染，通常 1 t 石油可在海上形成覆盖范围 12 km^2 的油膜，油膜直接影响光合作用、海水复氧等，石油的分解发生光化学反应使海水缺氧，造成海洋中藻类、微生物和水生动物的死亡，破坏海洋生态系统的食物链，导致海洋生态系统失衡。随着人们物质生活水平的提高，海鲜成为了我国百姓餐桌上常见的美味。为了满足人们餐桌上的需求，人类大肆从海洋中捕获渔业资源，现代渔业捕获的海洋生物已经超过生态系统能够平衡弥补的数量，导致整个海洋生态系统遭到严重破坏。《中国区域海洋学——海洋环境生态学》书中指出：近海的过度捕捞正在形成一个恶性循环，生态系统的所有物种均被过度利用，造成渔业资源的系列性枯竭和生物品种的退化。

1.2 我国海洋环境污染的现状

1.2.1 海洋环境中兽药残留污染现状

兽药（Veterinary Drugs）是指用于预防、治疗、诊断动物疾病或者有目的地调节动物生理机能的物质（含药物饲料添加剂），其在保障动物健康，提高动物产品质量，尤其在畜牧业、水产业集约化发展等方面起着重要作用。根据联合国粮食及农业组织（Food and Agriculture Organization of the United Nations，FAO）和世界卫生组织（World Health Organization，WHO）食品中兽药残留联合立法委员会的定义，兽药残留（Drug residue）是指动物产品的任何可食部分所含药物的母体化合物及（或）其代谢物，以及与药物有关的杂质的残留。所以药物残留既包括原药，也包括药物在动物体内的代谢产物。此外，药物或其代谢产物还能与内源大分子共价结合，形成结合残留，它们对靶动物具有潜在毒性作用。

抗生素（Antibiotic Resistance Genes，ARGs）是国内外养殖业使用量最大、使用范围最广的一类兽药。然而，滥用抗生素会导致动物体内及环境中耐药菌大量繁殖，对养殖区以及周边环境造成潜在污染，低浓度的抗生素及其代谢产物在水体中会诱导产生抗性基因，对水生生物及人类产生潜在的毒性效应，对水产品安全和生态环境稳定构成严重的威胁。大量研究表明，水产品中已检出硝基呋喃类、磺胺类、喹诺酮类、四环素类、大环内酯类等多种抗生素。

抗生素进入水环境的主要途径是农用兽药的大量使用、医用药物和制药废水等。水产养殖业是农用兽药抗生素残留进入环境较为直接、影响较广泛的重要途径，产生的废水大部分未经过污水处理厂接受三级废水处理而直接排入环境，使用的抗生素随之直接进入水环境。在畜禽养殖中动物对于抗生素的吸收率（10%）和利用率很低，抗生素原药和代谢产物（共轭态、氧化产物、水解产物等）被直接排出体外进入环境或以耕作还田的形式进入环境。医用抗生素及其代谢物、制药废水进入污水收集系统经污水处理厂处理后进入水环境。进入水体的兽药抗生素会被悬浮颗粒吸附并随之沉降至沉积物中，进入沉积物后兽药抗生素分解难度加大，沉积物中兽药抗生素的浓度随其结构不同存在很大的差异。随着降水、地表径流、河流、湖泊等最终进入海洋环境。许多国家在河流、湖泊、地下水甚至是海洋环境中发现了硝基呋喃类、磺胺类、喹诺酮类、大环内酯类和氯霉素类等抗生素类药物的存在。总之，兽药通过多种途径进入水生动物体内累积，兽药及其代谢物不仅对动物本身具有直接毒性效应，危害水产品质量安全，间接对人体产生急慢性毒性作用，兽药及其代谢物排放入环境后，还会带来严重的生态风险和危害。抗生素进入环境的主要途径及其迁移见图 1-1。

1.2.1.1 硝基呋喃类药物

1）性质与危害

硝基呋喃类药物是一类重要的人工合成抗生素，是具有 5-硝基呋喃基本结构的广谱抗菌药物，作用于微生物酶系统，抑制乙酰辅酶 A，干扰微生物糖类的代谢，从而起抑菌作用。曾广泛应用于畜禽及水产养殖业，以治疗由大肠杆菌或沙门氏菌

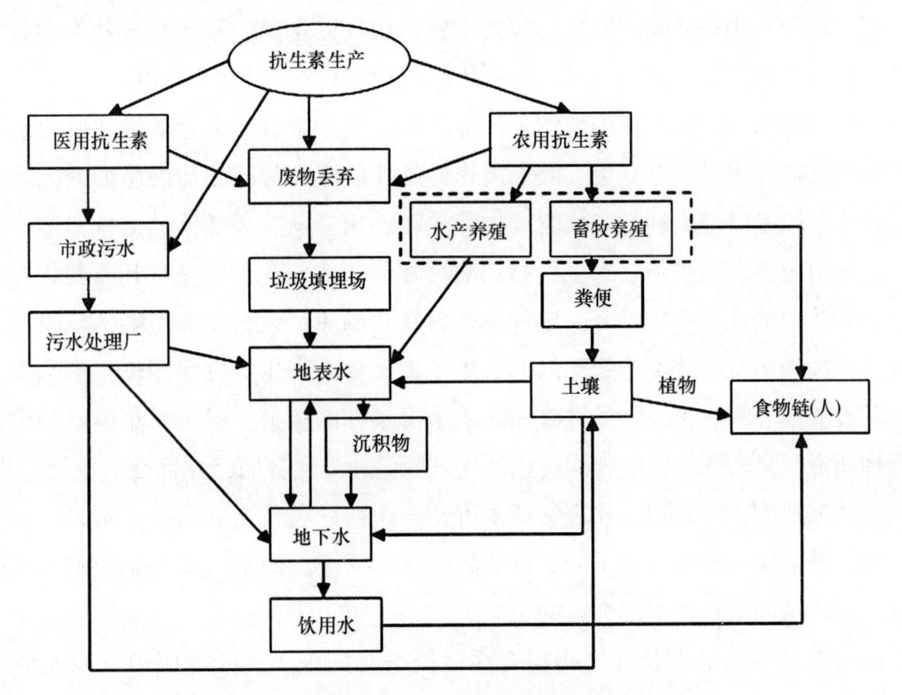

图 1-1 抗生素进入环境的主要途径及其迁移

所引起的肠炎、疥疮、赤鳍病、溃疡病等。常用的有呋喃唑酮（furazolidone，FZD）、呋喃西林（nitrofurazone，NFZ）、呋喃妥因（nitrofurantion，NFT）和呋喃它酮（furaltadone，FTD）4 种。硝基呋喃类原型药在生物体内代谢迅速，其代谢产物分别为 AOZ、AMOZ、AHD、SEM，和蛋白质结合相当稳定，故常利用代谢物的检测来反映硝基呋喃类药物的残留状况。

常见硝基呋喃类药物及其代谢物和衍生物如表 1-1 所示。

表 1-1 常见的硝基呋喃类药物及其代谢物

药物原型	对应代谢物
呋喃唑酮（furazolidone）	3-氨基-2-恶唑烷酮（AOZ） 3-amino-2-Oxazolidinone
呋喃它酮（furaltadone）	5-甲基吗啉-3-氨基-2-唑烷基酮（AMOZ） 5-morpholine-methyl-3-amino-2-oxazolidinone
呋喃妥因（nitrofurantion）	1-氨基-2-乙内酰（AHD） 1-Aminohydantoin
呋喃西林（nitrofurazone）	氨基脲（SEM） Semicarbazid

研究表明，硝基呋喃类原型药物在生物体内代谢迅速，母体化合物在动物体及其产品中很快就降至检测限以下，但其代谢物以蛋白结合物的形式在体内可残留较长时间，代谢物在人体胃液的酸性条件下从蛋白质中释放出来，被人体吸收可引起人溶血性贫血、多发性神经炎、眼部损伤、急性肝坏死等疾病的发生而对人类健康造成危害。硝基呋喃类药物以代谢产物形式随动物粪便、尿液或其他排泄物进入环境，在环境土壤、微生物、水生生物、植物等蓄积或储存。硝基呋喃类药物原药及其在动物体内的代谢产物具有一定的毒性，有致畸胎、致突变和致癌的危险。大剂量或长时间用硝基呋喃类药物均能对水生生物、畜禽产生毒性作用，兽医临床上经常出现有关猪、鸭、羊、鸽子等呋喃唑酮中毒事件的报道。通过对小白鼠和大白鼠的毒性研究结果表明，呋喃唑酮可以诱发乳腺癌和支气管癌，并且有剂量反应关系；高剂量呋喃唑酮饲喂食用鱼和观赏鱼，可诱导鱼的肝脏发生肿瘤；繁殖毒性研究结果表明，呋喃唑酮能减少精子的数量和胚胎的成活率。硝基呋喃类化合物不用附加其他外源性诱因就可以引起细菌的突变。

随着对硝基呋喃类及其代谢物毒性机制研究的深入，联合国粮食及农业组织（FAO）、世界卫生组织（WHO）食物添加剂联合专家委员会认为各地食物规管当局应设法避免食物含有若干种类的硝基呋喃类代谢物残余，出于安全考虑，欧洲联盟（European Union，EU）、美国等国家和地区以及中国先后颁布了禁止使用该类兽药的禁令。硝基呋喃是美国方面质量监控重点指标之一，早在 1993 年，美国食品和药品管理局（Food and Drug Administration，FDA）禁止呋喃唑酮作为兽药在食用动物中使用；2004 年，美国食品和药品管理局（FDA）公布了禁止在进口动物源性食品中使用的包括呋喃西林和呋喃唑酮在内的 11 种药物名单。2007 年，美国食品和药品管理局（FDA）针对中国 5 种水产品的“6 月禁令”，成为当时国际贸易进出口影响较大的事件，对我国水产品出口造成不良影响。欧盟也于 1995 年全面禁止硝基呋喃类药物在畜禽及水产动物食品中使用，并严格执行对水产品中硝基呋喃的残留检测。2008 年 1 月 22 日，西班牙边防站检测出中国进口的水煮虾含有禁用物质硝基呋喃代谢物——氨基脲，残留量为 1.9 μg/kg，通报并拒绝入境，产品遣返中国。

2002 年，我国农业部发布的《食用动物禁用的兽药及其他化合物清单》（农业部公告第 193 号）已明令禁用硝基呋喃类药物，2003 年又将水产品硝基呋喃代谢物纳入残留监控计划中。2002 年 12 月、2005 年 10 月，农业部相继发布中华人民共和国农业部公告第 235 号及第 560 号，规定饲养过程中禁止使用硝基呋喃类药物，在动物性食品中不得检出。2010 年 3 月 22 日，我国卫生部将呋喃唑酮、呋喃它酮、呋喃妥因、呋喃西林列入《食品中可能违法添加的非食用物质名单（第四批）》。

2018年3月29日，我国台湾省发布卫授食字第1071900536号公告，修订发布适用于畜禽水产品、蜂蜜及乳品中硝基呋喃代谢物的标准《食品中动物用药残留量检验方法——硝基呋喃代谢物之检验》。我国对硝基呋喃类药物的禁令较为严格，农业部早在2002年就将硝基呋喃类药物列入水产禁药范畴。近几年来，农业部公布的水产种苗质量安全监督抽查结果显示硝基呋喃类水产禁用药成为抽查不合格的主要原因，水产品中禁用药物的问题仍然比较突出。我国的罗非鱼、虾、鳗鱼等水产品曾经多次被检测出硝基呋喃类药物残留，严重影响了水产品的出口。鉴于氨基脲对人体的潜在危害，要强化对硝基呋喃类药物的监管，相关部门加强对畜禽、水产品中硝基呋喃类药残留的检测，企业也加强源头把关，严格控制硝基呋喃类药物的污染。

2）污染现状

通过大量文献数据总结，得出现在对海洋环境及养殖环境中硝基呋喃类原药及其代谢物的调查研究较少，氨基脲是在海洋环境监测中发现的一种新型污染物（马桂霞等，2003；陶贞等，2002）。山东省海洋资源与环境研究院的研究人员分别于2009年（徐英江等，2010）、2010年（于召强等，2013）对山东沿海重要海域海水、沉积物及常见海洋生物体中氨基脲污染状况进行调查，发现研究海域山东东营潮河入海口、烟台四十里湾、莱州金城湾、牟平养马岛等海域或邻近海域海水、沉积物及海洋生物体内均有不同程度的氨基脲残留。潮河入海口邻近海域海水中氨基脲的浓度为0.18~70.6 μg/L，沉积物中氨基脲的浓度为0.26~18.9 μg/kg；研究的生物体有四角蛤（*Mactra veneriforimis*）、青蛤（*Cyclina smensis*）、毛蚶（*Scapharca subcrenata*）、文蛤（*Meretrix meretrix*）、梭鱼（*Mugil soiuy*）和鲬（*Platycephalus indicus*），含量为0.82~6.46 μg/kg。莱州金城湾生物体、水体中均检测到氨基脲，牟平养马岛海域仅水体中检出少量氨基脲。通过分析氨基脲检测结果，潮河口污染最为严重，且在潮河口邻近海域海水、沉积物和生物体内浓度都沿潮河向下呈放射性递减分布，说明潮河是污染的主要来源；山东烟台四十里湾海水中均检测到氨基脲，且海湾扇贝（*Argopectens irradias*）、贻贝（*Mytilus edulis*）、牡蛎（*Ostrea plicatula*）、栉孔扇贝［*Chlamys*（*Azumapecten*）*Farreri*］等贝类体内氨基脲残留量与水体中氨基脲浓度存在较好的正相关系。两次调查结果说明氨基脲已经对山东部分海域造成污染。王强等（2016）对广东省内所采集的40份养殖水样中的呋喃类代谢物进行测定，其中一份水样中测出呋喃唑酮（浓度为0.23 μg/L），一份水样中测出呋喃西林（浓度为0.14 μg/L）。

在国家水产品及水产苗种质量安全监督抽查时，抽检的养殖产品及苗种中经常会检出氨基脲（呋喃西林代谢物），检出品种涉及海参、大菱鲆等海珍品。针对我国水产品及苗种抽检结果，山东省海洋资源与环境研究院徐英江等对养殖户进行实地回访调查，许多养殖户在养殖过程中没有投用呋喃西林药物，但抽检产品却质量不合格，有些甚至被执法部门销毁，给当地养殖企业造成严重损失。调查人员从抽样点随机选取池塘抽取水质样品，各水样中均检出氨基脲，平均含量为（2.54 ± 0.86）μg/L，可能是养殖户从邻近海域纳水带来的外源性污染。

1.2.1.2 喹诺酮类

1）性质与危害

喹诺酮类（4-quinolones）是近二三十年来迅速发展起来的划时代的人工合成的抗菌药物，具有抗菌谱广、抗菌力强、结构简单、疗效显著、与其他常用抗菌药物一般无交叉耐药性等优势。1979 年合成诺氟沙星，随后又合成一系列含氟的新喹诺酮类药，通称为氟喹诺酮类。喹诺酮类药物分为四代，目前临床应用较多的为第三代，常用药物有诺氟沙星、氧氟沙星、环丙沙星、氟罗沙星等。喹诺酮类以细菌的脱氧核糖核酸（DNA）为靶，妨碍 DNA 回旋酶，进一步造成细菌 DNA 的不可逆损害，达到抗菌效果。喹诺酮类药物最早应用于水产养殖细菌病的防治始于 20 世纪 70 年代，初期该类药物在我国南方养鳗业中开始使用，随着药物价格的下降，目前已被广泛应用于水生动物的疾病治疗，近几年在治疗鱼病实践中，喹诺酮类药物的用量呈逐年增长的趋势。

喹诺酮类是人畜两用药物，广泛用于人的泌尿生殖系统疾病、胃肠疾病，以及呼吸道、皮肤组织的革兰氏阴性细菌感染的治疗。人们若长期食用喹诺酮类药物残留超标的水产品后，药物会随着食物链进入人体，引起人体消化系统、神经系统和心血管系统等的不良反应。氟喹诺酮类药物对小鼠脑室注射，可诱发小鼠惊厥，其作用机制可能为抑制 GABA 与脑内 GABA 受体的结合，并使 GABA 受体 α1、β2 亚型 mRNA 的表达下调。关于喹诺酮类对水生生物的毒性效应也有广泛研究。喹诺酮类可影响斜生栅藻（*Scenedesmus obliquus*）、蛋白核小球藻（*Chlorella pyrenoidosa*）、月牙藻（*Selenastrum capricornutum*）等的光合作用，对藻类具有一定的毒性（Liu B Y et al.，2011）。诺氟沙星可显著诱导海水青鳉（*Oryzias melastigma*）胚胎的 SOD 活性、CAT 活性，且对胚胎具有发育毒性，可导致其胚胎心搏率明显加速。氧氟沙星、诺氟沙星、环丙沙星等引发锦鲤（*Cyprinus carpio*）脂质过氧化现象，对机体的抗氧化机制、肝脏组织细胞等均存在不同程度的不利影响。

2015 年以来，上海、山西、陕西、甘肃、安徽等地食药监局均通报过当地中华鲟、鳊鱼、鲤鱼等水产品中恩诺沙星超标。日本、韩国和美国等因喹诺酮类药物残留超标对中国水产品设置贸易壁垒，不仅造成我国水产业经济损失，还影响了中国的水产品声誉。2003 年 7 月，日本以查出烤鳗的恩诺沙星残留超标为由，宣布对中国生产的烤鳗实行命令性检查。2007 年出口美国的鳗鱼因恩诺沙星残留超标被扣留。2016 年 4 月至 2017 年 9 月，韩国食品药品管理局（Ministry of Food and Drug Safety，MFDS）因喹诺酮类检出问题多次召回并销毁从中国进口的冷冻鲶鱼、活泥鳅等产品。不同地区和国家对喹诺酮类药物的最高残留限量要求各不相同。欧盟的许多国家设定部分鱼类肌肉和内脏中诺氟沙星、环丙沙星的残留标准限量为 30 ng/g，美国对恩诺沙星的要求为不得检出，即小于 0. 01 mg/kg。农业部标准 NY 5070—2001《无公害食品水产品中渔药残留限量》的残留标准诺氟沙星、环丙沙星残留限量为 50 ng/g。2007 年，日本进口水产品中恩诺沙星标准限量调整为 0. 01 mg/kg（日本厚生劳动省，2007）。

2）污染现状

近年来，喹诺酮类抗生素不仅在水产品可食组织中被广泛检出（赵思俊等，2007），而且在土壤（Golet M et al.，2003）、水体（Chen H et al.，2015）、沉积物（Shi H et al.，2014）中也被普遍检出。2006 年 9 月至 10 月，广东市售鳗鱼、加州鲈鱼、黄鳝和草鱼中均不同程度地检出诺氟沙星、环丙沙星、恩诺沙星（杨永涛等，2009）。2014 年，广东某饮用水源保护区的河流沉积物和鱼类样品中均检测到诺氟沙星、环丙沙星、恩诺沙星 3 种药物（任珂君等，2016）。

2007 年，通过对广州、香港等多地沿岸水环境中抗生素污染进行调查，在香港维多利亚港海水中检测到喹诺酮类和大环内酯类的脱水红霉素（Xu W H et al.，2007），维多利亚港海水中喹诺酮类浓度范围为 5. 0~28. 1 ng/L（徐维海等，2006），大亚湾、海陵岛等海域沉积物中也已发现环丙沙星、洛美沙星的存在。2009 年，黄河及其支流水中检测到的抗生素主要为氧氟沙星、诺氟沙星、罗红霉素、红霉素和磺胺甲唑等，黄河水域中的浓度范围为 25~152 ng/L，其主要支流中的浓度为 44~240 ng/L（Xu W et al.，2009）。2011 年，王敏等（2011）调查了福建省九龙江入海口紫泥镇滩涂养殖区的抗生素污染情况，其中氟喹诺酮类和磺胺类抗生素是该区的主要残留抗生素，浓度范围为 3. 54~40. 2 ng/L。2012 年，梁惜梅等（2013）采集的珠江口养殖区的水体和沉积物中分别检出 2 类 3 种（诺氟沙星、氧氟沙星和四环素）和 3 类 5 种（诺氟沙星、氧氟沙星、恩诺沙星、四环素和脱水红霉素）抗生素残留，平均浓度分别为 7. 63~59. 0 ng/L 和 0. 97~85. 25 ng/L。

沉积物既是抗生素的蓄积、储存库又是水中抗生素潜在的污染源，近年来，对沉积物中喹诺酮类污染状况也有相关报道。Zou 等（2011）对于渤海湾 6 条主要河流及入海口的抗生素含量的调查显示了6条河流的抗生素平均含量高于渤海湾，渤海湾北部高于南部，其中氟喹诺酮类抗生素在渤海湾污染最严重，主要来源于农业生产残留的抗生素（Zhang D et al.，2011）。渤海沉积物中氧氟沙星的平均含量为1.50 μg/kg；环丙沙星为4.40 μg/kg、恩诺沙星为2.00 μg/kg。胶州湾海岸带表层沉积物中检测到8种喹诺酮类，胶州湾海岸带已明显受到喹诺酮类抗生素污染，恶喹酸检出率高达94.4%，平均含量为0.89 μg/kg，这与在水产养殖中广泛使用恶喹酸有关。其中，氧氟沙星平均检出值为2.70 μg/kg，环丙沙星为1.41 μg/kg，洛美沙星为0.09 μg/kg，恩诺沙星为0.18 μg/kg。洋河河口沉积物中喹诺酮类的平均含量为8.91 μg/kg；红岛码头区沉积物中检出4种喹诺酮类，总含量均达到6.00 μg/kg；湾口养殖基地周边沉积物中检测出喹诺酮种类较多，总含量为11.1 μg/kg（刘珂等，2017）。以上研究表明，在我国河口区域、近海海域喹诺酮类等的污染较为严重。

1.2.1.3 磺胺类

1）性质与危害

磺胺类药物（sulfonamides）是一类重要的人工合成抗生素，在抗菌药物发展史上占有十分重要的地位。1935年磺胺类药物正式应用于临床，具有抗菌谱广、性质稳定、体内分布广、制造不需粮食作原料、产量大、品种多、价格低、使用简便、供应充足等优点。磺胺类主要表现为抑制作用，对大多数由革兰氏阳性菌和革兰氏阴性菌引起的疾病都有良好的防治效果，对某些放线菌、衣原体和某些原生动物也有抑制作用。1969年，抗菌增效剂——甲氧苄氨嘧啶（TMP）被发现以后，与磺胺类联合应用可使其抗菌作用增强、治疗范围扩大。近年来，虽然有大量抗生素问世，但随着对喹诺酮等抗生素的细菌耐药性研究的进展，加之磺胺类价格便宜，疗效确实，磺胺类药仍是重要的化学治疗药物，在兽医临床上的使用越来越广泛。磺胺类磺酰胺基上的氢可被不同杂环取代，形成磺胺噻唑、磺胺异噁唑、磺胺二甲嘧啶、磺胺二甲异嘧啶、磺胺嘧啶、磺胺甲基异噁唑、磺胺氯哒嗪、磺胺甲氧哒嗪、磺胺对甲氧嘧啶、磺胺二甲氧嘧啶、磺胺喹噁啉等几十种药物。它们与母体磺胺相比，具有效价高、毒性小、抗菌谱广、口服易吸收等优点。磺胺类新药毒副作用正在逐渐变小，而在动物体内代谢半衰期延长，它们在兽医治疗学上的重要性将会被重新评价。

一般磺胺药物对鱼类的毒性效应均较弱，但连续过量使用磺胺药物对白鲢、草鱼、鲤鱼等鱼类会产生严重的不良影响，主要表现在使肝、肾的负荷过重，导致颗粒性白细胞缺乏症、急性及亚急性溶血性贫血以及再生障碍性贫血。磺胺药物吸收进入血液后，通过肝脏乙酰辅酶的作用产生乙酰磺胺的代谢产物，溶解度降低，在肾脏、输尿管等处容易形成结晶沉淀，发生刺激和阻塞。鲤鱼接触磺胺嘧啶 65 天后，肝脏脂数比正常值低近 50%，出现游动缓慢，体色变深，鳃瓣呈深红色，肝脏呈棕色、易破碎等症状。鉴于其毒性效应，国际食品法典委员会（Codex Alimentarius Commission，CAC）、欧盟和美国等对食品和饲料中磺胺类药物的总限量为不得超过 0.1 mg/kg。英国早在 1971 年就已做出限制青霉素、金霉素、土霉素、磺胺类和呋喃类药物作饲料添加剂。2014 年夏，美国食品和药品管理局（FDA）首次开展对进口养殖水产品虾、鳗鱼和罗非鱼的磺胺类残留量问题监控。至 2015 年 4 月，中国出口美国的水产品罗非鱼、蛙腿、鳗鱼等种类被美方上预警名单的次数最多。

2）污染现状

磺胺类药物种类繁多，研究表明，国内外多个地区的地表水、地下水、河口、海洋等自然环境水体中有不同种类、不同程度的磺胺类药物检出。环境中残留的磺胺类，可对相应的敏感生物存在不同程度的生态毒性风险。研究表明，低浓度的抗生素及其代谢产物在水体中就会诱导产生抗性基因。2014 年 9 月至 10 月，在山东省青岛、烟台、威海海水养殖区自然海水表层水样中检测到磺胺类等耐药基因，耐药菌和耐药基因可能对海水养殖及海洋生态环境产生不利影响，说明山东海水养殖区受到磺胺类的污染（李壹等，2016）。

近年来，我国学者针对一些重点渔业海域，开展了磺胺类抗生素污染研究，渤海、黄海、莱州湾、钦州湾及部分河口等水体中均有检出，我国近岸海域抗生素的环境污染问题严重。连子如等（2012）在胶州湾 8 个海水样品中检出磺胺嘧啶（浓度为 0.54~6.74 μg/L）。张瑞杰（2011）在烟台湾和黄海、莱州湾检测到大环内酯类和磺胺类中 11 种抗生素。薛保铭等（2013）在钦州湾水体中检测到磺胺类抗生素，磺胺嘧啶（SDZ）、磺胺甲基异噁唑（SMX）、磺胺二甲嘧啶（SMZ）、磺胺噻唑（STZ）和甲氧苄胺嘧啶（TMP）在钦州湾近海及 4 条汇海河流中均有不同程度的检出，其浓度范围为 N. D.①~12 ng/L。SMX 在近海和河流的检出率均达 100%，通过分析，近海网箱养殖及河流输入是钦州湾区域磺胺类抗生素污染的重要来源。Zou 等（2011）在渤海湾海水中检测到磺胺类，浓度范围为 N. D. ~140 ng/L。何秀婷等（2014）在广东沿海大亚湾和阳江两个典型海水养殖区所有沉积物样品均检出磺胺类抗生素，含量范围为 2.1~35.2 ng/g（干重）。Tu 等（2009）在香港维多利亚海

① N. D. 表示未检出或小于检测限。

湾检测到 SMX、SMZ、TMP 等磺胺类药物，浓度范围为 N. D. ~216 ng/L。

欧美、日韩等国家和地区的研究人员也开展了大量针对河口、海域等水体中磺胺类污染情况的调查研究工作，研究表明磺胺类在各国的检出地点众多，并且浓度有所差异。英国 5 个河口中磺胺类药物浓度范围为 N. D. ~569 ng/L、比利时海岸带则为 N. D. ~43 ng/L（Roberts P H and Thomas K V，2006）。Sang 等（2007）在韩国灵山河（Youngsan River）水体中检测到多种磺胺类药物，浓度范围为 10~110 ng/L。

1.2 1.4 其他

四环素类抗生素（Tetracyclines）是一类含并四苯的广谱抗生素，作用于常见的革兰氏阳性菌、革兰氏阴性菌以及厌氧菌，多数为立克次体属、支原体属、衣原体属、非典型分枝杆菌属、螺旋体。四环素类包括金霉素、土霉素、四环素及半合成衍生物甲烯土霉素、强力霉素、二甲胺基四环素等。2017 年 7 月，胍哌甲基四环素、盐酸甲烯土霉素（美他环素）出现在中华人民共和国农业部公告第 560 号《兽药地方标准废止目录》中。2001 年 12 月 31 日起，香港《公众卫生（动物及禽鸟）（化学物残余）规例》对磺胺类、四环素类等 10 种药物实施管制。大环内酯类抗生素（macrolides antibiotics，MA）是一类分子结构中具有 12-16 碳内酯环的抗菌药物的总称，通过阻断 50 s 核糖体中肽酰转移酶的活性来抑制细菌蛋白质合成，属于快速抑菌剂。主要用于治疗需氧革兰氏阳性球菌和阴性球菌、某些厌氧菌以及军团菌、支原体、衣原体等感染。我国农业部于 2002 年颁布的农业部 235 号公告《动物性食品中兽药最高残留限量》，其中包括了 8 类大环内酯药物，其规定与欧盟等基本相同。四环素类、大环内酯类在水产养殖中应用较为广泛，对水生动物等存在不同的毒性。Liu 等（2011）发现红霉素抑制月牙藻光合作用中的光反应、电子转移和碳反应，并表现出较强的毒性。Halling 等（2002）研究显示四环素及其代谢产物的毒性对鱼类的影响不能忽视。

我国多处水环境中检测到两类抗生素。2007 年，叶计朋（2007）等在深圳河口海水中检测发现红霉素污染较为严重，浓度甚至超过污水处理厂的浓度水平。2007 年，广州、香港维多利亚港海水中检测到大环内酯类的脱水红霉素浓度范围为 2. 2~21. 1 ng/L（Xu W H et al.，2007）。2014 年 9 月至 10 月，李壹等（2016）研究发现在山东省青岛、烟台、威海海水养殖区采集的自然海水表层水样存在四环素类、β-内酰胺耐药菌和耐药基因，说明山东海水养殖受到两种抗生素的污染。

1.2.2 海洋环境中农药残留污染现状

我国是一个农业大国，同时也是一个农药消费大国，每年必须投入使用大量的农药以保证农作物的稳产与增产。虽然农药每年的使用量庞大，但是这些农药在喷施过程中的利用率却非常低。施用的农药仅1%～4%直接发挥杀虫作用，每年使用的农药总量的80%～90%残存于土壤、水源和大气圈中，土壤中的农药虽然可以通过地表径流、淋溶作用和挥发等途径迁移转化，但有相当一部分农药进入大气、地表水、地下水，它在环境系统中散布、运转、残留、生物吸收（或浓缩)，形成跨介质污染，使得农药污染具有普遍性和全球性。农药还可以通过对农作物的直接污染或食物链传递富集在动物性来源的食品中，从而对人类的健康产生威胁（李玥，2013)。

目前，全世界范围水体中农药已对环境和生态平衡造成严重污染（李秀芬等，2010)。众多调查发现，美国（Battaglin W A et al.，2000)、瑞典（Kreuger J，1998)、西班牙（Carabias Martinez R et al.，2000)、丹麦（Spliid H N and Koppen B，1998）等国家和地区的地面水或地下水都已经不同程度地受到了各种农药的污染。1998年，何光好（2005）对我国河流进行的评价指出70%已经被污染，导致河流中鱼、虾等生物大量减少。

1.2.2.1 有机氯农药

1）性质与危害

有机氯农药（Organochlorine pesticides，OCPs）是一类在组成上含有氯原子的人工合成有机杀虫剂和杀菌剂，具有杀虫光谱、毒性较低、残效期长等特点。OCPs可分为以苯为原料的氯化苯类和以环戊二烯为原料的氯化亚甲基萘制剂两大类。以苯为原料的包括六六六（benzene hexachloride，BHC)、滴滴涕（dichlorodiphenyltrichloroethane，DDT)、六氯苯（hexachlorobenzene）和林丹（liridane）等；以环戊二烯为原料的包括氯丹（chlordane)、七氯（heptachlor)、艾氏剂（aldrin)、狄氏剂（dieldrin)、异狄氏剂（endrin)、硫丹（endosulfan)、碳氯灵（isobenzan)、毒杀芬（toxaphene)、灭蚁灵（mirex）等。《斯德哥尔摩公约》禁用和限制使用的有机氯农药类POPs包括艾氏剂、氯丹、滴滴涕、狄氏剂、异狄氏剂、七氯、毒杀芬、六氯苯、灭蚁灵、α-666、β-666、开蓬、林丹13种。OCPs的物理、化学结构稳定，降解速度慢，具有毒性、持久性、迁移性及生物蓄积性，能够在环境中长期残留。我国于1983年停止生产，并于1986年起，相继在农业上禁止使用有机氯农药。但在禁止使用30多年的今天，仍可从各种环境介质样品中检测到有机氯农药的存在。

现代科学已经证明了OCPs易在人体脂肪内蓄积，具有神经毒性、免疫毒性、生殖毒性、骨骼肌肉毒性和肝脏毒性等，部分具有致癌、致突变等持久毒性，严重危害人体健康。α-666、β-666、γ-666 和 δ-666 对虹鳉（*Poecilia reticulata*）、斑马鱼（*Brachydanio rerio*）和脂鲤（*Paracheirodon axelrodi*）的 96 h 半致死浓度 LC_{50}浓度分别为 1. 11～1. 52 mg/L、1. 10～1. 66 mg/L、0. 14～0. 36 mg/L、0. 84～2. 83 mg/L，其毒性效应较强（Oliveira-Filho et al.，1997）。六六六主要蓄积在人体脂肪内，β-666 蓄积作用最强，口服后可持续排泄 6 个月，而 γ-666 在 1～2 周内即可排尽。动物实验证明，DDT 具有致癌性，能诱发肝脏酶的改变，使肝脏组织坏死，并可引起肾脏病变。长期小剂量接触氯丹，会引起肝脏组织病理学的显著变化，有导致肝癌的可能性，同时影响生殖系统。毒杀芬具有遗传毒性，能干扰雌激素的生物合成，影响内分泌功能，导致乳腺癌、甲状腺瘤和其他癌症。国际癌症研究机构（International Agency for Research on Cancer，IARC）已经将十氯酮列为可能会对人类造成危害的致癌物质（IARC 第 2B 类致癌物质）。

2）海洋环境中有机氯农药污染现状

自 20 世纪 80 年代以来，有学者相继开展了对山东沿海有机氯农药污染、来源等的监测与分析调查。1983 年 5 月、9 月和 10 月，胶州湾海域中就已检测到有机氯农药的存在，但各农药单体检出值较低，胶州湾基本没有受到污染（杨东方等，2010）。2010 年 4 月，刘艺凯等（2013）调查表明，胶州湾 HCHs、HCB 与 DDTs 的平均含量分别为 0. 33 ng/g、0. 31 ng/g 和 10. 33 ng/g，套子湾及四十里湾的含量略低，平均值分别为 0. 26 ng/g、0. 10 ng/g 和 4. 56 ng/g；文中强调，调查区域中高含量的 DDTs 需要引起足够的重视。通过数据分析，HCHs 主要来源于历史残留，DDTs 则来源于工业活动，且青岛港区域可能受到三氯杀螨醇类型 DDTs 的点源污染。王江涛等（2010）调查得到青岛近海表层沉积物中有机氯农药残留量均值为 13. 5 ng/g，HCHs 主要来源于工业和农业双重污染源输入，DDT 来源于历史上使用农药。1991 年，我国开始使用 γ-HCH，至 2009 年禁止使用，在渤海等近海地区已发现其存在（Zhong G et al.，2011）。2005—2006 年，谭培功等（2006）对莱州湾海域表底层海水、沉积物进行调查，海水中检出 β-666、γ-666、δ-666、o，p'-DDT 和 p，p'-DDT 等有机氯农药，总浓度范围为 N. D. ～32. 9 ng/L，其中莱州湾海水受 β-666 和 o，p'-DDT 污染较重，沉积物则受 p，p'-DDT、狄氏剂、α-666 污染明显。胡彦兵（2013）等监测到烟台金城湾养殖海域表层海水中 HCHs 的浓度为 2. 98～14. 87 ng/L；表层沉积物中 HCHs、DDTs 的含量分别为 5. 52～9. 43 ng/g、4. 11～6. 72 ng/g；其生态风险评价结果强调，金城湾 HCH、DDT 残留对海洋生物具有潜在风险。

国内外其他河口、海域也有有机氯农药的检出。2001 年，长江口潮滩表层沉积物中检出 OCPs（杨毅，刘敏，2002）；2007 年，海河感潮河段沉积物中 OCPs 的监测值高达 1 620 ng/g（Zhao L et al. , 2010）。2001—2002 年欧洲波罗的海表层沉积物中仍然监测到了有机氯农药（Pikkarainen A L，2007）；1950—2005 年，日本 Ariake 湾沉积物层中也检出有机氯农药，浓度范围为 0. 5~2. 0 ng/g（干重）（Kim Y S et al. , 2007）。可见，河口及近海海域环境中广泛存在有机氯农药污染现象。

1. 2. 2. 2 有机磷农药

1）性质与危害

自 20 世纪 80 年代持久性有机污染物有机氯农药禁用后，有机磷农药（Organophosphoruspesticides，OPPs）是目前在我国农药市场所占份额最大、农业活动中使用最多最广的一类农药。与有机氯农药相反，有机磷农药在理论上被认为是在环境中易降解、不易生物富集、对生态效应影响较小的新生代农药。而事实上，有机磷农药不仅在北极地区能被检测出，甚至可以转化为某种持久性的有机污染物。国内生产的有机磷农药绝大多数为杀虫剂，如常用的对硫磷、内吸磷、马拉硫磷、乐果、敌百虫及敌敌畏等，近几年来已先后合成杀菌剂、杀鼠剂等有机磷农药。有机磷农药在体内与胆碱酯酶形成磷酰化胆碱酯酶，抑制乙酰胆碱酯酶的生成，对生物体产生急性毒性效应，从而对环境产生危害。有研究表明，敌敌畏等有机磷农药对海洋生物存在潜在的危害。近年来，沿岸海域受有机磷农药污染造成鱼、虾、贝大量死亡事件时有发生，近岸养殖品种数量锐减甚至灭绝，威胁到海水养殖业的可持续发展。

有机磷农药对水生动物的毒性主要表现为神经毒性，对鳃、肝脏等其他器官也有一定的毒性作用。有机磷农药抑制鱼类神经组织和血细胞中乙酰胆碱酯酶（AChE）活性及其分子形式，进而破坏鱼类神经系统。马拉硫磷、杀扑磷可引起鱼类的鳃、肝脏等器官细胞膨胀、细胞核固缩、细胞膜及细胞器膜破裂溶解等，对器官造成损害。有机磷农药具有内分泌干扰作用，可扰乱鱼类正常性激素水平，影响卵巢中类固醇激素合成、胆固醇含量等而直接影响性激素的合成，干扰鱼类内分泌。有机磷农药对鱼类具有生殖毒性，破坏鱼类生殖系统，不仅可使雌鱼卵母细胞大小、形态及数量发生改变、终止卵黄发生，还可导致雄性鱼个体生精上皮退化、生精小管收缩，降低雄性激素含量。

2）海洋环境中的有机磷农药污染现状

20 世纪 90 年代，有学者在北极附近测得有机氯农药、多氯联苯以及有机磷农药，有机磷农药的检出打破了有机磷被传统认为“易降解”的新生代农药的概念。

甚至认为，当有机磷农药在一定条件下随着在地球表面的再分配到达高纬度地区时，也将成了新一类的持久性有机污染物 POPs（Macdonal R W et al.，2000）。同期，欧美各地多处检测到有机磷类农药的残留。英国 Humber 河口地区检测到马拉硫磷，浓度为 1~9 ng/L（Zhou J L et al.，1996）；美国 California 湾监测到甲基对硫磷，浓度为 1.13~11.05 ng/L（Reyes J G G et al.，1999）；Indian 河口水体中马拉硫磷的浓度为 1 373~13 013 ng/L，其风险已经超过人们所能接受的范围（Sujatha C H et al.，1999）。

国内学者先后对我国河口、近海海域进行有机磷类农药污染监测，结果显示，国内水体均受到不同程度的污染。2000 年，珠江口总有机磷农药的浓度为 4.44~635 ng/L，平均为 88.3 ng/L，南海为 1.27~122 ng/L，平均为 17.7 ng/L（Zhang Z et al.，2002）。2000 年 12 月，九龙江口水体中甲基对硫磷、马拉硫磷、甲胺磷、敌敌畏、乐果等均有不同程度的检出（张祖麟等，2002）。2003 年 5 月和 11 月，对厦门马銮湾、同安湾海域中敌敌畏、硫磷嗪、甲拌磷、硫特普、乐果、乙拌磷等 17 种有机磷农药研究结果显示，各有机磷农药检出浓度均低于 725.5 ng/L，平均检出值为 136.5 ng/L。通过来源分析可知，该海域中有机磷主要来源于九龙江流域、厦门地区农业种植及水产养殖中使用农药、大气沉降等作用（李永玉等，2005）。2005 年 5 月，渤海莱州湾海域水体中有机磷农药的浓度范围为 0.2~79.1 ng/L，氧化乐果、甲胺磷、马拉硫磷、敌百虫、敌敌畏、乐果等农药对研究海域的生态环境安全已经构成了一定的威胁（王陵，2006）。2009 年 4 月和 10 月，山东半岛的桑沟湾海域水体中有机磷农药的总浓度范围为 0.001~0.265 μg/L，均值为 0.061 μg/L。有学者分析，该海域有机磷类可能来源于农业种植（百红妍，2012）。2010 年 7—8 月和 10—12 月，珠江口地区 3 条河流河口水样中甲拌磷、敌敌畏、乙拌磷、灭线磷、乐果、甲基对硫磷、毒死稗 7 种有机磷农药总浓度为 0.46~43.60 μg/L（周慜等，2013）。

1.2.2.3 除草剂

1）性质与危害

除草剂又称除莠剂，是指可使杂草彻底或选择性枯死的药剂，常见品种为有机化合物，除了应用于种植农业，也被广泛用于水产养殖、河道以及水库等除藻。自美国 Zimmerman 和 Hitchcock 发现 2，4-D 的除草活性以来，除草剂的销量逐年增长。中国 2013 年除草剂使用量为 10.06×10^4 t，占农药总量的 32.4%，在农业生产中的使用率呈上升趋势（束放等，2014）。按照化学结构可分为以下 29 种，包括酚类、腈类、酰胺类、磺酰胺类、酞酰亚胺类、二硝基苯胺类、取代脲类、磺酰脲类、苯甲酸类、苯氧羧酸类、芳氧苯氧丙酸类、喹啉羧酸类、噁二唑酮类、三酮类、三氮苯酮类、三唑啉酮类、四唑啉酮类、咪唑啉酮类、环己烯酮类、嘧啶类、吡啶类、联吡啶类、有机磷类、脂肪族类、二苯醚类、三氮苯类、氨基甲酸酯类、硫代氨基甲酸酯类、有机杂环与其他。除草剂大面积的推广应用促进了效益农业和精耕农业的发展，但与此同时其污染效应也扩展到了整个生态系统（余兴东，2015）。

除草剂具有潜在的致癌、致畸变作用，因其种类众多而导致其毒性差别较大。研究表明，乙草胺能够干扰斑马鱼幼鱼早期发育，有潜在遗传毒性。水体中的阿特拉津会使鲤肝功能受损，抗氧化能力降低。0.3 μg/L 剂量阿特拉津会对蚌产生慢性肝毒素作用（Zupan I and Kalafatic M，2003）。对长期暴露二甲戊乐灵可造成虹鳟的鳃和肝脏细胞损伤，且造成免疫系统功能紊乱（Morgane D et al.，2014）。特丁净的长期暴露会影响鲤生长速度、早期个体发育以及组织学形态。阿特拉津可能通过影响多巴胺神经元代谢途径中的相关酶及其调控酶形成的基因致大鼠多巴胺神经元损伤，并且可以危害人体生殖系统和心血管系统，对哺乳动物有致癌与免疫毒性作用。乙草胺能改变大鼠肝脏的氧化还原状态，进而引起肝脏氧化性应激，导致肝脏损伤。氟乐灵可能会对大鼠肝、肾微粒体酶产生影响。2008 年 9 月 24 日美国国家环境保护局（Environmental Protection Agency，EPA）发布的包括氰草津、二甲戊乐灵在内的多种除草剂被评定为 C 类（可能的人类致癌物），乙草胺被评定为 B 类（很可能的人类致癌物）。

2）海洋环境中除草剂的污染状况

目前国内对海洋环境中除草剂污染状况的调查研究相对较少。任传博等（2013）对渤海某海域的表层海水样品进行分析，结果显示海水中受到阿特拉津、扑草净、莠灭净的污染情况普遍，检出率为 100%。徐英江等（2014）对莱州湾海域表层海水中 13 种三嗪类除草剂及脱乙基阿特拉津进行了调查研究，其中阿特拉津、莠灭净、扑草净、脱乙基阿特拉津、扑灭津的检出率分别为 100%、100%、97.7%、93.0%和 51.2%。山东省海洋资源与环境研究院研究人员对黄河三角洲地区部分河流下游河道及河口水、沉积物中除草剂（包括欧盟禁用农药莠灭净、阿特拉津、扑草净、扑灭津、丁草胺、氰草津、敌草净、异丙甲草胺、丙草胺、特丁净等）进行调查，水、沉积物中均有莠灭净、阿特拉津、扑草净、扑灭津检出，最高含量为 3.94 μg/L。对山东沿岸贝类样品进行调查，检出莠灭净、阿特拉津、扑草净、异丙甲草胺、乙草胺 5 种除草剂，检出率为 69.7%，黄河三角洲地区贝类中检出率为 75%。

国外也有较多专家学者对海洋中除草剂的污染进行了相关的调查研究。1995年，Bester等（1996）在德国瓦登海的所有沉积物样品中发现扑灭津和西草净的存在，并且在一些样品中的扑草净浓度超过500 ng/kg。2012年法国地中海沿岸海域特丁津、阿特拉津、西玛津在海水样品中有77%以上的检出（Munaron D et al.，2012）。Mai C等（2013）对北海海洋边界层进行调查分析，结果表明特丁津、异丙甲草胺、吡草胺、二甲戊灵和氟乐灵呈现的含量最高，季节性变化较大。

1.2.2.4　其他

自1984年全面禁止生产和使用有机氯农药后，使得有机磷类、拟除虫菊酯类和氨基甲酸酯类农药均有了较大的使用（奚旦立等，1996）。拟除虫菊酯农药是一种广谱、高效、低毒、低残留的亲脂性杀虫剂，随着农业生产的发展，此类杀虫剂使用量不断增加，目前占全球杀虫剂市场份额的20%左右，溴氰菊酯作为杀虫剂也被广泛使用在海水养殖中。有研究表明，拟除虫菊酯类对鱼鳃及鱼血液中产生强烈的毒性，影响剑尾鱼、罗非鱼、黄河鲤鱼等的正常生理机能。溴氰菊酯和氯氰菊酯对唐鱼（*Tanichthys albonubes*）96 h半致死浓度LC_{50}分别为1.217 μg/L和6.256 μg/L，均属于极高毒物质，安全质量浓度分别为0.122 μg/L和0.626 μg/L。拟除虫菊酯类在中国的巢湖流域、广州溪流、辽河、九龙江口以及珠江河口等均有检出。国外加利福尼亚弗雷斯诺、洛杉矶贝络纳河河口等水环境中都检测到有较高浓度的菊酯类农药残留。

2013年5月4日，中央电视台《焦点访谈》报道了山东潍坊地区生产的生姜滥用剧毒农药涕灭威，引起社会对氨基甲酸酯类杀虫剂广泛关注。氨基甲酸酯类杀虫剂是一类带有官能团的氨基甲酸酯类农药，由于具有杀虫谱广、选择性强、合成简单等特点，广泛应用于农业杀虫杀菌，还可用于水产养殖，可快速杀灭水体中的浮游生物、藻类及部分细菌。氨基甲酸酯类杀虫剂具有潜在致癌、致畸、致突变等毒性，对生物的神经系统、生殖系统、免疫系统等均有一定的毒害作用（Lund A E and Narahashi T，1981）。氨基甲酸酯类杀虫剂在淡水环境中的存在非常普遍，1979年首先在美国长岛发现涕灭威对地下水造成严重污染（Zaki M H et al.，1982），继而在世界许多地区的地下水中发现涕灭威、灭多威等氨基甲酸酯类杀虫剂（Hunter M A et al.，1996；Xing B et al.，1996）。1998年，有研究人员在西班牙安达卢西亚自治区的格拉纳达海水中发现甲萘威，浓度为0.99 μg/mL（L F Capitan-Vallvey et al.，1998），美国加利福尼亚的沙顿海盆底泥中也检出甲萘威，残留量为1.2 ng/g（Leblanc L A and Kuivila K M，2008）。国内对氨基甲酸酯类杀虫剂的监测多集中于淡水环境，在海洋污染状况的调查研究则相对较少，对其污染的监控等方面相对发达国家也仍然十分薄弱。

1.2.3 海洋环境中其他常见环境污染物污染现状

目前，我国关于持久性污染物造成的污染还缺乏技术跟踪和前瞻性研究，特别是对海洋中持久性有机污染物的研究更是少之又少。我国近海持久性污染物主要通过入海河流或沿岸直接排放输送入海，还包括船舶、海上采矿、海洋倾倒废弃物等海上活动以及大气输送等方式。中国环境科学研究院等对2004年采集于黄河河口区域的水样进行了检测分析，共鉴定出有机污染物8类192种；其中属美国列出的129种优先控制污染物的有62种，属我国列出的58种优先控制污染物的有33种（姜福欣等，2006）。

1.2 3.1 重金属

重金属由于其环境持久性和生态危害性而成为独特的一类，它们通过河流径流、大气沉降、热流喷发、成岩迁移及人类活动等途径进入海洋环境。目前使用较广泛的重金属定义是指密度大于4 g/cm^{3}或5 g/cm^{3}的金属。重金属污染的特点主要有以下几个方面：①不同于有机物和放射性核素会因生物或化学过程而减低有害成分，金属不能被自然过程降解，不会随时间衰减，是一类持久性污染物；②在一定程度上对生物体来说是必需的、有益的，有些重金属如Fe、Zn、Mn、Cu、Se等是生命活动所必需的微量元素，大部分重金属如Hg、Pb、Cd等则非生命活动所必需，生命必需重金属超过一定的阈值也会产生毒害作用，且可以在生物体内富集；③在没有人为源影响的前提下，常呈现背景水平，在土壤的输入与母岩的风化作用和成土作用有关；④常作为阳离子出现，与土壤机制相互作用，因此，土壤中的重金属即使是高浓度的，也可能是惰性的、无害的，但它会随着土地的利用方式、农业活动、气候条件等环境条件的改变而成为可移动的。

重金属因其可以在水中溶解被认为是重大环境问题之一，其与水中的其他物质结合生成毒性更大的无机物或有机物，不仅影响海洋动植物的生长和繁殖，而且通过食物链进入人体，威胁人类健康，是具有潜在危害的重要污染物。除食物链以外，重金属可以通过摄入、皮肤接触、吸入等方式进入人体，进入人体的重金属剂量高于世界卫生组织（WHO）提出的极限值便可能致畸、致癌。

重金属在陆地生态系统的转移过程见图1-2。

重金属可以在水生植物体内富集，并且会影响水生植物的光合作用和呼吸作用以及造成细胞损伤、破坏其抗氧化系统。有研究表明，中华圆田螺对重金属较为敏感，可作为底泥重金属毒性和生物可给性的指示生物。Cu、Pb、Zn、Cd、Hg等对

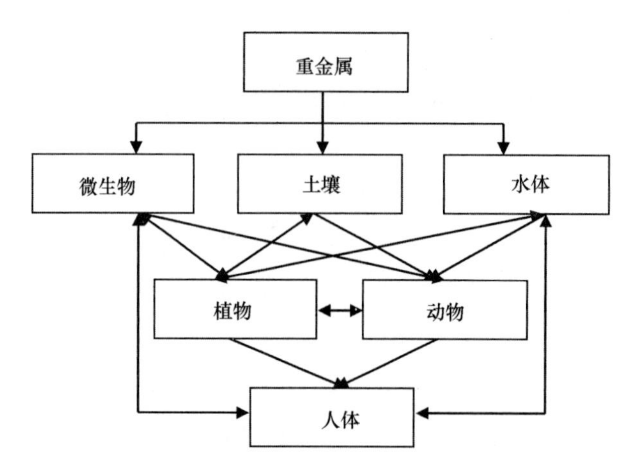

图 1-2　重金属在陆地生态系统的转移过程

鱼类、双壳类、甲壳类幼体的发育存在毒性，可致使生物幼体发育不良，含量高者使其畸形或致死。如 Cu^{2+}、Zn^{2+}、Pb^{2+} 3 种金属离子会导致七带石斑鱼胚胎产生畸形，以及初孵仔鱼死亡（孔祥迪等，2014）。通过暴露实验研究，Cu^{2+}、Zn^{2+}、Hg^{2+} 对菲律宾蛤仔的慢性毒性和急性毒性，3 种离子均对菲律宾蛤仔的耗氧率、氨氮排泄率等产生显著不利影响（周一兵等，1998）。随暴露时间延长，重金属离子 Cd^{2+}、Hg^{2+} 和 Zn^{2+} 对刺参幼参内脏超氧化物歧化酶（SOD）活性均表现为先诱导后抑制的趋势，破坏刺参幼体的免疫系统；且重金属离子之间存在联合毒性作用，两种或两种以上的重金属离子加剧对刺参幼体抗氧化酶活性的抑制过程，加速其免疫系统的崩溃（孙振兴等，2009）。

重金属的污染有多种途径，人为的污染也可以通过大气环流和洋流而到达孤立的南极洲。根据 2006 年到 2007 年我国近海海洋综合调查与评价专项（908 专项）黄河口、长江口和珠江口附近海域海水与沉积物的调查资料，采用数理统计、Hakanson 潜在生态危害系数法等方法进行生态风险评估，黄河口海域海水主要受 Pb 和 Hg 污染，长江口则主要受 Hg 污染，珠江口海域海水重金属的污染影响不明显（张亚南，2013）。2009 年 5 月调水调沙前后，黄河口附近海域表层海水中均检出 Pb、Zn、As、Cu、Cd、Hg 等重金属（汤爱坤，2011）。2010 年 5 月，监测黄河口潮间带高、中和低潮滩的表层沉积物样品中 Zn、Cd、Hg、As、Cu 和 Pb 等重金属污染状况，Pb 是该区域的首要污染因子，Hg 存在一定的潜在生态风险（罗先香等，2011）。2010—2011 年，对长江口、黄河口及邻近海域溶解态 Cu、Pb、Cr、Cd、Zn、As、Hg 的含量进行 5 个航次调查，采用潜在生态风险指数法，Cr、Hg 是长江口主要污染物，As 是黄河口的主要污染物（张晓琳，2013）。2006—2014 年，对黄河口附近海域沉积物中 Hg、Cu、Pb、Cd、Cr、Zn 和 As 共 7 种重金属的含量进行 5

个航次调查，Hg是该海域的主要潜在生态风险因子（胡琴等，2017）。关于对黄河口、长江口等较大河口的研究，国内学者已经做过大量研究工作，总体来说，黄河口主要风险因子为Pb、Hg、As；长江口主要风险因子为Cr、Hg。近年来，河口中Hg、Pb的风险有升高的趋势。

2008年春，研究人员分析了渤海湾表层沉积物V、Ni、Cu、Pb、Co、Zn和Cd含量，其中Pb、Cd和Zn的富集因子均大于1，Pb是渤海湾沉积物污染最严重的重金属，Cu和Zn有潜在污染，V、Cr和Co基本清洁（徐亚岩等，2012）。山东烟台芝罘湾表层沉积物样品和柱状沉积物样品检测到重金属，但平均含量均低于国家海洋沉积物Ⅰ类质量标准，Pb是污染相对比较严重的重金属。黄海湛江港表层沉积物和海洋生物中均检出Hg、Cu、Zn、Pb、Cd 5种重金属元素，Cu、Zn、Cd在生物体内累积较严重（孙妮等，2015）。

1.2.3.2 多环芳烃

多环芳烃（PAHs）是分布最广、与人的关系密切、对人的健康威胁极大的环境致癌物，且具有明显的生物累积效应，对人类健康和环境的危害不容忽视。中国、美国、欧盟等国家和世界卫生组织（WHO）等一些国际组织均将多环芳烃列为优先控制环境污染物加以监测和防控。多环芳烃是指由两个以上苯环连在一起组成的一类化合物，主要产生于化石燃料和有机物质的不完全燃烧过程，人类的生产活动是其产生的主要原因。有两种类型：一种是非稠环型的，苯环与苯环之间各由一个碳原子相连，如联苯、联三苯等；另一种是稠环型的，两个碳原子为两个苯环所共有，如萘、蒽等，多环芳烃主要是指稠环芳烃。常见的多环芳烃类大多由4~7个苯环组成，3环以上的多环芳烃一般为无色或淡黄色结晶，个别颜色较深。多环芳烃溶液具有一定的荧光效应，在光和氧的作用下可很快分解变质，理化性质随之发生改变。

多环芳烃及其衍生物中很多具有致癌性和致突变性，且致癌性与致突变性间有很好的相关关系。除致癌性外，多环芳烃还可能损伤造血系统和淋巴系统。多环芳烃为间接致癌物，进入机体后先经代谢活化才会呈现致癌作用，还有一部分多环芳烃经过生物转化后被排出体外。目前已经发现的致癌性多环芳烃及其致癌性衍生物的数目已达数百种，按其化学结构特点归类，这些多环芳烃基本可分为3类：苯环类、芴及胆蒽类、杂环类。苯并（α）芘被认为是毒性最强的一种多环芳烃类化合物，对人类和动物都有很强的致癌性。最初发现的是致皮肤癌，后经深入研究，由于侵入途径和作用部位的不同，对机体各脏器，如肺、肝、食道、胃肠等均可致癌。多环芳烃作为一种典型的持久性有毒物质，在国际上已经引起相当的关注，海洋生物体中多环芳烃残留量的评价标准国际上采用比较多的是欧盟水产品食用风险最大限值（0.002 mg/kg；2006/1881/EC）以及美国环境保护局（EPA）推荐的水生生物安全食用标准（0.018 mg/kg；EPA-822），我国最新出版的《海洋经济生物质量风险评价指南》中规定的 PAHs 的评价标准值为 0.002 mg/kg。我国地表水和海水中苯并（α）芘（BaP）的质量评价标准为 0.002 8 μg/L 和 0.002 5 μg/L，《污水综合排放标准》GB 8978—1996 中规定了苯并（α）芘的最高允许排放浓度为 30 ng/L。沉积物质量标准目前国际上应用比较广泛的是美国华盛顿州海洋沉积物质量标准（WAC173-204-320），关于多环芳烃的风险评价目前国际上比较认可的方法为安大略环保部门公布的淡水沉积物中多环芳烃的评价标准。

国内有从辽东湾至南海等众多海域存在多环芳烃的污染报道。2014 年和 2015 年，辽东湾及其海上石油开发活动密集区表层海水样品中 16 种多环芳烃平均值 5 月和 6 月明显高于 8 月，多环芳烃主要来源于石油污染，均属于中等生态风险（张玉凤等，2017）。多位学者对黄河口表层海水和表层沉积物中多环芳烃污染状况进行了监测，分析结果一致（郎印海等，2008；刘宗峰，2008）。黄河口表层海水及表层沉积物中检出的 25 种多环芳烃中，2~3 环芳烃所占比例最大，黄河口表层水中多环芳烃主要来源于高温燃烧。青岛近岸表层海水中 15 种多环芳烃（除苊）的总量为 8.23 ~272 ng/L，多环芳烃的浓度受地表径流和人为影响较大，港口、码头、河流入海口的多环芳烃浓度要高于旅游区、风景区，胶州湾内多环芳烃的浓度要大于黄海水域（周晓，2006）。

2012 年，舟山近海水样及表层沉积物样品 16 种多环芳烃存在显著的时空差异性，水体多环芳烃总量范围为 382.3~816.9 ng/L；沉积物多环芳烃总量范围为 1 017.9~3 047.1 ng/g；主要污染来源于油类排放和木柴、煤燃烧。台州湾海域海水和表层沉积物中 15 种多环芳烃的浓度范围为 85.4~167.6 ng/g，平均值为 138.6 ng/g，其中 3~4 环芳烃占总多环芳烃比例最高，主要来源于燃煤污染（江锦花，2007）。海南洋浦湾海域、东寨港红树林湿地等水体中受到了一定程度的多环芳烃污染，洋浦湾海域 14 种多环芳烃总浓度范围为 426.5~1 006.3 ng/L，2 环占总多环芳烃比例最高，夏秋季洋浦湾表层水中多环芳烃主要来源于石油污染（黎平等，2015）；冬季生活区主要为高温燃烧和石油的混合源、工业区则主要来自石油源；东寨港红树林湿地表层水体多环芳烃有中度生态风险，2~3 环芳烃占据了较大比例，主要源自石油源污染（张禹等，2016）。南黄海地区表层沉积物中检出多环芳烃，总量为 90.4~732.7 ng/g，以 4~6 环芳烃为主，来源主要为原油、生物和煤燃烧造成的污染（杨佰娟等，2009）。我国南海西北部的北部湾也受到多环芳烃的污染，总量为 352~1 066 ng/g，平均为 573 ng/g（杨跃志等，2013）。

1.2.3.3 多氯联苯

2001年5月，多氯联苯（PCBs）被列入联合国环境规划署（UNEP）12种持久性有机污染物（Persistent Organic Pollutants，POPs）之列，是典型的持久性有机污染物。多氯联苯是一种人工合成的有机化合物，它是联苯的1～10位上的氢原子被一个或者一个以上的氯原子取代后形成的，是由一系列氯化联苯的异构体组成的一大类非极性的氯代联苯芳烃化合物。其分子式可以写为 $C_{12}H_xCl_y$，其中 $x=1\sim9$，$y=10\sim x$，相对分子质量为291.98～360.86。多氯联苯有稳定的物理化学性质，属半挥发或不挥发物质，具有较强的腐蚀性。多氯联苯具有良好的阻燃性，低电导率，良好的抗热解能力，良好的化学稳定性，抗多种氧化剂。

多氯联苯类化合物为高毒性化合物，有生物毒性，有致癌作用。长期接触能引起肝脏损害和痤疮样皮炎。使用本品而同时接触四氯化碳，则增加肝损害作用。中毒症状有恶心、呕吐、体重减轻、腹痛、水肿、黄疸等。国际癌症研究中心已将多氯联苯列为人体致癌物质，"致癌性影响"代表了多氯联苯存在于人体内达到一定浓度后的主要毒性影响。多氯联苯能使人类精子数量减少，并且能导致精子畸形的人数增加；同时能使人类女性的不孕比例明显上升；并导致有的动物生育能力减弱。多氯联苯可对人体造成脑损伤、抑制脑细胞合成、发育迟缓、降低智商。比如使得儿童的行为怪异，使水生动物雌性化。

山东沿海部分海域受到多氯联苯的污染。黄河口海域仅在底层水样中检测到2，2'，4，4'-四氯联苯，浓度范围为4.5～27.7 ng/L；沉积物中总多氯联苯浓度为0.7～2.4 ng/g（干重），平均值为1.3 ng/g（Wu Y et al.，1999），青岛近海表层沉积物中多氯联苯含量均值为6.87 ng/kg，含量变化均呈近岸高、远岸低的分布规律，主要来源于工业及生活排放（王江涛，2010）；渤海湾海水中多氯联苯含量范围为60～710 ng/L，平均值为210 ng/L；2013年，渤海中采集的鱼类、甲壳类和头足类等海洋生物体内7种指示性多氯联苯总含量范围分别为N.D.～10.60 μg/kg、N.D.～9.75 μg/kg、N.D.～3.32 μg/kg，总体检出率为48.2%；2014年，3种海洋生物体中多氯联苯含量范围分别为N.D.～3.80 μg/kg、N.D.～3.12 μg/kg、N.D.～1.32 μg/kg，总体检出率为39.3%（周明莹等，2017）。

通过研究1914—2004年我国南黄海沉积物中多氯联苯沉积记录，发现1962年至今多氯联苯污染程度呈增加趋势（张蓬，2009）。香港维多利亚港、珠江口、大亚湾、闽江口、长江口及东海近岸、福建兴化湾流表层沉积物中均已经检测到多氯联苯，且这些水域多氯联苯的污染可能引起生物的负效应。辽宁大连老虎滩海水中也检测到多氯联苯，浓度均值为35.5 ng/L。

1.2.3.4 壬基酚

烷基酚是烷基链在苯酚芳环上的取代产物，其中碳链长度为 9 个碳原子的壬基取代产物即为工业中重要的原料和中间体壬基酚。壬基酚的分子式为$C_9H_{19}C_6H_4OH$，分子量为 220.34 g/mol。壬基酚主要用于生产表面活性剂，也用于抗氧剂、纺织印染助剂、润滑油添加剂、农药乳化剂、树脂改性剂、树脂及橡胶稳定剂等领域。壬基酚能引起污水处理厂下游雄性鱼类的雌性化现象，是具有雌激素作用的内分泌干扰物或环境激素类有机物。有研究报道，酚类内分泌干扰物对生物体产生广泛的不良作用：包括影响内分泌、影响生殖和发育、影响免疫系统及致癌作用等。烷基酚主要通过影响生物体的内分泌系统及神经内分泌体系，对机体产生多重影响。近年研究表明，它主要通过受体结合介导、改变激素的合成及代谢、改变激素的生物利用率、作用于细胞信号传导通路等作用机制产生环境内分泌干扰作用。各种急性和慢性实验表明，壬基酚对动物的半致死浓度 LC_{50}为 20～1 600 μg/L。壬基酚能够在生物体中富集，其生物富集因子在 350 至数千之间。有研究表明，壬基酚浓度在 100 ng/L 以上时可以诱导鱼类雌性个体卵黄蛋白的合成，在该浓度下还能导致幼蚝发育的延缓和存活率的下降。甚至在 10 ng/L 的低浓度下能抑制藤壶的附着。

大量调查数据显示，烷基酚普遍存在于海洋环境中。黄河口邻近海域及莱州湾海域海水中检测到壬基酚、辛基酚（邓旭修等，2014）。孙培艳等（2007）研究发现，黄河口水体的沉积物中壬基酚含量为 2.31～5.47 ng/g，黄河口水体中的壬基酚对藤壶、太平洋牡蛎等存在潜在生态风险。南海北部湾海域表层沉积物中检出二氯酚、丁基酚、辛基酚、壬基酚及双酚 A 5 种酚类污染物，含量范围为 0.27～71.5 ng/g。其中，烟台四十里湾和套子湾以及青岛胶州湾表层海水中的壬基酚（NP）、壬基酚单聚氧乙烯醚是最主要的污染物，河口和港口是海湾中污染物浓度最高的区域。四十里湾中各污染物的浓度最高，其次为胶州湾，套子湾最低。2011 年 8 月，胡晴晖（2014）在湄洲湾海域表层水体中检出雌三醇（E3）、双酚 A（BPA）和 4-壬基酚（NP）3 种雌激素类化合物（EDCs），其总浓度范围为 15.47～1 997.74 ng/L，平均值为 274.6 ng/L±545.9 ng/L。

第2章 氨基脲研究现状

氨基脲，CAS 号为 57-56-7，分子式为 CH_5N_3O，分子量为 75.07，极易溶于水，水中溶解度为 100 g/L（20℃），不溶于乙醚及乙醇，是生产呋喃西林、呋喃妥因等硝基呋喃类药物的有机合成中间体，还可用于测定醛和酮等化合物（Srinivasan et al.，1992；Tarek et al.，1986）。氨基脲在水中形成［$NH_2CONHNH_3$］$^+$，其与水溶液中的 OH^- 不仅能够通过正负电荷间的静电引力结合，同时还可以通过分子内氢键及分子间氢键结合，延伸为网状结构，因此化学结构非常稳定（Nardelli et al.，1965；Roul et al.，1987）。氨基脲一直作为禁用兽药呋喃西林的标志性代谢产物，原药呋喃西林在动物体内代谢速度快，半衰期仅为数小时，因此呋喃西林不适用于药物残留跟踪检测（Cooper et al.，2005）。实验证明氨基脲与蛋白质形成的结合态可长时间稳定存在于动物体内（Johnston et al.，2015；Tittlemier et al.，2007）。经呋喃西林处理后的猪或者鸡中，均检测到氨基脲（Cooper and Kennedy，2005；Mc-cracken et al.，2005）。

呋喃西林极微溶于水和乙醇，但是可以在碱性条件下易溶解（Kong et al.，2017；Hong et al.，2015）。最早是在 19 世纪 50 年代由 5-呋喃和氨基脲合成，作为人用药物。因合成条件简单且在农业生产中使用方便，可用于抗菌消炎药（Barati et al.，2013；Chadfield and Hinton，2004）。曾广泛用于禽畜及水产动物杀菌、促生长、疾病的预防及治疗（Erdur et al.，2008；Vass et al.，2008），例如呋喃西林在小鼠体内具有促进伤口愈合的作用（Kim et al.，2008）。研究表明呋喃西林具有“三致”作用（致突变、致癌、致畸）（Ito et al.，2002；Takahashi et al.，2000）。实验表明，呋喃西林在特定实验浓度下会危害生殖系统（Shoda et al.，2001），在一定条件下也会对 DNA 产生损伤（Ni et al.，2012；Zhou et al.，2011）。呋喃西林会引起动物乳腺和卵巢肿瘤，能诱发细胞增殖，导致肿瘤发生，其代谢物通过氧化 DNA 损伤参与肿瘤的发生（Hiraku et al.，2004）。1995 年，欧盟将其列为禁用药，并在 2003 年将其残留限量规定为 1 μg/kg（The European Parliament and the Council of the European Union，2003）。随后美国于 2002 年也将其列为禁用药（Federal，2002），日本于 2005 年将其列入《日本肯定列表》（Yamamoto et al.，2009）。在此类药物的管控上，我国也实现了与国际接轨，2002 年将呋喃西林列入“食用动物禁用的兽药及其他化合物清单”，2003 年纳入农业部水产品残留监控计划，监测其代谢产物氨基脲。

氨基脲是公认的致癌物，人们在食用某些动物源性食品以获得其中营养成分的同时，氨基脲残留会通过食物链传递到人体内，若长期食用必将严重危害人体健康，导致贫血、神经炎、肝坏死等疾病，也会对眼部甚至 DNA 造成一定损伤（Toth，2000；Toth，1975）。研究表明，除使用呋喃西林外，食品加工及处理程序也会给食品中引入氨基脲（Beatriz and Anklam，2005）。欧盟研究发现，在婴儿食品和果酱等罐装食品甚至面粉中检出氨基脲，上述食品均未使用呋喃西林却出现检出氨基脲的现象（Oser，1965）。目前已有科研工作者提出，将氨基脲作为一种水环境和食品的污染物（Gao et al.，2014）。本研究综述了国内外关于氨基脲的测定方法、主要来源及毒性作用，以期为今后氨基脲的深入研究、食品安全保障、海洋环境监测及保护提供资料。

2.1 氨基脲主要来源

国际、国内均用氨基脲来监测动物源性食品中的呋喃西林，但目前却在类别各异的食品中检出氨基脲。氨基脲作为一类小分子化合物，来源广泛，多种途径可产生氨基脲（Points et al.，2015）。本研究对氨基脲的来源进行综述，可为氨基脲残留的进一步研究奠定基础。

2.1.1 化学反应原料

氨基脲常用作测定和合成醛酮、氰酸盐的试剂（Pouramiri and Kermani，2017；Vázquez and Albericio，2006），也作为高氮配体（Stanisław et al.，2013），用于合成含能配合物和产气剂（Hron and Jursic，2014；Pieczonka et al.，2014），也可用于鉴定贵金属（如铂、铱、钯和金等）（Mathew et al.，1996）。以氨基脲和硫代二甘醇酸为原料，合成了一种新的大环席夫碱配体，即具有大环配体的过渡金属配合物，并通过元素分析、磁化率测量、摩尔电导、红外光谱、电子光谱等手段对其进行了表征。质谱、核磁共振氢谱和红外光谱表明了大环配体的结构特征，电子光谱研究表明配合物具有八面体几何构型，并用循环伏安法测定了钴、镍、铜配合物的电化学行为。实验证明该大环配体及其配合物对病原菌和植物病原真菌黑星病菌、赤星病菌和变异链球菌具有抑制活性的作用，并且大多数配合物的活性高于游离配体（Chandra and Sangeetika，2004）。有人用氨基脲作为反应物之一，与苦味酸合成出具有非线性光学特性材料，此类材料已经被广泛用于光开关、光调制器、数据存储器件、光信息处理和高密度光盘数据存储等方面（Raja et al.，2017）。以氨基胍为共反应促进剂，构建了高灵敏度的电化学发光传感器，可以用于信号放大（Ma et al.，2015）。基于氨基胍的衍生物，研制了一种基于 Cu^{2+} 的选择性反应的荧光探针，并对模拟半导体废水中的 Cu^{2+} 进行测定，检测限可到 1.71×10^{-8}M，且该探针特异性强，不受其他常见金属离子存在的影响（Hyein et al.，2018）。

有研究表明，氨基胍与氨基苯并咪唑协同作用，可以有效抑制盐酸对低碳钢的腐蚀，并采用极化、电化学阻抗谱、吸附、表面研究和基本计算方法，研究了烷基苯并咪唑和氨基胍对碳钢盐酸介质中的氢键相互作用和协同作用。氨基胍与烷基苯并咪唑的平均键长为 1.929 6 埃，这种相互作用可能是由于氨基胍和烷基苯并咪唑之间氢键的形成。两种物质的协同作用对盐酸介质中低碳钢的腐蚀起到了很好的抑制效率（Ramya et al.，2017）。有人通过失重和析氢实验发现最大抑制率可达到66%，并且抑制作用随着氨基胍浓度的增加而增加，提出了氨基胍的物理吸附机理，并解释了它们在抑制行为上的差异，符合 Freundlich 吸附等温线方程（Ita and Offiong，1999）。

氨基胍是合成新药的重要载体，可以用于治疗锥虫、肿瘤和抗菌作用，同时氨基胍可用作有机合成的重要中间体，用于 N-烷基化反应，用于获得杂环类化合物，如吡唑烷、噻唑烷、噁二唑和噻二唑等。氨基胍衍生物一般为极性化合物，可以改善某些具有生物活性的化合物的亲脂性，有利于为药物产生更理想的效果（Brondani et al.，2007）。氨基胍衍生物能够与多肽结合用于医学诊断（Coffinier et al.，2007；Nan et al.，2016），在预防和治疗人体肿瘤及细菌感染等方面发挥了重要作用（Prakash et al.，2012）。氨基胍衍生物的抗肿瘤活性，可以用于临床医学（Fedorov et al.，2011）。在医学上，氨基胍被作为缓激肽 B1 受体拮抗剂（Schaudt and Ezischinsky，2010）。作为有机合成的反应物，氨基胍衍生物在生物化学、医药研究和生产中常用于分离内分泌激素和精油等物质（Chinnasamy et al.，2012；Obaleye et al.，2011）。

诸多氨基胍的衍生物，已经证明具有抗菌活性（Mahmoodi et al.，2015）。氨基胍与具有邻硼酸取代基的芳基酮新醛连接，证明这种物质能够容易地标记细菌，通过细胞壁重塑结合到多种细菌物种中，对抑制大肠杆菌具有特别高的效率，可对血清中的细菌病原体进行强有力的标记检测（Bandyopadhyay et al.，2017）。例如氨基胍作为肽模拟物中肽结构的修饰物，对其抗惊厥活性进行了评价，从脑匀浆中测定了部分活性成分的抗氧化酶活性、谷胱甘肽含量和丙二醛含量，但具体抗惊厥作用机理和抗氧化作用有待进一步研究（Azam et al.，2010）。在转移活性酯缩合技术中，以肽 C 端氨基胍为起始原料，与其他肽段或试剂反应生成长链肽、支链肽和肽

C 端衍生物，制备了活性酯中间体。实验表明氨基脲衍生物结果可靠，有效避免了副反应（Wang，2007）。有人将氨基脲的衍生物用于新型药物，能使药物的效力提高 500 倍（Bondebjerg et al.，2005）。相信随着现代医学的发展及需求，将氨基脲用于医学研究的应用范围也会越来越广。

2.1.2 呋喃西林代谢

呋喃西林在农业生产中可用于治疗动物肠胃疾病和皮肤感染等，已经发现用在牛、猪、家禽、鱼类中。氨基脲被作为禁用兽药呋喃西林（Nitrofurazone）的标志性代谢产物。氨基脲是呋喃西林侧链的一部分，作为代谢物，分子量较小，因此一般将其衍生后用于质谱分析，常用硝基呋喃类药物、代谢物及代谢物衍生物如图 2-1 所示（Chu et al.，2008）。

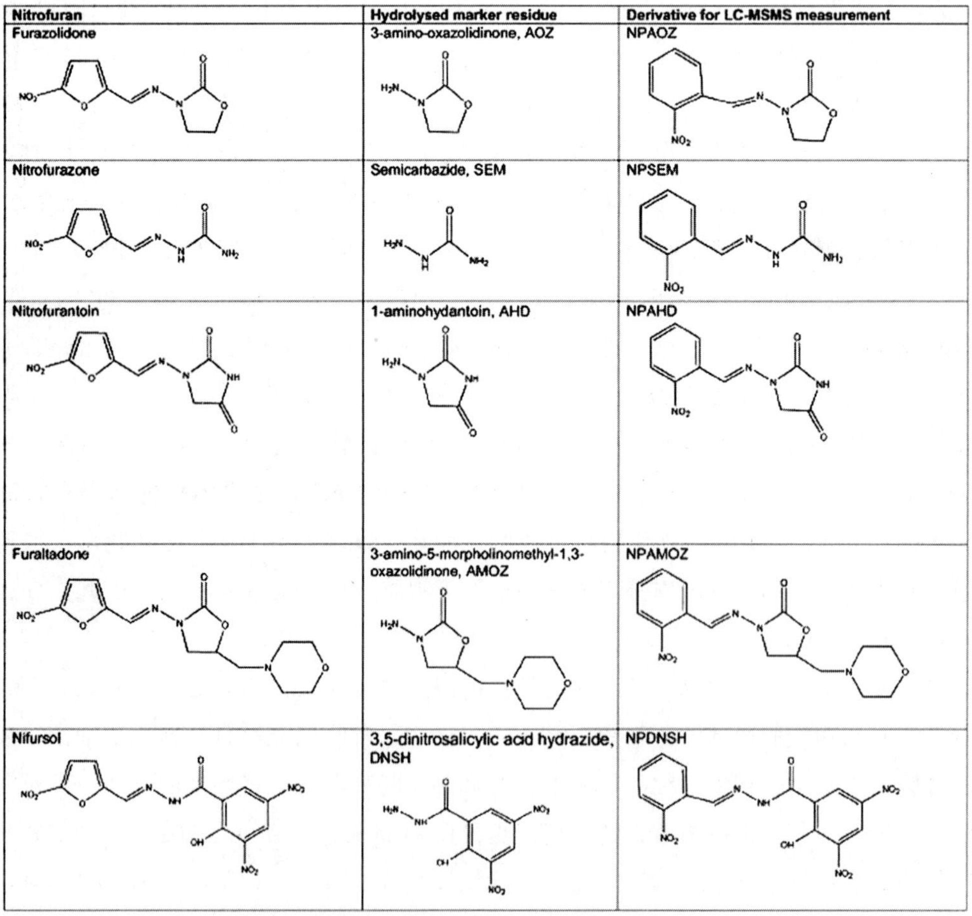

Nitrofuran	Hydrolysed marker residue	Derivative for LC-MSMS measurement
Furazolidone	3-amino-oxazolidinone, AOZ	NPAOZ
Nitrofurazone	Semicarbazide, SEM	NPSEM
Nitrofurantoin	1-aminohydantoin, AHD	NPAHD
Furaltadone	3-amino-5-morpholinomethyl-1,3-oxazolidinone, AMOZ	NPAMOZ
Nifursol	3,5-dinitrosalicylic acid hydrazide, DNSH	NPDNSH

图 2-1 常用硝基呋喃类药物、代谢物及代谢物衍生物的化学结构式

呋喃西林在19世纪50年代由5-呋喃和氨基脲合成，最初作为人用药物，后来在农业生产中可用于治疗动物肠胃疾病和皮肤感染等，已经发现用在牛、猪、家禽和鱼类中，同时还可以用于治疗蜜蜂的细菌性感染（Erdur et al.，2008；Vass et al.，2008；Khong et al.，2004）。原药呋喃西林在动物体内代谢速度快，半衰期仅为数小时，因此呋喃西林不适用于药物残留跟踪检测（Cooper et al.，2005）。实验证明氨基脲与蛋白质形成的结合态可长时间稳定存在于动物体内（Johnston et al.，2015；Tittlemier et al.，2007）。经呋喃西林处理后的猪和鸡中，均检测到氨基脲（Cooper and Kennedy，2005；Mccracken et al.，2005）。

2.1.3 食品加工与处理

2.1.3.1 偶氮甲酰胺产生

1）作为发泡剂

偶氮甲酰胺（ADA或ADC），又称偶氮二甲酰胺或ADA发泡剂（Ahrenholz and Neumeister，1987）。常用作包装过程中玻璃瓶罐金属盖用的塑料垫片，经高温处理，会分解形成非挥发性的联二脲（Biurea），而联二脲受热分解会产生氨基脲，其反应方程式如图2-2所示。ADA热分解时，约34%分解为气态产物，约61%分解为固态产物。后者中34%为联二脲，27%为尿唑（Prakash et al.，1975）。产生的氨基脲会转移到食品中，最终被人体吸收，对人体产生危害。

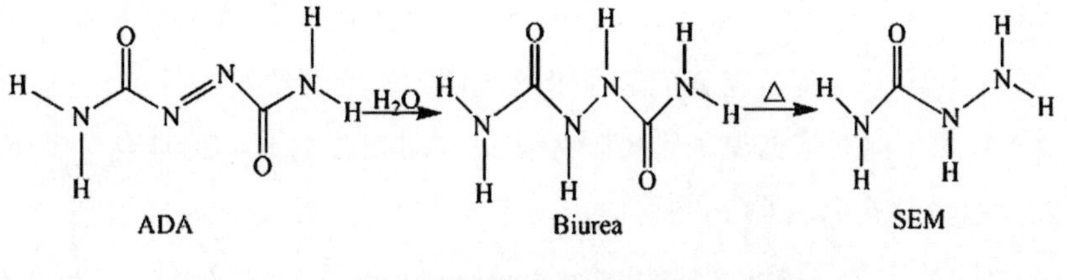

图2-2 偶氮甲酰胺形成氨基脲的反应机制

有人为了验证ADA加热分解产生氨基脲，对经过热水处理的垫圈不经过衍生而直接提取，并且通过液质联用技术测定，发现垫圈中检出氨基脲，同时也在ADA处理的金属盖中检出氨基脲。实验表明当热处理30 min时，只有加热温度高于180℃才会产生氨基脲，并在220℃时氨基脲的值达到最大。这一结论也排除了氨基脲会在提取过程中产生的说法。此实验表明联二脲和尿唑均会产生氨基脲，但是产生的量与ADA相比相对较少。在上述测定方法中，氨基脲的碎片离子主要有59、44和31，但是上述离子也会在ADA或者联二脲分解时产生，因此进行液质联用技术分析时，一个可行的办法是选择分离度较好的色谱柱，将氨基脲、ADA 和联二脲先通过色谱柱分离，再经质谱分析检测（Stadler et al.，2004）。由于联二脲极性强，很难在常规 C18 或者 C8 等色谱柱上产生足够的保留，而用酰胺型柱可以获得良好的保留，但是易产生较强的离子抑制现象。为了克服离子抑制对该方法定量性能的影响，加入同位素标记的内标物进行定量是一个合适的解决方法（Mulder et al.，2007）。

对来自欧洲 11 个国家共计 107 余份用塑料垫圈密封的玻璃罐装儿童食品（生产日期为 2001 年 12 月至 2003 年 11 月）进行了跟踪监测，结果表明氨基脲的浓度与儿童食物的类型（水果、蔬菜、肉类及其组合装）具有相关性。分期检测数据发现：鸡肉和猪肉类儿童食物中氨基脲含量为 53.9 μg/kg±3.1 μg/kg，蔬菜和肉类混合（牛肉、鸡肉、羊肉、猪肉、火鸡肉和鱼肉）中含量为 16.5 μg/kg±8.7 μg/kg，蔬菜类中为 15.1 μg/kg±12.1 μg/kg，水果类中为 5.56 μg/kg±3.75 μg/kg。数据表明仅含水果的儿童食物中氨基脲含量最低，推测是因为此类样品中脂肪和蛋白质含量低。无论标注了普通食品还是有机食品，其中均有不同含量水平的氨基脲检出，推断密封圈 ADA 产生的氨基脲会转移至食品中。欧盟各成员国从 2005 年 8 月起禁止在垫圈中使用 ADA 作为发泡剂，但是考虑到罐装婴儿食品保质期一般为 2~3 年，因此即便禁止使用，垫圈产生的氨基脲还是有可能不断往儿童食品中转移，导致氨基脲检出（Szilagyi and Calle，2006）。

2003 年，欧洲食品安全局发布了氨基脲的风险评估报告，明确称氨基脲为致癌物质，其存在于样式各异的玻璃包装食品中，在婴儿食品中含量相对较高，并建议食品生产商尽快更换包装（European Food Safety Authority，2003）。欧盟曾在 2002/72/EC 指令中规定，在食品包装中偶氮甲酰胺作为发泡剂使用。为了杜绝因 ADA 发泡剂产生氨基脲，同时依据氨基脲风险评估报告的相关数据，2004 年 1 月 6 日，欧盟颁布 2004/1/EU 指令，自 2005 年 8 月 2 日起，禁止 ADA 作为发泡剂，并要求开发使用 ADA 的替代品（Official Journal of the European Union，2004）。在我国，ADA 并未包含在允许使用的添加剂材料列表中（GB 9685—2016 食品安全国家标准　食品接触材料及制品用添加剂使用标准），受检测技术限制，无法对上述途径可能产生的氨基脲进行跟踪检测，因此目前仍有 ADA 非法使用现象。

2）作为面粉添加剂

除了用作发泡剂，ADA 还可用作面粉改良剂，用于改进面粉的物理性质，具有增筋的作用。偶氮甲酰胺作为面粉添加剂在国际上限量规定不同，在美国和加拿大，允许添加且最大使用量为 45 mg/kg，但在欧盟、新加坡和澳大利亚，偶氮甲酰胺禁止使用（European Food Safety Authority，2005）。我国《GB 2760—2011 食品安全国

家标准 食品添加剂使用标准》中规定：小麦粉中偶氮甲酰胺最大使用量为45 mg/kg，其毒性为"一般认为安全"（Generally Recognized as Safe，GRAS）。

在一定条件下（湿润和酸性条件），ADA会与面粉蛋白中的巯基发生反应，迅速转变成联二脲，再经高温处理，能够转变成氨基脲和尿唑，生成的氨基脲既有结合态氨基脲，又有游离态氨基脲（Becalski et al.，2006）。对经过ADA处理过的面粉进行前处理并分析，采用液质联用技术测定了氨基脲含量，测得含量为2.2~5.2 μg/kg。在不含ADA的湿面粉中人为添加，发现所有面粉样品均检测到氨基脲，反应产率为0.1%，认为在整个过程中，ADA首先分解产生稳定的中间体联二脲，而联二脲又进一步分解产生氨基脲（Pereira et al.，2004），推断反应机理如图2-3所示。若在该过程中，加入了其他的食品添加剂（例如抗坏血酸等）或者使用不同烘烤方法都可能影响氨基脲的量，需要进一步研究（Noonan et al.，2008）。ADA与呋喃西林在一定条件下均会产生氨基脲，而将联二脲作为区分上述不同途径产生的氨基脲，也是一个较好的鉴别手段，具体应用还需要进一步验证（Mulder et al.，2007）。

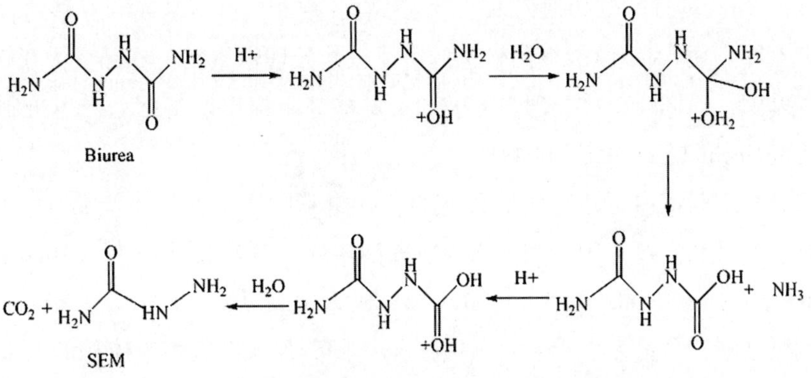

图2-3 联二脲转化成氨基脲的反应机理

2.1.3.2 次氯酸盐处理

次氯酸钠分解产生的氯能改变细胞膜的通透性，导致细菌失活而死亡，因此被广泛用于食品车间和农业上的卫生处理消毒。有科研工作者对其反应机制进行了研究，表明氨基脲是通过较高pH值下的霍夫曼反应形成的，而非次氯酸钠本身产生（Bendall，2009）。次氯酸盐一般用于蛋破壳过程中的消毒杀菌，认为在这一过程中也会产生氨基脲（Hoenicke et al.，2004）。有调查研究发现，在28份瓶装即食燕窝样品中有27份检出氨基脲。仅有1份未检出，2份检出值低于方法的定量限（0.5 μg/kg），其余25份样品氨基脲浓度为0.623~154 μg/kg。75%的样品在5~

50 μg/kg范围内。该研究人员排除了氨基脲来自呋喃西林违法使用或金属盖垫圈中使用 ADA 作发泡剂，最终证明是在燕窝加工过程中使用了漂白剂次氯酸钠导致氨基脲检出（Xing et al.，2012）。有科研工作者同样发现藻类样品角叉菜（*Chondrus ocellatus*）中使用次氯酸盐漂白这一过程中也会产生氨基脲（Antonopoulos et al.，2004）。紫菜（*Euchema seaweed*）可用来生产卡拉胶这一食品添加剂，半精制加工时无需大量的沉淀步骤，因此是一种更经济的食品添加剂来源，但是加工紫菜中会残留一种比卡拉胶含量高的溶于酸的物质，即纤维素。为了消除加工紫菜中的纤维素，一般采用醇或者盐使之沉淀的办法，漂白过程一般需要加入含有 0.05%~0.1%活性氯的次氯酸盐，当然这一过程也会引入氨基脲（Antonopoulos et al.，2004）。

为了进一步确证经次氯酸盐处理样品会产生氨基脲的可能性，该研究人员将虾、鸡肉、大豆、蛋清粉、牛奶、红藻、明胶、卡拉胶、刺槐豆胶、葡萄糖和淀粉分别用含有 0.015%、0.05%、0.1%和 12%活性氯的次氯酸盐处理，发现 0.015%和 0.05%组，氨基脲含量没有明显增加；12%组，在虾、鸡肉、大豆、红藻、卡拉胶和淀粉中，氨基脲含量为 2~65 μg/kg，在鸡蛋粉和明胶中，氨基脲含量为 130~450 μg/kg，而经处理的葡萄糖均未检出氨基脲，推断具有氨基或者脲基的含氮物质会产生氨基脲。用含有 0.015%活性氯的次氯酸盐处理精氨酸（样品量为 0.01~1 g）时检出氨基脲，而同样条件处理组氨酸和瓜氨酸却未检出氨基脲，产生机制需要进一步研究（Hoenicke et al.，2004）。

本研究在实验室内也进行了验证实验，在氨基脲呈阴性的水产品（空白草鱼、中国对虾、扇贝和海参）中分别加入次氯酸钠溶液（有效氯以 Cl 计≥10.0%，符合 GB19106—2003）0.1 mL、0.5 mL、1.0 mL 和 2.0 mL 后，经 HPLC-MS/MS 检测，均检测到氨基脲，含量为 2.05~52.64 μg/kg。随着加入次氯酸钠体积的增大，氨基脲含量逐渐增大，呈现正相关，但并不是呈正比例关系。

2.1.3.3 食品加工过程

食品在不同加工条件下，会产生一定量的氨基脲，热加工条件也会影响氨基脲的产生（Kwon，2017）。在添加 ADA 的面粉中，进行加热和不加热、干面粉和湿面粉（烘焙条件下）比较，发现若烘焙温度均为 200℃时，高温烘焙湿面粉比干面粉能产生更多的氨基脲，前者氨基脲含量为 92 μg/kg，后者为 53 μg/kg。对同一干面粉在不同温度下烘焙（150℃、175℃、200℃和 225℃），氨基脲含量分别为 61 μg/kg、231 μg/kg、53 μg/kg 和 7.1 μg/kg，在 175℃时含量最高，当超过 200℃后，含量降至 7.1 μg/kg，仅为 175℃时的 3%。通过在面粉中添加 ADA，测定烘焙条件下氨基脲残留的方法，确定 ADA 转换为氨基脲的反应产率高于 0.1%，比室温下的反应率要高。若烘烤前在面包表面撒上面粉，面包皮中测定值为135 μg/kg，未撒时为106 μg/kg，撒上面粉时比未撒时高27%。同样对撒上面粉的面包，烘焙后不同部位的含量进行测定，发现在面包皮、面包切片和面包中心氨基脲含量分别为135 μg/kg、28 μg/kg、9.8 μg/kg，最中心位置仅为表皮含量的7%，上述数据均表明不同的热加工方式均会影响氨基脲的含量及分布（Becalski et al.，2004）。

有研究人员发现：在4种不同的面粉制品（馒头、面包、油炸食品和面条）中，发现上述面粉制品中氨基脲含量均比面粉中要高，并且高温和湿度对氨基脲含量多少至关重要。馒头外部及内部含量分别为18.3 μg/kg和8.1 μg/kg，外部是内部含量的2.26倍；而面包外部及内部含量分别为4.3 μg/kg和1.2 μg/kg，外部是内部含量的3.58倍；外部含量高于内部，这也与其他研究人员的结论一致。在油炸食品和面条中也有氨基脲检出，但是其浓度水平相对较低，其实验也证明了氨基脲含量与面粉加工方式密切相关（Ye et al.，2011）。

Saari等（2004）在野生小龙虾中检出氨基脲。在小龙虾的生长水域，臭氧代替了次氯酸盐用来杀菌消毒，因此排除了次氯酸盐处理产生氨基脲的可能性，同时排除了呋喃西林的非法使用，最终推测氨基脲可能是在小龙虾的加工过程中产生的。实验表明在鸡蛋的加工过程中使用卡拉胶也会引起氨基脲污染（Hoenicke et al.，2004）。鸡蛋粉经过热处理会产生氨基脲，且有氧条件下比缺氧条件下加热产生的量多，推测氧气在氨基脲生成过程中发挥了重要作用（Gatermann et al.，2004）。

2.1.4 内源性物质

除上述途径外，氨基脲天然存在于一些动植物体内，部分动物源性产品中可能本身就含有氨基脲或能产生氨基脲的成分，如在一些天然海捕的甲壳类动物（小龙虾、对虾和软壳蟹）中检出了氨基脲，关于此方面已有大量文献报道，关于其来源也有较多研究。有研究表明，野生虾中检出氨基脲，检出比例高达一半以上，且外壳含量严重超标，含量与取样位置无相关性（McCracken et al.，2013）。甲壳类动物中氨基脲主要集中在外壳中，推断氨基脲是外壳的天然组分（Poucke et al.，2011）。有人在野生小龙虾中检出氨基脲，在小龙虾的生长水域，臭氧代替了次氯酸盐用来杀菌消毒，因此排除了次氯酸盐处理产生氨基脲的可能性，在排除了呋喃西林的非法使用外，最终推测可能是在小龙虾的烹饪过程中产生的（Saari and Peltonen，2004）。同样有科研工作者发现在蛋的加工过程中也会产生氨基脲（Hoenicke et al.，2004）。鸡蛋粉经过热处理产生氨基脲，且在有氧条件下比在缺氧条件下加热产生的量多，氧气在其生成过程中发挥了重要作用（Gatermann et al.，2004）。

再者广受关注的雄蜂蛹，其氨基脲残留超标成为制约我国雄蜂蛹出口的难题。研究表明，氨基脲的产生可能与雄蜂蛹生长后期体内甲壳素含量的增加相关（Zhou，2008）。同样蜂蜜中的氨基脲残留问题也制约了我国蜂蜜的出口。有科学家提出蜂蜜中氨基脲检出与蜂蜜产出之前或者生产过程中精氨酸水平显著增加有关，另一个可能的原因是外界环境受到污染（Crews，2014）。也有人研究了预热、浓缩、真空浓缩、巴氏杀菌等不同处理过程对蜂蜜中氨基脲水平的影响，并用大孔吸附树脂吸附部分氨基脲残留。采用液质联用技术对不同加工方式前后、树脂吸附前后蜂蜜中氨基脲残留量进行测定，发现加工能降低蜂蜜中氨基脲的含量，降低了56.6%~90.4%。实验了LS-200、LS-803、LS-901、LS-902和LS-904 5种不同类型的树脂，发现LS-901大孔树脂吸附效果最好，对浓度2.93~6.75μg/kg范围内的蜂蜜进行吸附，吸附后含量为0.19~0.89 μg/kg，吸附后均小于欧盟最低残留限量的规定值。大孔树脂对氨基脲的吸附率为71%~93.5%，证明吸附方式可以减少蜂蜜样品中的氨基脲污染（Jia et al.，2014）。当然这种技术是否可以应用于工厂化养殖还需进一步深入研究。还有一种思路是通过物理化学手段相结合，运用高能电子束处理动物组织，消除动物组织中的氨基脲残留。高能电子束辐照被认为是通过化学氧化过程分解有机化合物的有效方法，并且已经被广泛地用作各种食物的卫生处理。有人优化了辐照条件，研究了氨基脲在鸡和鲫鱼组织中的降解效果，为了获得更好的降解效果，还需要进一步开展相关研究。这样的技术手段也仅仅局限在实验室内，还未普及应用（Liu et al.，2007）。

2.1.5 小结

本研究表明：氨基脲结构简单，来源各异，兽药呋喃西林代谢产物并非其唯一来源（Sas and Süth，2005），目前已在不同的食品（包括动物源性和非动物源性）甚至环境中发现了氨基脲，氨基脲也成为备受食品安全和环境监测关注的具有一定风险的物质。有人建议将结合态的氨基脲作为呋喃西林代谢的生物标示物，而将自由态的氨基脲作为除呋喃西林外的其他来源，后来的研究证明了某些水产动物体内天然产生的氨基脲也能与组织蛋白结合，因此上述建议不成立（Islam et al.，2014）。已有科研工作者将氰基代谢物作为呋喃西林在斑点叉尾鮰的生物标示物，连续跟踪检测两周，按照每尾鱼的体质量，口服10 mg/kg后，检测斑点叉尾鮰肌肉中氰基代谢物的消除期。结果表明，母体呋喃西林半衰期为6.3 h。氰基代谢物检测两周，消除半衰期为81 h（Wang et al.，2010）。

鉴于此种情况，也有人研究了虾蟹类中的生物标示物，如5-硝基-2-糠醛。首次合成了2，4-二硝基苯肼-5-硝基-2-糠醛，用制备液相色谱进行了纯化，用核磁共振氢谱对其结构进行了表征，含量在99.9%以上。5-硝基-2-糠醛经2，4-二硝基苯肼柱前衍生化后，在负电离模式下，采用液质联用技术对衍生物进行分析，定量限低于1 ng/g（Zhang et al.，2015）。同时该科研人员还通过飞行时间高分辨质谱对该方法进行了进一步验证，对基质效应进行了评价，验证了该方法的分析特性和衍生化反应条件。为了进行比较，加标样品通过内标法和外标法均进行了测试。结果表明，以对二甲氨基苯甲醛为内标物，可实现对复杂生物样品中的高精度鉴别和定量（Zhang et al.，2017）。虽然该方法的灵敏度较低，但是5-硝基-2-糠醛能否代替氨基脲成为跟踪监测的首选目标，还需要选择大量的受试生物进行消除期及稳定性实验。

还有一种解决办法是直接测定氨基脲，但是氨基脲分子量小，其可能产生的碎片离子31、59和76，均位于质谱的极低质量端，此区域背景噪声大，且较小的碎片离子具有更多的产生途径，未必证实就是由氨基脲断裂产生，所以该方法实施起来难度很大。关于如何区分结合态氨基脲和自由态氨基脲，很多科研人员开展了大量研究，但是仍未得出确切可行的结论。文献表明：通过建立液质联用分析技术可以检测和分析食品加工过程或者自然产生的氨基脲，但是这样的文献报道缺少详实可靠的数据支持，其适用性、准确性还需要进一步完善。ADA、联二脲或者具有相似结构的同系物也可能在一定条件下产生氨基脲，这给不同途径产生的氨基脲的确证增加了难度，而且大部分的实验结果仅处于推断阶段，还缺少完整的实验数据支持。

2.2 氨基脲毒性研究

国际癌症研究机构在1987年将氨基脲归类为“对人的致癌性尚无法分类”（第三组）中（Listed，1987）。但是对氨基脲的某些具体的毒性仍然存在争议，需要进一步开展相关研究。氨基脲属于致癌化学物联氨中的一种，动物实验（多以大鼠为受试动物）表明，氨基脲具有生殖、遗传等多器官毒性及致癌性（Weisburger et al.，1981），同时还表现为弱致诱变性和弱遗传毒性效应（Parodi et al.，1981）。但目前对其毒性机理作用尚未完全清楚，还需进行大量的实验进行验证。下面逐一综述氨基脲在蓄积、生殖、遗传毒性、致诱变性、内分泌和神经方面的毒性。

2.2.1 蓄积和生殖毒性

氨基脲使Sprague-Dawley大鼠多种重要的组织器官（如骨端软骨、卵巢、子宫、睾丸、脾脏、肾上腺、甲状腺、胸腺、胰脏等）形态结构发生改变，并对雌雄生殖系统产生一定程度的影响。如均能使雌雄 Sprague-Dawley 大鼠的骨端软骨出现矿化不足的现象；在雌性大鼠体内，卵巢内出现了染色质发生浓缩的初级和次级卵母细胞（呈剂量—效应关系）、子宫内膜厚度值下降；在雄性 Sprague-Dawley 大鼠中，表现为睾丸管直径减少，但减少数量与处理浓度未呈现较好的相关性，且精子结构和精子形成过程未有变化（Maranghi et al.，2009）。

Takahashi 等（2009）以 Wistar Hannover GALAS 大鼠为研究对象，开展了氨基脲的毒性研究，表明氨基脲对体重和进食量均有一定程度的抑制，从组织病理学来看，氨基脲导致 Wistar Hannover GALAS 大鼠软骨细胞排列紊乱明显，膝关节、胸廓和尾部变形明显，最高浓度组出现骨量丢失和大鼠胸主动脉薄层边缘变粗糙的现象，上述实验验证了氨基脲毒性主要表现在大鼠的骨骼、软骨和主动脉方面；同时对其致癌性进行了研究，在不同实验浓度条件下，未表现致癌性，且浓度组间无明显差异。

氨基脲可以通过降低内源性 17β-雌二醇含量，最终抑制雌性斑马鱼卵巢成熟（Yu et al.，2015）。Yu 等（2017）发现氨基脲可以使雄性斑马鱼睾丸形态发生改变，并且能够降低睾丸体细胞指数，最终使得斑马鱼的生殖调节能力下降。

2.2.2 遗传毒性及致诱变性

早在 20 世纪七八十年代，就已经开展了氨基脲的致诱变性研究，实验证明氨基脲能以联氨或者羟胺类似的方式与 DNA 和染色体反应，使得蝗虫精母细胞染色体发生突变（Bhattacharya，1976），还可使非洲爪蟾（*Xenopuslaevis*）胚胎的脊索发生畸变（Schultz et al.，1985）。以哺乳动物为例，氨基脲能够显著降低大鼠胎儿肺和肝脏器官内的 DNA 和 RNA 水平，表明其在大鼠体内具有潜在的致癌性和致诱变性（De，1986；De et al.，1983），逐步推导其原因可能是由于氨基脲与 Cu（II）反应，生成能引起 DNA 损伤的氨基甲酰基自由基（Hirakawa et al.，2003）。

Vlastos 等（2010）以 Wistar 大鼠为研究对象，研究了氨基脲的遗传毒性，表明氨基脲能够明显改变离体培养的人造血淋巴细胞内姐妹染色单体的交换频率，使骨髓嗜多染红细胞微核率极显著高于对照组，能够使染色体发生畸变。在相同剂量水平下，氨基脲能增加雌性小鼠血管瘤的发生率，但是上述结论在雄性小鼠中不成立（Toth et al.，1975）。Abramsson-Zetterberg 等（2005）证明氨基脲在两种受试雄性小鼠（Balb/C 小鼠和 CBA 小鼠）中未体现出遗传毒性，结果表现，实验组的骨髓嗜多染红细胞微核率与对照组之间并无显著性差异。随后 Takahashi 等（2014）以 Wistar Hannover GALAS 大鼠为研究对象，发现不同浓度组之间在肿瘤发病率上无明显差异，未在 Wistar Hannover GALAS 大鼠中表现为致癌性。

近期 Wang 等（2016）利用高精准的仪器手段（HPLC-MS/MS）结合生物手段，分析了氨基脲与 DNA 的反应动力学，证明了氨基脲的遗传毒性是通过共价键合的 DNA 加合物产生的。并对此项工作进行了深入研究，首次采用高准确度、高灵敏度的同位素稀释液相色谱-串联质谱法，鉴定和定量分析了暴露于氨基脲下的大鼠内脏的氨基脲-DNA 加合物和氨基脲-RNA 加合物。数据显示：服用氨基脲的大鼠，其内脏器官中的两种加合物均呈现剂量依赖性，且在胃和小肠中的加合物水平最高。结果表明 RNA 加合物的水平显著高于 DNA 加合物的水平，大约是 DNA 加合物的 4.10~7.00 倍。通过分析大鼠给药后不同时间点的各个器官的 DNA 和 RNA 样品，研究了加合物在体内的稳定性，上述结果均表明氨基脲可能通过影响细胞的转录过程而发挥其毒性，如图 2-4 所示。

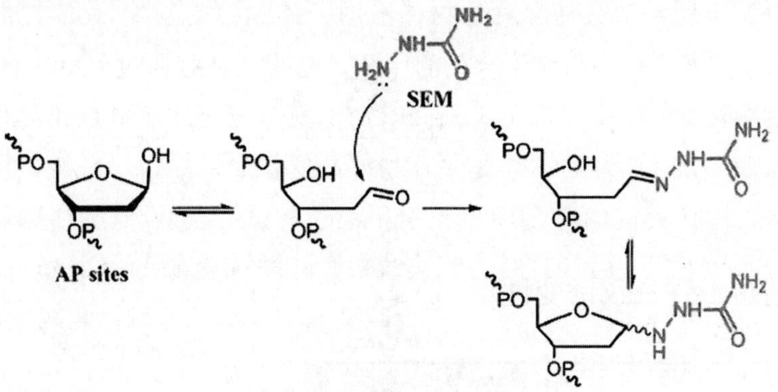

图 2-4　氨基脲共价键合图

2.2.3　内分泌干扰物

氨基脲具有内分泌干扰作用。Maranghi F 等（2010）根据不同给药量评估了氨基脲在雄性 Sprague-Dawley 大鼠和雌性 Sprague-Dawley 大鼠体内氨基脲的内分泌效应。氨基脲会使雌性大鼠阴道开口延迟，使雄性大鼠包皮分离延迟。同时能降低雌性大鼠的血清雌激素水平，呈现剂量依赖性，同时可以降低雄性大鼠的去氢睾酮血清水平，但下降量与氨基脲浓度没有呈现明显的剂量反应。同时氨基脲会显著延迟雌性大鼠和雄性大鼠的性成熟时间，对 Sprague-Dawley 大鼠性器官的发育产生了一定影响。氨基脲作为一种内分泌干扰物呈现多种作用，在雌性大鼠体内表现为抗雌激素效应，并且针对不同性别具有不同的干扰机制。氨基脲具有抗雌激素效应，但其作用机制尚不明确，推导作用机制之一可能是通过对 γ-氨基丁酸（GABA）生成的抑制作用及对 N-甲基-D-天冬氨酸（NMDAR）的拮抗作用，干扰了下丘脑—垂体—性腺轴的激素分泌过程。

Yue 等（2017）研究了氨基脲对日本比目鱼（*Paralichthys olivaceus*）的内分泌干扰机制，表明氨基脲对甲状腺存在干扰作用，能提高日本比目鱼体内 3，5，3′-三碘甲状腺原氨酸（T3）和甲状腺素（T4）的浓度水平，证明了氨基脲的影响机制，推测影响机制可能与上述 Sprague-Dawley 大鼠中作用机制类似，氨基脲主要通过影响日本比目鱼 GABA 的合成和下丘脑—垂体—甲状腺轴的激素分泌过程。

2.2.4 神经毒性

氨基脲通过对 NMDAR 的拮抗作用以及对 GAD（谷氨酸脱羧酶）的抑制，干扰神经信号传导，导致相关行为异常（Santos et al.，2008）。氨基脲被证明是 GAD 的抑制剂，常被用于抑制 GABA 的介导作用，其对生物神经内分泌调控的影响模式如图 2-5 所示。氨基脲对生物神经内分泌调控的影响模式在雄性斑马鱼（*Danio rerio*）生殖系统中得到了较好的印证，表明氨基脲通过 GABA 能使雄性斑马鱼的生殖系统发生紊乱（Yu et al.，2017）。氨基脲通过抑制 GABA 的合成，能够增强 Sprague-Dawley 大鼠的自发行为，如能够增加 Sprague-Dawley 大鼠的直立次数，并且能延长大鼠的理毛时间（Maranghi et al.，2009）。氨基脲能够拮抗 NMDAR，影响其信号传导通路，最终结果有可能导致癫痫、老年痴呆等症状（Qin et al.，1996）。

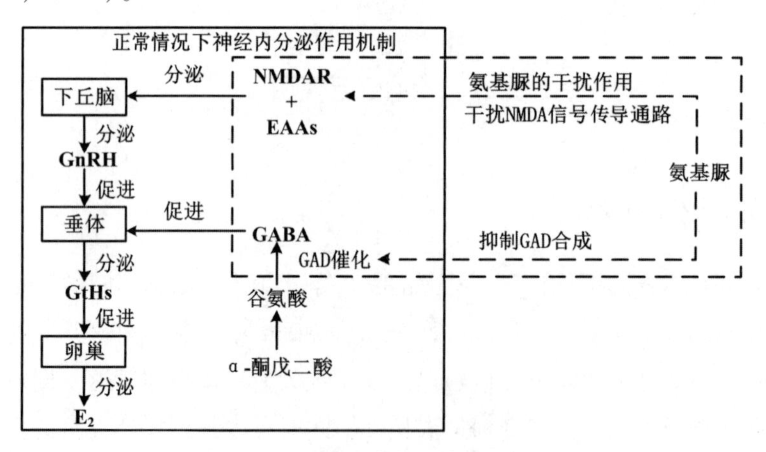

图 2-5　氨基脲神经调控模式

2.3 氨基脲检测技术研究进展

氨基脲在不同样品中的测定方法主要有液质联用技术、免疫分析技术、高效液相色谱法、生物传感器技术、电化学检测技术、毛细管电泳分析方法及其他检测方法。

2.3.1 液质联用技术

液质联用技术适用范围广，不仅能分析小分子物质，而且能对蛋白质、多肽、多糖等生物大分子化合物实现良好的分离测定，近年来成为分析化学领域的热点（Alu'Datt et al.，2017；Du et al.，2012；Kóczán and Hudecz，2002）。液质联用技术充分体现了液相色谱（高效分离）和质谱（准确定性）的优势互补，目前在食品质量与安全、环境监测与分析、药物分离与测定等诸多领域的应用越来越广泛（Matuszewski et al.，2003；Nair et al.，2014；Saint-Hilaire et al.，2018）。相比较单级质谱（HPLC-MS），串联质谱具有无可比拟的优势：更准确的定性结果、更好的定量结果及重现性。因此目前使用单级质谱进行残留测定的文献越来越少，串联质谱越来越显示其优越性。

大多数方法针对氨基脲总量，即蛋白结合态和游离态，而单独针对蛋白结合态氨基脲测定的文献较少。测定氨基脲总量的过程一般分为4步：① 将与蛋白结合的氨基脲酸性条件下水解；② 将水解后的自由态氨基脲用2-硝基苯甲醛衍生化；③ 净化（大多数方法采用液液萃取净化或者固相萃取净化，也有少数同时使用了上述两种方法）；④ 上机测定。因为氨基脲本身分子量小，质谱在低质量端背景噪声大，同时氨基脲极性大，在C18或C8等极性较弱的反相色谱柱上保留性较差，而对氨基脲进行衍生可以较好地克服上述两个缺点。衍生后母离子质荷比为209.1，在此质量数附近，质谱背景噪声显著降低；衍生物的疏水性增强，极性显著降低，这都有利于在反相色谱柱上保留。

Leitner A（2001）对前处理条件、色谱条件和质谱条件进行了摸索优化，建立了氨基脲测定的液质联用技术（HPLC-MS/MS）。将与组织蛋白结合的氨基脲经水解和衍生化后，衍生化反应率为66.0%~74.0%，并用聚苯乙烯吸附剂进行固相萃取净化，固相萃取回收率为92.0%~105.0%，正离子模式下对衍生后的目标化合物进行扫描，通过三重四极杆的多反应监测模式进行定量，方法检测限达0.50 μg/kg。本方法的关键是用动物实验进行了验证，以经过呋喃唑酮和呋喃它酮处理的猪为研究对象，对建立的方法进行了确认。该方法也奠定了检测氨基脲等硝基呋喃类药物代谢物的理论基础，大多数方法在此理论的基础上进行了拓展和改善。关键性步骤氨基脲衍生化反应，即与2-硝基苯甲醛反应如图2-6所示。

为了提高定量方法的准确性，液质联用技术的定量方法多采用稳定同位素内标法定量。因为同位素内标价格昂贵，最初有人用4-硝基苯甲醛作为内标物，缺陷在于4-硝基苯甲醛必须在衍生化反应结束后才能加入，以避免2-硝基苯甲醛和4-硝基苯甲醛在酸性条件下发生副反应。氨基脲与4-硝基苯甲醛衍生物的响应值比2-硝基苯甲醛要

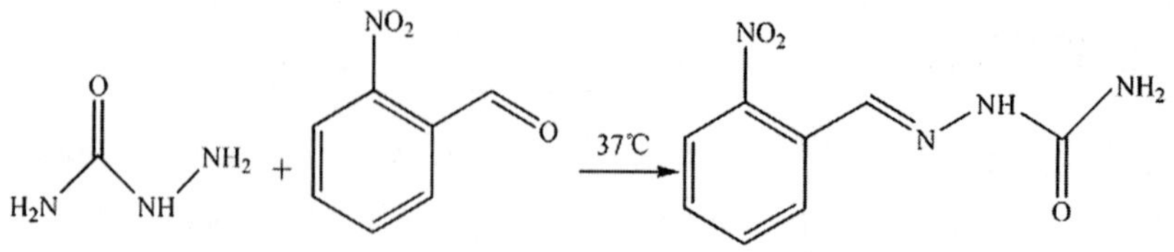

图 2-6　氨基脲衍生化反应

低，若同时用同系物做内标，在离子源上可能发生离子抑制现象甚至影响方法定量的准确度。氨基脲与 4-硝基苯甲醛、2-硝基苯甲醛衍生物均会产生母离子为 209.1，子离子为 192.1 的碎片离子，最终影响方法的定性及定量结果，这成为制约 4-硝基苯甲醛作为内标物的最主要因素。所以即便同位素内标物价格昂贵，从方法准确性角度出发，同位素内标法成为液质联用技术定量的不二选择。表 2-1概括总结了液质联用技术测定氨基脲的相关文献，主要样品包括动物源性食品、非动物源性食品及环境样品。需要注意，并不是所有发表的文献方法均满足欧盟的最低限量要求。

2.3.2　免疫分析技术

免疫分析技术被列为 20 世纪 90 年代优先研究、开发和利用的药物残留分析技术，联合国粮食及农业组织（FAO）已向许多国家推荐此项技术，美国化学会将免疫分析技术和气相色谱法、液相色谱法共同列为药物残留分析的支柱技术（Colling et al.，2008）。除液质联用技术外，最常用的方法是免疫分析技术中的酶联免疫吸附测定法（ELISA），其突出特点在于前处理步骤简单且具有特异性（Diblikova et al.，2005）。

有科研工作者用 ELISA 测定了鸡肌肉组织中氨基脲，灵敏度为 0.25 μg/kg，低于欧盟的限量规定。对经 HPLC-MS/MS 测定的阳性鸡蛋和鸡肉肝脏样品（含有呋喃西林源氨基脲的浓度范围为 0.50~5.0 μg/kg）用 ELISA 筛选时，所有结果均显示阳性，与 HPLC-MS/MS 结果一致。鸡肉肝脏中用 ELISA 法测定的两次平均值为 4.5 μg/kg时，通过 HPLC-MS/MS 测得平均值为 4.8 μg/kg，同样情况鸡蛋中两种方法的测定值分别为 0.9 μg/kg 和 1.5 μg/kg，在筛选鸡蛋和鸡肉肝脏样品时没有出现假阴性结果。氨基脲与原药的交叉反应性为 1.7%，与其他硝基呋喃类药物交叉反应率小于 0.01%，可以忽略不计（Cooper et al.，2007）。有人用 ELISA 对猪组织（添加浓度为 0.5 μg/kg、1.0 μg/kg 和 1.5 μg/kg）和胡萝卜泥、土豆泥、牛肉泥等儿童食品（添加浓度为 5.0 μg/kg、10.0 μg/kg 和 20.0 μg/kg）不同添加水平的氨基脲进行检测，方法回收率为 89.1%~105.3%，相对标准偏差为 6.70%~15.50%，方法检出限分别为 0.3 μg/kg 和 0.11 μg/kg，同样用 HPLC-MS/MS 进行验证，结果表现为相关性，满足残留检测的要求，适用于实际样品的筛选（Vass et al.，2008）。

表 2-1 不同样品基质中氨基脲的 HPLC-MS/MS 测定方法

序号	样品	提取试剂	净化方式	质谱仪器型号	定量限（μg/kg）	回收率（%）	精密度（%）	文献
1	Animal tissue	Hydrochloric acid, Ethyl acetate	LiChrolut EN SPE cartridge	Agilent 1100 AB Sciex API 365	10.0	91.8		Leitner et al., 2001
2	Aquatic products	Hydrochloric acid, Ethyl acetate	Oasis HLB SPE cartridge	AB Sciex API 3200	1.50	92.0~122.0	2.00~4.00	Zhang et al., 2016
3	Poultry muscle and shrimp	Hydrochloric acid, Ethyl acetate	n-Hexane	AB Sciex API 3000	0.88	97.0~100.2	10.3~16.7	Bock et al., 2007
4	Shrimp	Hydrochloric acid/methanol, Ethyl acetate		Waters TQD triple quadrupole	0.70	102.0	5.50	Du et al., 2014
5	Seafood	Hydrochloric acid, Ethyl acetate	Oasis HLB SPE cartridge	Agilent 6460A	1.00	100.0	3.00	Valera - Tarifa et al., 2013
6	Pork	Hydrochloric acid, Ethyl acetate		Agilent 1190 Micromass QuattroMicro	0.20	96.0~110.0	3.00~22.0	O' Keeffe et al., 2004
7	Meats (chicken, pork)	Hydrochloric acid, Ethyl acetate	LiChrolut EN SPE cartridge	AB Sciex API 3000	0.34	85.0~93.0	21.0~35.0	Mottier et al., 2005
8	Pork	Hydrochloric acid, Ethyl acetate	Oasis HLB SPE cartridge	Waters Quattro Premier	0.10	95.5~99.2	8.70~10.0	Xia et al., 2008
9	Chicken meat	Hydrochloric acid, Ethyl acetate	Oasis MCX SPE cartridge	Waters Xevo TQS	0.50	97.0	5.77	Kim et al., 2015
10	Poultry muscle and eggs	Hydrochloric acid, Ethyl acetate		AB Sciex API 4000	0.50	19.5~43.2	1.40~8.70	Finzi et al., 2005

续表

序号	样品	提取试剂	净化方式	质谱仪器型号	定量限 (μg/kg)	回收率 (%)	精密度 (%)	文献
11	Chicken muscle and egg	Hydrochloric acid, Ethyl acetate	C18 and diatomaceous cartridge	Waters Xevo TQS	0.20	86.4~92.1	1.30~9.70	Zhang et al., 2017
12	Milk, honey, egg and fish	Hydrochloric acid, Ethyl acetate	Oasis HLB SPE cartridge	Thermo Q Exactive Plus	0.050	94.0~117.0	1.00~6.00	Kaufmann et al., 2015
13	Egg	Hydrochloric acid, Ethyl acetate	Oasis MCX SPE cartridge	Thermo QuantumDiscovery Mass Spectrometer	0.25	83.0~87.0	5.70~11.9	Stastny et al., 2009
14	Fresh egg and egg powder	Hydrochloric acid, Ethyl acetate	Polystyrene divinylbenzene copolymer sorbent cartridge	Agilent 1100Quattro Premier Micromass	0.20 0.80	85.0~187.5	0.20~33.3	Szilagyi and De, 2006
15	Egg	Hydrochloric acid, Ethyl acetate		AB Sciex API 3000	0.25	100.8~101.9	7.70~13.1	Bock et al., 2007
16	Milk	Hydrochloric acid, Ethyl acetate		AB Sciex API 3000	0.34	107.0	6.80	Rodziewicz, 2008
17	Milk	Hydrochloric acid, Ethyl acetate	n-Hexane, Oasis HLB SPE cartridge	AB Sciex API 2000	0.20	81.0~101.0	3.00~9.00	Chu and Lopez, 2007
18	Honey	Hydrochloric acid, Ethyl acetate	LiChrolut EN SPE cartridge	AB Sciex API 3000	0.43	102.0~112.0	7.00~12.0	Khong et al., 2004
19	Turkey muscle	Hydrochloric acid, Ethyl acetate		Agilent 6460A	0.29	96.7~100.0	2.30~15.2	Verdon et al., 2007

续表

序号	样品	提取试剂	净化方式	质谱仪器型号	定量限（μg/kg）	回收率（%）	精密度（%）	文献
20	Baby food	Hydrochloric acid，Ethyl acetate	Phenomenex divinylbenzene polymer SDB-L cartridge	Waters Quattro Ultima Pt Micromass	0.25	87.8~107.2	0.20~9.10	De Souza et al.，2005
21	Bread	Ethyl acetate	Varian Bond Elut，C18 cartridge	Agilent 1100 Quattro Premier Micromass	0.61	99.0~102.0	3.30~7.90	Noonan et al.，2005
22	Salt	n-Hexane		AB Sciex API 4000	0.50	99.8	5.80	Pereira et al.，2004
23	Plasma	Methanol and Ethyl acetate		Waters Quattro Premier XE	0.12	97.0	10.1	Radovnikovic et al.，2011
24	Pond water and sediments	Hydrochloric acid，Ethyl acetate	Bakerbond Octadecyl cartridge	AB Sciex API 4000 Qtrap	0.40 0.60	96.1，90.4	2.30，2.60	Yu et al.，2013
25	Seawater	Hydrochloric acid，Ethyl acetate	Oasis HLB SPE cartridge	Waters Quattro Premier XE	0.010	83.9~105.0	4.87~8.97	本研究
26	Sediment	Hydrochloric acid，Ethyl acetate	n-Hexane	Waters Quattro Premier XE	0.50	86.2~106.0	4.59~7.75	本研究
27	Marine organisms	Hydrochloric acid，Ethyl acetate	n-Hexane	Waters Quattro Premier XE	0.50	85.6~96.4	4.08~8.05	本研究

在国内也有人开展了此项方法的研究。以4-羧基苯甲醛为衍生剂，合成了氨基脲的羧基苯基衍生物 CPSEM，制备氨基脲的单克隆抗体，并且证明具有高度特异性，灵敏度可达0.01 μg/L，半抑制浓度 IC_{50}为1.3 μg/L，并且无交叉反应，无法直接检测样品中的氨基脲，但可以检测其衍生物。衍生物水溶性差，每毫升水仅可溶解纳克数量级，因此用 ELISA 法进行检测是可行的。最终计算结果需要根据衍生物及氨基脲的相对分子量比进行换算。基于上述原理，用于测定呋喃唑酮和呋喃它酮两种硝基呋喃类药物代谢物的试剂盒已经开发并商业化（Gao et al.，2007）。也有人采用胶体金免疫层析技术快速测定肉中的氨基脲，该技术是以胶体金作为示踪标志物应用于抗原抗体的一种新型的免疫标记技术，有其独特的优点。在最优化条件下，氨基脲的检测限可达0.72 ng/mL，无交叉反应。稳定性实验表明，该免疫显色条在室温下使用7周时活性无明显下降。对猪肉样品进行胶体金免疫层析技术检测，并用 ELISA 进行确证，在5 min 以内可以完成检测，适用于肉类样品的快速现场检测（Tang et al.，2011）。有人采用金纳米粒子免疫层析法，测定鱼样中的氨基脲，检测中未观察到抗体间的交叉反应，灵敏度可达0.75 ng/mL，免疫层析法和 ELISA 法的检测结果高度一致，这表明该测试条的准确性、再现性和可靠性（Wang et al.，2017）。有人基于纳米金生物条形码的免疫分析方法，将聚合酶链式反应（PCR）与 ELISA 相结合，将酶信号转化为 DNA 信号，氨基脲的灵敏度可达8 pg/mL，比常规的 ELISA 方法灵敏度高25倍左右，免疫生物条形码法是一种具有超高灵敏度检测的快速高通量筛选方法（Tang et al.，2011）。

需要注意的是，ELISA 法一般仅作为筛选方法，国际及国内所规定的确证方法一般采用液质联用技术，但 ELISA 法在一些基层单位及未配置较高仪器设备的单位，具有广泛的应用空间。

2.3.3 高效液相色谱法

高效液相色谱法用于药物残留和环境污染物的检测，一般需要配备不同的检测器，以便方法可以应用于不同样品的检测，最常用的检测器是荧光检测器、光电二极管阵列检测器和紫外检测器。在氨基脲残留检测中，一般采用高效液相色谱与荧光检测器（HPLC-FLD）、光电二极管阵列（HPLC-PDA）和紫外检测器（HPLC-UV）结合的方式进行检测，鉴于氨基脲的结构特征，一般需要衍生步骤。

为了去除杂质影响及提高方法灵敏度和选择性，柱前衍生是一个有效的前处理手段，在液相色谱中这样的应用也较多。有科研工作者通过在线柱前衍生，之后经 HPLC-FLD 上机测定，分析了鱼肉和面包样品中氨基脲残留量，经准确度和精密度评价后，证明该方法适用于上述两类样品中氨基脲的分析测定，鱼肉和面包在

10 μg/kg、50 μg/kg、100 μg/kg 添加水平下，回收率为96.6%~100.4%，精密度为0.7%~5.6%，对5个阳性样品和3个阴性样品采用液质联用技术进行确证，均显示良好的一致性（Wang and Chan，2016）。也有人通过柱前衍生分析测定了面粉中的氨基脲，方法是以4-硝基苯甲酰氯为衍生试剂，亲核取代反应原理快速测定氨基脲。衍生化在室温下中性溶液中进行，反应条件温和，仅需1 min，在最大吸收波长261 nm处，HPLC-UV检测氨基脲衍生物。该方法检出限为1.8 μg/L，已成功应用于面粉中氨基脲的快速测定，含量范围为0.47~7.53 μg/kg，加标回收率为76.6%~119%，相对标准偏差为0.5%~9.1%（Wei et al.，2017）。有研究人员采用HPLC-PDA分析测定了虾中的氨基脲，在衍生化之前分别用50%甲醇、75%甲醇、100%甲醇和水清洗虾样品，以消除样品基质干扰，在275 nm处进行分析，并且使用基质标准溶液验证了氨基脲在PDA检测器的相应线性范围，相关系数为0.998 4，平均回收率为115%，定量限可达0.93 μg/kg，并且该研究人员首次报道了采用HPLC-PDA法，可以满足欧盟关于4种硝基呋喃类代谢物的最低残留限量要求，也表明本法可作为经济有效的液相色谱方法筛选虾肉样品中硝基呋喃类代谢物，但是确证还需配合液质联用技术（Fernando et al.，2015）。

有人首次采用2-（11H-benzo［a］carbazol-11-yl）ethyl chloroformate（BCEC）标记氨基脲，系统优化了荧光标记条件，标记后在XDB C8色谱柱上分离，然后用FLD分析，8 min即可完成测定，检出限可达0.4 μg/kg，并对面包、方便面、猪肉、羊肉、虾、鸡肉和鱼肉等样品进行了加标回收实验，回收率为89.5%~100.4%，每种样品均取3个平行样，验证了方法的精密度，精密度为2.10%~4.20%，证明该方法适用于不同食品中的氨基脲检测（Li et al.，2015）。有人制备了一种新型分子印迹搅拌棒，并通过红外光谱等技术手段对搅拌棒进行了表征，证明该搅拌棒具有较强的吸附能力和选择性，通过其特异性吸附作用，配合HPLC-UV测定了鱼肉中的氨基脲，检测限可达0.59 ng/mL，批内相对标准偏差和批间相对标准偏差均小于10%，能够满足欧盟关于肉类产品中氨基脲的残留检测要求（Tang et al.，2018）。有人用HPLC-PDA测定了动物饲料中的氨基脲，样品经醋酸铵溶液提取，后经Sep-Pack NH_2固相萃取柱净化，方法定量限为200 μg/kg，虽然经液质联用方法确认后结果一致，但是该方法灵敏度低，满足不了饲料残留检测要求（Barbosa et al.，2007）。

近年来，液相色谱法虽然无需昂贵的分析仪器，但无法对样品进行准确定性，所以使用液相色谱法测定氨基脲的文献较少。液相色谱法要求前处理过程中必须将与氨基脲保留时间接近的杂质除去，否则易出现假阳性结果，因此前处理步骤繁琐且要求比较严格。随着液质联用技术的逐步推广，液相色谱配合不同检测器的方法受前处理繁琐程度、检测限及无法准确定性的影响，应用也越来越少。即便此类方法的准确度和精密度能满足欧盟的最低残留限量要求，但确证还需配合液质联用技术。

2.3.4 生物传感器技术

生物传感器一般也具有较好的灵敏度。Lu 等（2016）用莱克多巴胺对衍生化试剂羧基苯甲醛进行了初步修饰，该生物传感器技术无需繁琐的有机试剂提取过程，在 50.0 μg/L 干扰成分存在下，未观察到交叉反应，氨基脲检测限达 0.10 μg/L。Omahony 等（2011）在生物芯片上建立了针对氨基脲的特异性单个抗体，用生物芯片分析仪进行分析，检测限可达 0.90 μg/kg，半抑制浓度 IC_{50} 为 2.19 μg/kg。在采用类似提取方法的前提下，即均用 Oasis HLB 固相萃取柱提取分析物，然后用硝基苯甲醛衍生化并分配到乙酸乙酯相中，该方法和液质联用技术法的分析结果一致。从上述结果可以看出，生物传感器技术的灵敏度及半抑制浓度均不及 ELISA 法。

Jin 等（2013）基于金纳米粒子功能化壳聚糖复合膜，用新型阻抗传感器测定氨基脲残留，根据阻抗的相对变化与浓度的对数值成正比，确定检测限为 1.00 ng/mL，并对该方法的稳定性、重复性、特异性和准确性进行了评估，表明该方法适用于猪肉、蜂蜜、盐渍羊肠衣、盐渍猪皮和虾中氨基脲的测定，回收率为 82.0%~93.5%，相对标准偏差为 3.10%~4.90%，上述样品用液质联用技术对样品进行确证复测，结果一致。

近年国内 Li 等（2017）开发了一种新型的可视化微阵列传感技术，可视化信号响应，采用多路复用的方法，分析了蜂蜜中的氨基脲，信号反应直观，检测限可达 0.040 ng/g。结果证明 96 孔板可视化微阵列在蜂蜜等食品样品的检测中具有较好的适用性。通过与市售 ELISA 进行比较，表明微阵列技术也可以用于蜂蜜中氨基脲的快速检测。虽然该方法的样品制备时间与液质联用技术或市售 ELISA 试剂盒基本相同，但样品筛选速度明显加快，表明微阵列筛选技术在残留筛查领域具有较大的潜力。

与 ELISA 法类似，此类方法一般作为筛选方法，可以一次性地对大量样品进行初步筛选，生物传感器技术有望成为食品安全领域的一种实用筛选技术。

2.3.5 电化学检测技术

Zhang 等（2014）根据氨基脲在电极上的伏安行为，确定了影响伏安响应的参数，包括支持电解质、pH 值、积聚时间和积聚电位等，在 4.00~40.0 μmol/L 范围内，阳极峰值电流与浓度成正比，检测限为 1.00 μmol/L；在此基础上，测定了加标自来水样品中的氨基脲浓度，回收率为 92.3%~104.7%，相对标准偏差为 3.60%~6.60%。Casella 等（2015）基于 IrOx 化学修饰电极作为电化学传感器，强阳离子交换模式下，在酸性条件下分离混合物中的氨基脲，最后采用安培法测定了氨基脲，该方法在较宽的 pH 值范围内可以实现对氨基脲的分离测定，并且验证了葡萄糖、脯氨酸、硝酸根、氯化物、草酸、乙醇等多种潜在的干扰物对氨基脲在电极上的响应无影响，线性范围可达 3 个数量级，相关系数大于 0.995，检出限为 0.75 μg/L。鉴于此类方法灵敏度较低，目前应用较少。

2.3.6 毛细管电泳分析方法

Wickramanayake 等（2006）利用胶束电动毛细管电泳（MECC）检测氨基脲。研究了缓冲液中硼酸盐与磷酸盐的浓度比、运行电解液的 pH 值和电压等实验参数，发现表面活性剂脱氧胆酸钠浓度对分辨率影响最为显著；优化后的实验条件如下：80.0 mmol/L 脱氧胆酸钠为胶束表面活性剂，运行电压为 16.0 kV，电解液 pH 值为 9.0，经 C_{18}柱分析，迁移时间（T_{mig}）再现性良好，检测限达 0.40 μg/mL，并以虾为基质，进行了加标回收实验，氨基脲回收率仅为 50.0%，回收率较低。

Chen 等（2016）利用毛细管电泳法同时测定了偶氮二甲酰胺和氨基脲，并对毛细管电泳分离条件、萃取剂和衍生化条件进行了研究。在 20.0 mmol/L 四硼酸钠、30.0 mmol/L β-环糊精、17.0%异丙醇（*V/V*）和 25.0 mmol/L 十二烷基硫酸钠（SDS）的缓冲液中，25 min 即可在毛细管柱上完成分离测定，定量限分别为 0.50 mg/kg 和 0.15 mg/kg，上述两种物质的回收率分别为 88.0%~93.0%和 98.0%~106.0%，但是定量限达不到欧盟的限量要求。

Zhai 等（2015）采用毛细管电泳法测定了水产品中的氨基脲残留，优化后条件如下：缓冲液为 20.0 mmol/L 磷酸二氢钠、20.0 mmol/L 磷酸氢二钠、80.0 mmol/L 脱氧胆酸钠和 10.0%甲醇，pH 值为 9.0；该方法在 1.00~25.0 μg/mL 范围内具有良好的线性关系，定量限为 5.00 μg/kg，回收率为 81.5%~114.5%，将该方法应用于水产品样品的分析测定，均未检出氨基脲。

上述方法的主要缺陷在于灵敏度较低，远远达不到欧盟的要求，因此限制了其应用和发展。

2.3.7 其他光谱分析法

Safavi 等（2003）采用 H 点标准加入法，建立了同时测定氨基脲和联氨的分光光度法，阳离子胶束介质中 Cu^{2+}还原为 Cu^{+}速率的差异是分离并检测上述两物质的基础；该方法可以准确测定 0.50~3.75 μg/mL 范围内氨基脲及 0.50~5.00 μg/mL

范围内联氨，分析结果具有较好的准确度和精密度。为了验证该方法，在河水样品中加入 1.00 μg/mL、2.00 μg/mL 和 2.50 μg/mL 3 个浓度的氨基脲，最终测定值分别为 1.02 μg/mL、2.10 μg/mL 和 2.52 μg/mL，方法的准确度令人满意，但目前此类方法应用得较少。

Xie 等（2013）采用拉曼光谱法测定了面粉中的偶氮甲酰胺、联二脲和氨基脲，通过 3 种分析物的红外光谱、拉曼光谱和表面增强拉曼散射光谱（SERS），并根据密度泛函理论计算了它们的振动带，计算得到的拉曼光谱与实验结果吻合较好；在纯水作溶剂的情况下检测 3 种化学物质，检出限可达 10.0 μg/mL（小于 45.0 μg/mL），可以满足偶氮甲酰胺的检测要求，但是远远达不到氨基脲的测定要求，而且方法的重现性也需要进一步完善。上述结果表明了偶氮甲酰胺及其代谢物可以通过振动光谱技术进行检测，但是灵敏度及准确度都较低。

2.3.8 小结

液质联用技术作为主流方法，仪器、配件及所用耗材昂贵，关键是需要专人维护，对仪器操作人员的专业技能和实验条件要求较高，难以在基层推广使用；液相色谱配备不同检测器也可用于测定氨基脲，但繁琐的前处理步骤和难以准确定性使得此类方法的应用受到较大限制。免疫分析技术采用特异性抗体，具备良好的精确度、灵敏的反应、较强的特异性、相对较低的技术要求、较短的检测时间和大批量测定等优点，但在实际检测中会出现假结果，即假阳性或者假阴性结果，所以一般仅可作为筛选方法，准确定性还需要与 HPLC-MS/MS 法配合使用。生物传感器技术、电化学检测技术、毛细管电泳分析技术因其方法本身具有一定的局限性，满足不了痕量分析及大量样品高效测定的要求，近年来应用得越来越少。目前国内外已广泛利用液质联用技术对氨基脲进行检测，并通过多反应监测（MRM）或者选择反应监测（SRM）对氨基脲进行定性及定量分析。

2.4 本章结论

环境中各类药物残留和污染物的危害主要有毒性作用、过敏反应、三致作用、导致病原菌产生耐药性、对胃肠道菌群的影响、激素作用和对环境的生态毒理性等。近年来人们越来越认识到人类健康和海洋环境之间的相互关系，并努力恢复和保护海洋环境。传统上关注的重点是人类活动对海洋的影响，特别是人为化学污染对海洋的影响，化学污染物进入海洋环境并最终进入食物链。全世界超过 20 亿人特别是沿海的居民，在很大程度上依赖于未受污染的海洋生活或生存。氨基脲在海洋中的存在会导致有毒食物链的产生，最终威胁国民的食品安全。当人食用了残留超标的食品后，污染物会在体内蓄积，并产生各种不良反应，严重者甚至直接危害人体的健康或生命。若人们长期食用受污染的海洋食品，必将危害人体健康甚至生命安全。

第3章　海水、沉积物和海洋生物体中氨基脲测定方法的建立

现行海水和沉积物的标准均未对氨基脲限量做出规定，导致其分布水平及污染程度无从评估，因此建立海水和沉积物中氨基脲定性、定量检测方法，是评价氨基脲是否会影响海洋环境所必需的。海洋生物富集环境中的氨基脲，并通过食物链的传递作用在生物体内蓄积，最终危害人类身体健康，因此建立海洋生物中氨基脲检测方法，是评价氨基脲是否影响海洋生物质量安全的基础技术条件。海水、沉积物和海洋生物体中氨基脲含量测定方法的建立，可为研究氨基脲在海洋环境中的迁移转化过程、环境相关性以及潜在的生物累积提供技术支撑。

3.1　实验部分

3.1.1　仪器及试剂

3.1.1.1　仪器与设备

建立本方法所需要的仪器、设备和型号如表3-1所示。

表3-1　仪器、设备和型号

仪器和设备	型号
液相色谱-串联质谱仪	电喷雾（ESI）源（Quattro Premier，Waters，USA）
旋转蒸发仪	LR4001，Heidolph，Germany
高速离心机	TGL-10C，上海安亭科学仪器厂，上海
超声波清洗器	KQ-600E，昆山市超声仪器有限公司，昆山
恒温水浴振荡器	SHA-B，常州市国华电器有限公司，常州
分析天平1	感量0.000 1 g（BA 210s，Sartorius，Germany）
分析天平2	感量0.01 g（GB 303，Mettler Toledo，Switzerland）
超纯水仪	Milli-Q Gradient，Millipore，France
固相萃取柱	HLB（3 mL，60 mg，Waters，USA）

3.1.1.2 试剂及配制方法

甲醇、乙腈、正己烷、乙酸乙酯、甲酸为色谱纯；乙酸铵、2-硝基苯甲醛、盐酸（ρ为1.19 g/mL）为优级纯；二甲基亚砜、磷酸氢二钾为分析纯；标准物质盐酸氨基脲（CH_6ClN_3O）：纯度大于98.0%；同位素内标SEM·HCl-^{13}C-$^{15}N_2$：纯度大于98.0%；聚偏二氟乙烯滤膜：0.22 μm；醋酸纤维滤膜：0.45 μm；配制方法如表3-2所示。

表3-2 配制方法

试剂名称	规格及配制
5.00 mmol/L 乙酸铵溶液（含0.10%甲酸）	称取0.193 g乙酸铵，用水溶解并加入0.50 mL甲酸，定容至500 mL
0.20 mol/L 盐酸溶液	量取浓盐酸0.60 mL，用水稀释至100 mL
0.050 mol/L 2-硝基苯甲醛溶液	称取0.037 8 g 2-硝基苯甲醛，溶于5.00 mL二甲基亚砜中，现用现配
1.00 mol/L 磷酸氢二钾溶液	称取87.10 g磷酸氢二钾，用水溶解并定容至500 mL
1.00 mg/mL SEM标准储备溶液	准确称取14.9 mg盐酸氨基脲标准物质，用甲醇溶解并定容至10.00 mL，-18℃保存，保存期6个月
100.0 μg/mL 内标储备溶液	准确称取10.0 mg SEM·HCl-^{13}C-$^{15}N_2$，用甲醇溶解并定容至100.0 mL，-18℃保存，保存期6个月
10.0 mg/L 氨基脲标准中间液	准确吸取氨基脲标准储备溶液1.00 mL，用甲醇稀释定容至100.0 mL，4℃保存，保存期1个月
100.0 μg/L 氨基脲标准使用液	准确吸取氨基脲标准中间液1.00 mL，用甲醇稀释定容至100.0 mL，4℃保存，保存期1个月
10.0 μg/L 氨基脲标准工作液	准确吸取氨基脲标准使用液1.00 mL，用甲醇稀释定容至10.00 mL，现用现配
1.00 mg/L 内标中间液	准确吸取内标储备溶液1.00 mL，用甲醇稀释定容至100.0 mL，4℃保存，保存期1个月
100.0 μg/L 内标工作液	准确吸取内标中间液1.00 mL，用甲醇稀释定容至10.00 mL，现用现配

3.1.2 样品采集与前处理

海水、沉积物和海洋生物体样品的采集、储存与运输等要求执行《GB

17378.3 海洋监测规范第3部分：样品采集、储存与运输》的规定进行，此处不再赘述。贝类样品现场采样，采集的样品须具有代表性，并防止在采样过程中造成氨基脲成分的损失或外来成分的污染。采样途中样品放在加冰块的保温箱内，运回实验室。

准确量取 100 mL±1 mL 经 0.45 μm 滤膜过滤的水样，加入 100 μL 内标工作液，再加入 0.050 mol/L 2-硝基苯甲醛溶液 150 μL，加入 0.20 mol/L 盐酸 3.50 mL，旋涡 2 min，37℃恒温水浴振荡 16 h。取出离心管，放置至室温后，用 1.00 mol/L 磷酸氢二钾溶液调节 pH 值至 7.0~7.5，待净化。于固相萃取仪上依次用 5.0 mL 甲醇和 5.0 mL 水活化 HLB 固相萃取柱，将样品以 6.0~10.0 mL/min 流速过柱，然后以 10.0 mL 水淋洗，弃去全部流出液，抽干，用 5.0 mL 甲醇洗脱，收集洗脱液于 15 mL离心管中，40℃氮气吹至近干。准确加入 1.00 mL 甲醇-含有 0.10%甲酸的 5.00 mmol/L乙酸铵溶液（V：V=5：95）旋涡后，过 0.22 μm 滤膜至进样瓶中，供液相色谱-串联质谱仪测定。

称取沉积物样品或海洋生物体样品 2.00 g±0.02 g 于 50 mL 离心管中，衍生化反应步骤与海水中相同。调节 pH 值至 7.0~7.5，加入 5.0 mL 乙酸乙酯，旋涡 2 min，以 7 000 r/min 离心 5 min，吸取上清液至 15 mL 离心管中，重复提取一次，合并上清液，40℃氮气吹至近干，准确加入 1.00 mL 甲醇-含有 0.10%甲酸的 5.00 mmol/L 乙酸铵溶液（V：V=5：95），再加入 3.0 mL 正己烷，旋涡 1 min，7 000 r/min 离心 5 min，弃上层液，下层液过 0.22 μm 滤膜至进样瓶中，供液相色谱-串联质谱仪测定。

3.1.3 样品的测定

3.1.3.1 色谱条件

色谱条件如下所示。

色谱柱：ACQUITY™ UPLC BEH C_{18}（粒径 1.7 μm，内径 2.1 mm，柱长 100 mm，Waters，USA）；

流动相：有机相为乙腈，水相为含有 0.10%甲酸的 5.00 mmol/L 乙酸铵溶液；

进样量：10 μL；

柱温：40℃；

流速：0.25 mL/min。

10.0 min 完成色谱柱平衡和氨基脲分析测定，梯度洗脱程序见表 3-3。需注意：实验条件因仪器不同有所差异，流动相的选择与仪器本身性能有较大关系，洗脱程序也会因色谱柱及流动相的改变而发生变化，应按照所用仪器型号，调整色谱条件，以便符合分析要求。

表 3-3 氨基脲梯度洗脱程序

时间（min）	有机相比例（%）	水相比例（%）	梯度变化曲线
0	5	95	
0.50	5	95	6
5.50	95	5	6
9.00	95	5	6
9.50	5	95	6
10.0	5	95	1

3.1.3.2 质谱条件

羰基在正离子模式下具有较高的响应值，因此选用 ESI+模式；采用蠕动泵直接进样 1 μg/mL 氨基脲衍生物（甲醇配制），全扫描确定母离子，二级质谱扫描确定子离子，当然定量离子的选择一般选择具有较高响应值的离子，但是同时也应考虑信噪比。若较高响应值的子离子有干扰，则可将具有较高信噪比的子离子作为定量离子，最终质谱条件的确定与仪器型号及质谱分辨率密切相关。优化后的质谱条件如下所示。

电离方式：ESI+；

源温：110℃；

电压：2.80 kV；

脱溶剂气温度：350℃；

脱溶剂气流量：700 L/h；

锥孔反吹气流量：50 L/h。

氨基脲的质谱采集参数见表 3-4。氨基脲衍生物标准溶液（10.0 ng/mL）、空白海水及加标样品（加标量 0.050 μg/L）的特征离子质谱图见图 3-1、图 3-2 和图 3-3。

表 3-4　氨基脲的 HPLC-ESI-MS/MS 参数

目标化合物	母离子质荷比	子离子质荷比	碰撞能量（eV）
氨基脲衍生物	209. 1	166. 1*	12
		192. 1	12
SEM-^{13}C-$^{15}N_2$衍生物	212. 0	168. 0*	10

注：＊为定量离子。

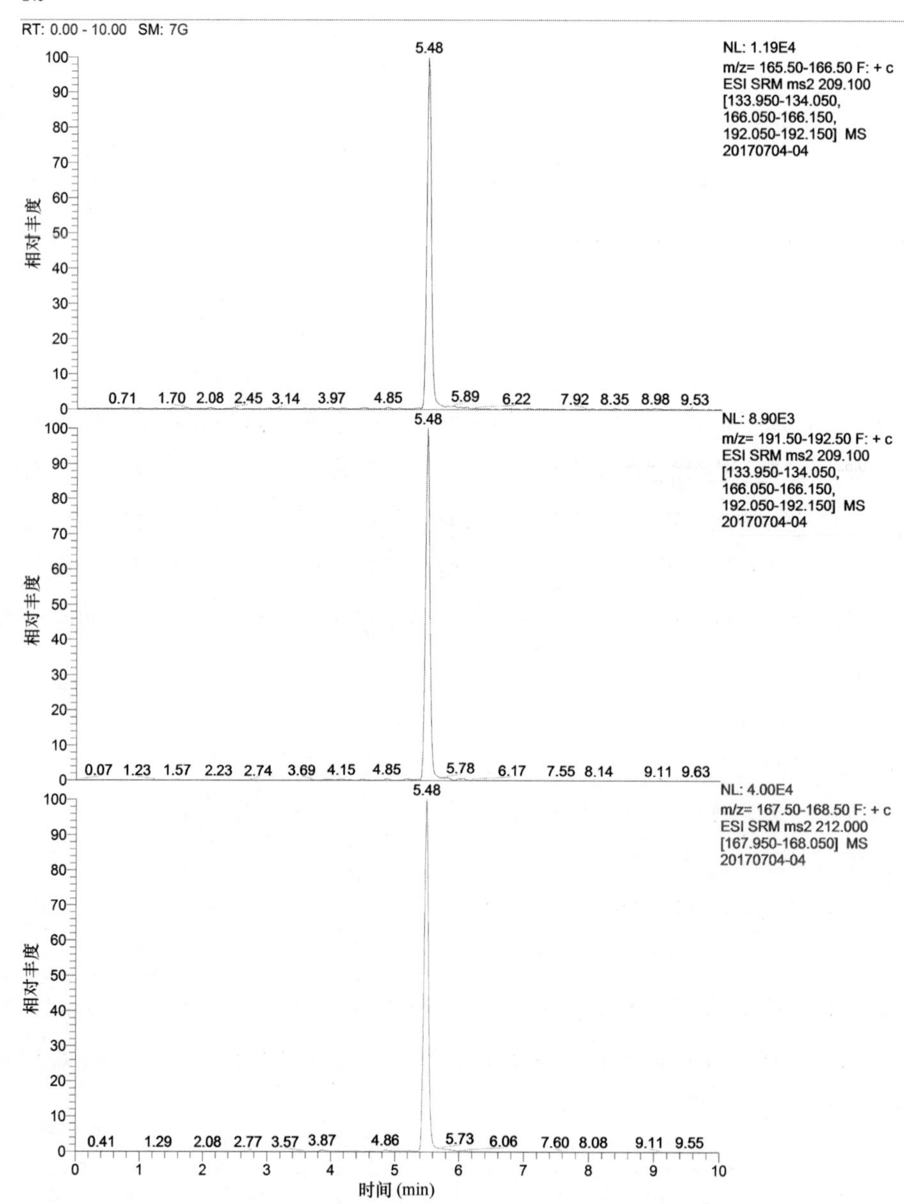

图 3-1　氨基脲标准溶液（10. 0 ng/mL）特征离子质谱图

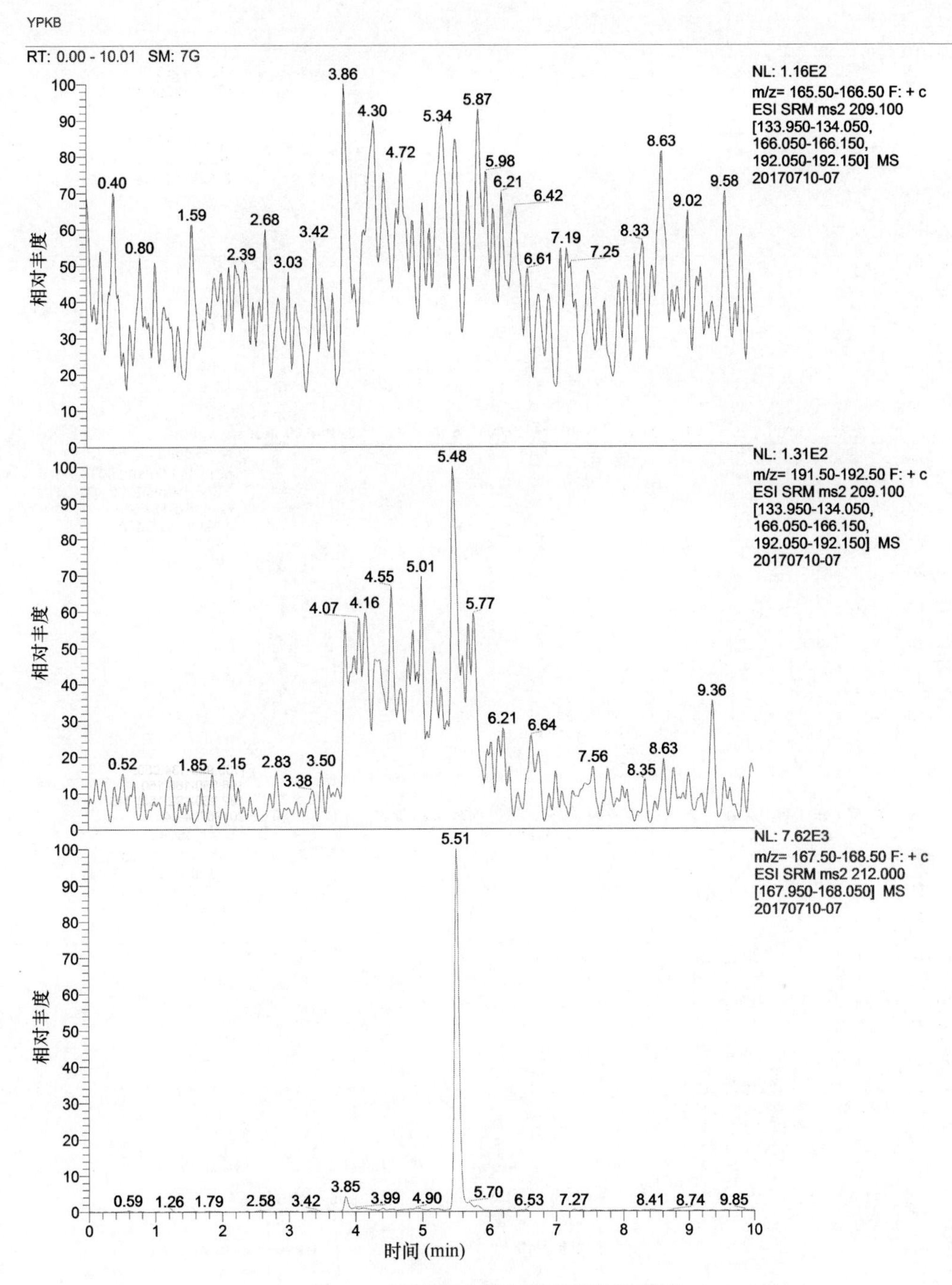

图 3-2 空白海水样品特征离子质谱图

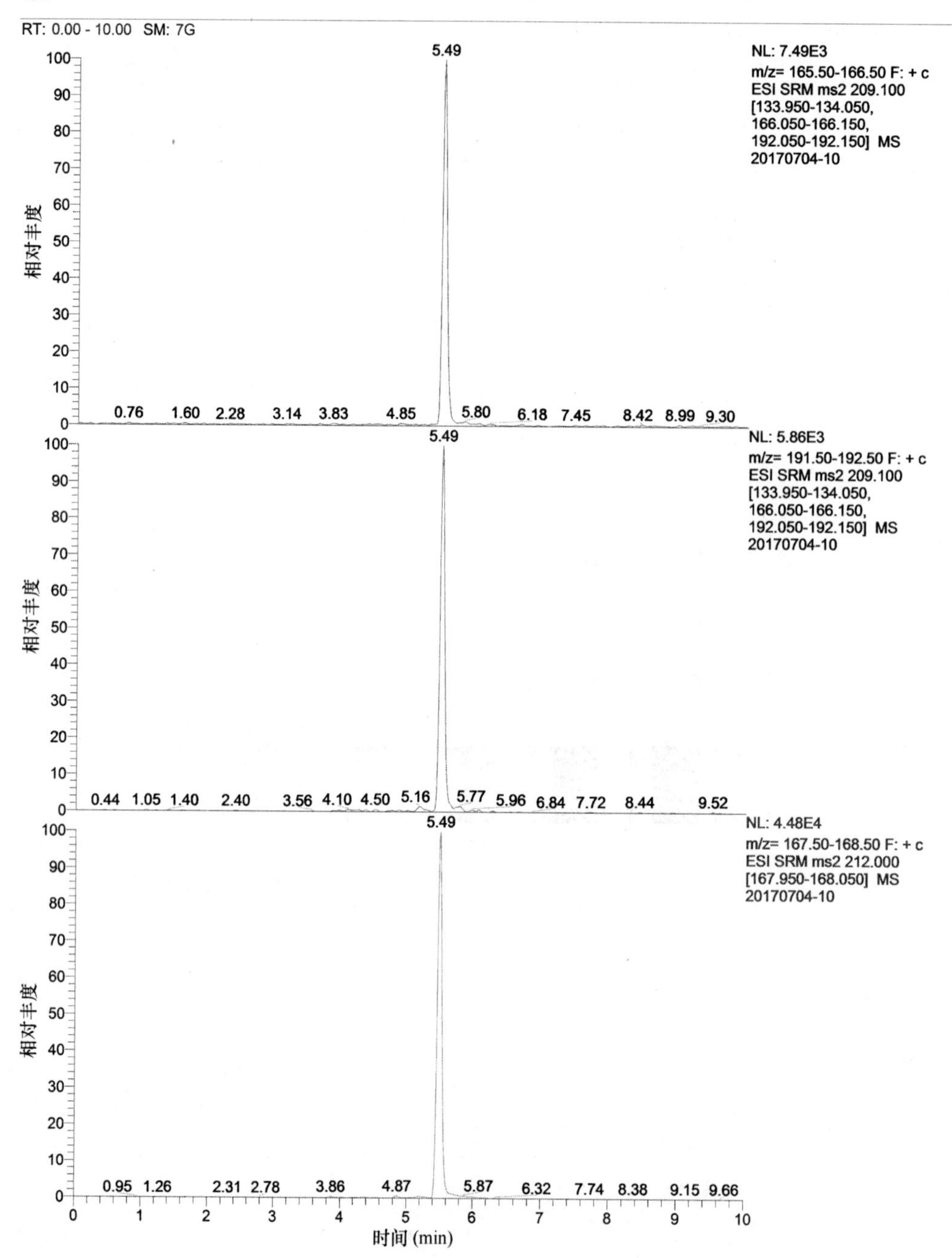

图 3-3 空白海水加标样品的特征离子质谱图（加标量 0. 050 μg/L）

3.2 结果与讨论

3.2.1 提取条件的确定

氨基脲衍生后存在于水相中，用1.00 mol/L磷酸氢二钾溶液调节pH值至7.0~7.5，使氨基脲以分子状态存在，并用有机试剂反萃取。提取试剂和提取次数的回收率如图3-4所示。

实验表明，样品用乙酸乙酯反萃取比用乙腈或甲醇回收率高，因此选用乙酸乙酯作为提取剂；分别比较了提取1次、2次、3次、4次和5次对氨基脲回收率的影响，结果表明：当提取次数超过2次后，氨基脲的回收率趋于稳定，因此本实验选用乙酸乙酯提取2次。

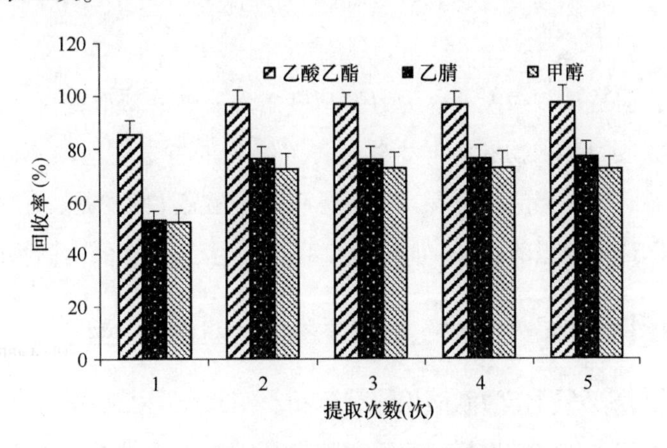

图3-4 提取试剂和提取次数的回收率

3.2.2 净化条件的确定

海水加标样品（浓度水平分别为0.010 μg/L、0.050 μg/L和0.10 μg/L）经不同固相萃取柱（LiChrolut EN SPE cartridge、Oasis HLB SPE cartridge、Oasis MCX SPE cartridge、C18 SPE cartridge和Bakerbond Octadecyl SPE cartridge）富集净化后的回收率如图3-5所示。数据表明：使用HLB净化时，具备较好的回收率和重现性，所以本研究采用HLB固相萃取柱对海水样品进行富集净化。

沉积物和海洋生物体的基质比较复杂，鉴于氨基脲的水溶性，因此在实验中使用正己烷，能有效地去除脂肪及色素等杂质，并对分析灵敏度无明显影响，因此选用3 mL正己烷除杂。简单的液液萃取步骤无需繁琐的固相萃取过程，既能节省实验时间，也能有效降低实验成本，达到良好的净化效果。虽然固相萃取也可以达到较

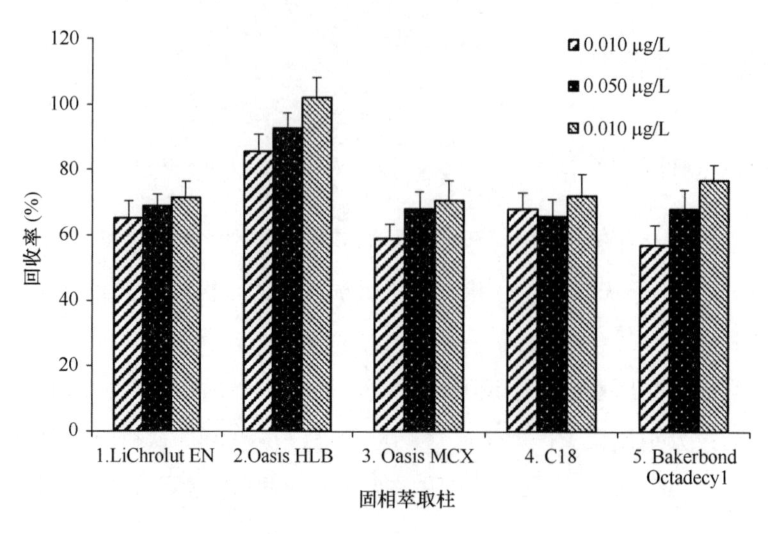

图 3-5　固相萃取柱回收率

好的净化效果，但是从节约人力、物力的角度出发，液液萃取便可实现对样品的净化，因此该方法成为沉积物和海洋生物体样品净化的首选。当然不同的样品基质，所采用的净化方式各不相同，应视具体情况而定。还需注意的是，用 3 mL 正己烷净化一次，便可以达到理想的效果，如净化 2~3 次，会显著降低内标物的响应值。

3.2.3　流动相的确定

分别选用甲醇、乙腈作为流动相的有机相，实验证明乙腈作为有机相分离效果更好。在水相中加入 0.10%甲酸，能够显著提高正离子模式下的离子化效率。在质谱分析中，从保护质谱配件的角度出发，甲酸的百分比一般不超过 0.20%，所以本研究选择加入 0.10%甲酸，同时加入 5.00 mmol/L 乙酸铵溶液能较好地改善峰形，防止峰形分叉或者拖尾。本研究采用了梯度洗脱，使氨基脲与杂质可以实现较好的分离，以减少基质影响。

3.2.4　方法的评价

3.2.4.1　氨基脲的稳定性

氨基脲见光易分解，因此其标准储备液和工作液均应保存在棕色瓶中。通过重复进样测试氨基脲标准物质的稳定性。氨基脲储备液及其内标物储备液须放置在 −18℃下，保存期限为 6 个月；若放置在室温下，1 个月内便可分解 50.0%左右。在 0℃下，标准溶液和样品测定液中的氨基脲可稳定存在 7 d，室温下 14 d 即可分解

50.0%左右，并且色谱峰分叉，因此标准溶液和样品测定液应尽快经液相色谱-串联质谱仪测定。同时在氮吹时，若气流较快或水浴温度较高，均会导致氨基脲和内标物响应值降低，因此氮吹时应氮气流适中且温度保持在40℃左右，以获得较好的响应值和回收率。

3.2.4.2 基质效应

基质效应的评价方法：分别用空白海水样品、空白沉积物样品、空白贝类样品和空白刺参样品的提取净化液与定溶液（甲醇-含有0.10%甲酸的5.00 mmol/L乙酸铵溶液，$V:V=5:95$）稀释相同质量浓度的氨基脲，比较两者响应值的比值，若两者的比值为90.0%~110.0%，说明基质效应可以忽略不计。以刺参基质为例，上述两种方式下标准溶液（1.00 ng/mL）的质谱图如图3-6所示，两种情况下相应离子的比值为90.0%~110.0%，因此基质效应可忽略不计，其他样品与刺参一样。

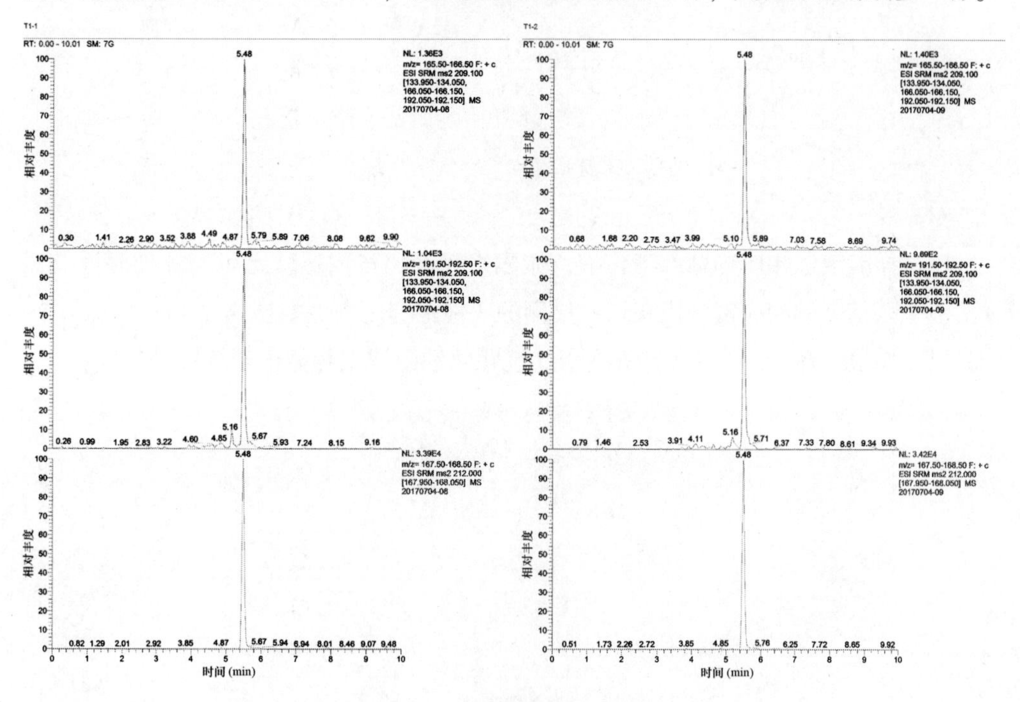

图3-6 刺参基质效应比较

3.2.4.3 定量及定性分析

分别准确移取氨基脲标准工作液0.05 mL、0.10 mL、0.50 mL、1.00 mL和2.00 mL置于离心管中，除不加样品外，按照样品处理方法操作和测定，溶液浓度依次为0.50 ng/mL、1.00 ng/mL、5.00 ng/mL、10.0 ng/mL和20.0 ng/mL。按照本研究的仪器条件，得到氨基脲浓度 x 与 y（氨基脲和内标物的峰面积之比）之间的线性关系，如图 3-7 所示。方法线性范围为：0.50~20.0 ng/mL，典型的回归方程为：$y=0.022\,777\,8x+0.004\,878\,07$，相关系数 R 为 0.999 6。在分析海水和海洋生物体样品时，部分氨基脲的浓度值在本方法的定量限以下，通过增大量取海水体积、增加样品称样量或减小定容体积的方法，使上机浓度值在线性范围内，以保证计算结果的准确性。

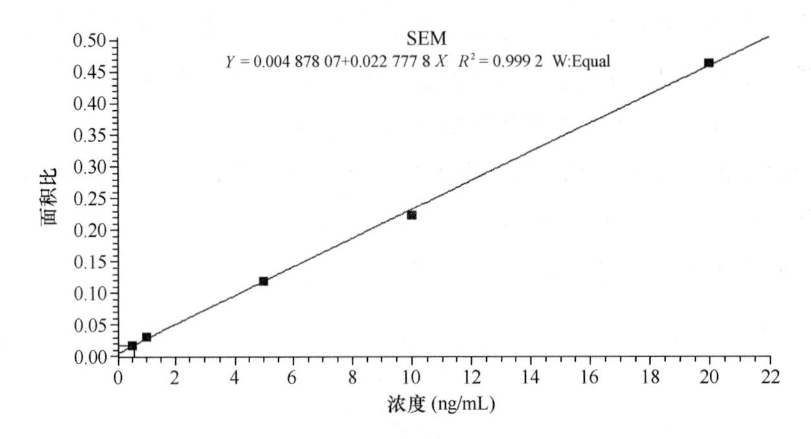

图 3-7　氨基脲标准物质线性方程

以试样溶液和相应的标准工作液，做多点校准，按内标法定量。标准溶液及试样溶液中氨基脲的响应值均应在仪器检测的线性范围之内。根据式（3-1）、式（3-2）、式（3-3）和式（3-4）计算海水、沉积物和海洋生物体中氨基脲的浓度：

$$\frac{As}{A'is} = a\frac{Cs}{C'is} + b \tag{3-1}$$

$$Ci = \frac{Cis}{a}\left(\frac{Ai}{Ais} - b\right) \tag{3-2}$$

$$X1 = \frac{C_i \times V_1}{V_2} \tag{3-3}$$

$$X2 = \frac{C_i \times V}{m} \tag{3-4}$$

式中，Ci 为试样溶液中氨基脲衍生物的浓度，单位为纳克每毫升（ng/mL）；Cis 为试样溶液中氨基脲内标衍生物的浓度，单位为纳克每毫升（ng/mL）；Cs 为标准溶液中氨基脲衍生物的浓度，单位为纳克每毫升（ng/mL）；$C'is$ 为标准溶液中氨基脲内标衍生物的浓度，单位为纳克每毫升（ng/mL）；Ai 为试样溶液中氨基脲衍生物的峰面积；Ais 为试样溶液中氨基脲内标衍生物的峰面积；As 为标准溶液中氨基脲衍生物的峰面积；$A'is$ 为标准溶液中氨基脲内标衍生物的峰面积；$X1$ 为海水样品中氨基脲的含量，单位为微克每升（μg/L）；V_1为最终定容体积，单位为毫升（mL）；V_2为海水样品体积，单位为毫升（mL）；X2 为沉积物和海洋生物体中氨基脲的含量，单位为微克每千克（μg/kg）；V为最终定容体积，单位为毫升（mL）；m为沉积物或海洋生物体的称样量，单位为克（g）。

采用两种方法定性：一是保留时间，通过比较阳性样品和浓度接近的氨基脲标准溶液的保留时间，两者的相对偏差在±5%以内；二是离子丰度比，用次强碎片离子与基峰的丰度比表示，应当与浓度接近的氨基脲标准溶液的离子丰度比一致，允许偏差应符合表 3-5 要求。标准工作液做多点校准，按内标法定量。标准溶液及试样溶液中氨基脲的响应值应在线性范围之内。

表 3-5　次强碎片离子与基峰丰度比要求

次强碎片离子相对丰度（%）	允许偏差（%）
>50	±20
>20~50	±25
>10~20	±30
≤10	±50

3.2.4.4　检测限、准确度和精密度

在 100 mL 海水中加入氨基脲标准溶液（10.0 μg/L）100 μL，平行 6 个样品，平均回收率为 95.6%，相对标准偏差为 4.60%，信噪比可以满足定量分析的要求。经过浓缩倍数换算，海水中氨基脲的检测限为 0.010 μg/L。同样方法确定了沉积物样品、贝类样品和刺参样品中氨基脲的检测限，经浓缩倍数换算，检测限均为 0.50 μg/kg。

本方法海水中氨基脲添加浓度为 0.010~0.10 μg/L 时，回收率为 83.9%~105.0%；沉积物中氨基脲添加浓度为 0.50~5.00 μg/kg 时，回收率为 86.2%~106.0%，海洋生物体中（以牡蛎、贻贝、刺参和刺参苗种为例）氨基脲添加浓度为 0.50~5.00 μg/kg 时，回收率为 85.6%~96.4%。上述 3 类样品的批内相对标准偏差为 4.59%~7.65%，批间相对标准偏差为 4.08%~8.97%，详见表 3-6。

3.2.4.5　与文献报道分析方法的比较

本研究系统地建立了海洋环境不同介质中氨基脲的测定方法，该方法具备液相

色谱串联质谱法的高效分离及准确定量定性的优越性。海水样品经 HLB 固相萃取柱富集净化后上机分析；沉积物和海洋生物体样品提取后仅需简单的液液萃取即可实现较好的净化，与其他文献相比，净化步骤相对简单，既缩短了前处理时间，提高了工作效率，同时也节约了成本。本研究建立的海水和沉积物中氨基脲的测定方法，简便高效，灵敏度高，在同行业内具备较好的借鉴作用。采用粒径为 1.7 μm 的 C18 液相色谱柱进行分离，仅用 10.0 min 即可完成测定，这也有利于多批次样品的分析测定。同时该方法体现了较好的精密度和准确度，在实际样品分析中显示了较好的适用性。

3.3 本章结论

本研究建立的海水、沉积物和海洋生物体中氨基脲测定的液相色谱-串联质谱法，灵敏度高、精密度好，适用于实际样品中氨基脲含量的测定。海水样品经 HLB 固相萃取柱净化富集后上机分析，沉积物和海洋生物体样品仅需简单的液液萃取即可实现较好的净化，提高了效率，节约了成本。样品分析仅用 10 min 即可完成分离测定，与其他方法相比，具有更短的分析时间，这也有利于多批次样品的分析测定。海水中氨基脲的定量限为 10^{-11}级别，比已经发表的测定水样品的文献方法灵敏度要高。同时该方法体现了较好的精密度和准确度，在实际样品分析中显示了较好的适用性。

笔者建议应尽快起草海水和沉积物中氨基脲测定的相关国家标准或者行业标准，而由笔者参与起草制定的两项海洋行业标准《海水中氨基脲的测定 液相色谱串联质谱法》和《海洋生物体中氨基脲的测定 液相色谱串联质谱法》已经完成送审稿，并报送国家海洋局相关部门。作为一种高效分离及定性、定量准确的检测技术，HPLC-MS/MS 在定量分析中需要有标准物质进行比对，且质谱图因仪器不同会产生一定差异。近 20 年来，在药物残留、环境跟踪监测及生物分析等领域，HPLC-MS/MS 发展迅猛，应用广泛，已成为科研工作者信赖且可靠的分析技术，相信今后为实际应用而建立的 HPLC-MS/MS 技术会越来越多。

表 3-6 海水、沉积物和海洋生物体样品中氨基脲的回收率及精密度

样品	加标量[a]	回收率结果（%）							
		批内结果 1		批内结果 2		批内结果 3		实验室重现性结果	
		平均值	RSD[a]	平均值	RSD[a]	平均值	RSD[a]	平均值	RSD（%）[b]
海水	0. 010 μg/L	88. 3	7. 65	91. 2	7. 03	83. 9	6. 58	87. 8	8. 05
	0. 050 μg/L	91. 5	6. 25	92. 3	6. 54	101. 0	6. 03	94. 9	8. 97
	0. 10 μg/L	96. 2	6. 35	103. 0	5. 26	105. 0	4. 87	101. 0	5. 25
沉积物	0. 50 μg/kg	86. 2	6. 52	90. 5	7. 01	92. 5	6. 38	89. 7	5. 37
	2. 50 μg/kg	93. 8	5. 68	92. 1	4. 89	104. 0	4. 85	96. 7	7. 03
	5. 00 μg/kg	95. 8	4. 59	96. 2	7. 06	106. 0	6. 03	99. 3	7. 75
牡蛎	0. 50 μg/kg	88. 6	7. 26	91. 2	6. 54	93. 5	6. 52	91. 1	5. 22
	2. 50 μg/kg	94. 7	5. 68	91. 8	5. 32	92. 8	6. 03	93. 1	4. 08
	5. 00 μg/kg	95. 2	6. 02	90. 5	5. 32	95. 8	7. 03	93. 8	4. 13
贻贝	0. 50 μg/kg	85. 6	7. 06	87. 2	5. 62	90. 3	5. 62	87. 7	4. 57
	2. 50 μg/kg	91. 3	5. 62	85. 9	7. 52	95. 6	6. 08	90. 9	5. 34
	5. 00 μg/kg	95. 8	6. 25	93. 6	4. 79	90. 8	6. 02	93. 4	5. 31
刺参	0. 50 μg/kg	85. 6	5. 98	92. 2	5. 04	88. 2	5. 62	90. 2	4. 21
	2. 50 μg/kg	91. 2	6. 23	96. 4	6. 03	86. 7	4. 59	93. 1	5. 03
	5. 00 μg/kg	95. 3	5. 48	91. 3	5. 65	95. 1	8. 05	93. 8	6. 28

续表

样品	加标量[a]	回收率结果（%）							
		批内结果 1		批内结果 2		批内结果 3		实验室重现性结果	
		平均值	RSD[a]	平均值	RSD[a]	平均值	RSD[a]	平均值	RSD（%）[b]
刺参苗种	0. 50 μg/kg	90. 2	6. 24	89. 6	4. 59	87. 6	7. 64	88. 6	4. 98
	2. 50 μg/kg	93. 2	5. 65	94. 6	5. 89	92. 5	5. 89	93. 5	4. 36
	5. 00 μg/kg	87. 6	4. 68	92. 1	5. 66	90. 6	5. 04	91. 0	6. 32

注：a 为批内相对标准偏差；b 为批间相对标准偏差。

第4章　山东北部3个典型养殖海湾氨基脲的时空分布及影响因素分析

山东半岛与人类生产生活关系密切，受人类活动影响显著，历来备受科研工作者的关注。作为一个半封闭陆架浅海域，山东半岛水更新周期较长，至少需要5年。近些年，此海域环境质量恶化，生态平衡受到了威胁和破坏。目前海洋环境特征污染物监测项目及研究热点主要包括：环境内分泌干扰物质、对海洋生态环境和人类健康威胁较大的持久性有机污染物、剧毒重金属及国际公约禁排物质（如《关于持久性有机污染物的斯德哥尔摩公约》）等，上述各类污染物危害海洋环境，因此保护海洋环境刻不容缓。目前有科研工作者提出，将氨基脲作为一种新型的环境污染物。因此明确海洋环境中氨基脲含量水平及分布特征是采取相应保护措施的前提。目前海洋生物体中残留限量标准对作为呋喃西林标志性代谢产物氨基脲的限量做出了要求，但海水及沉积物中未有相关规定，因此在符合水质标准的环境中（GB3907—1997 海水水质标准）养殖的贝类，其体内氨基脲残留量可能并不符合海洋生物体残留限量标准。因此有必要开展海洋环境中氨基脲分布水平研究，有利于对海洋环境污染物限量标准和海洋生物体残留限量标准的一致性做出判断，为水质标准的进一步修订和完善提供科学依据，并为氨基脲的生态风险评价和健康风险评价提供基础数据支持。

贝、蛤、蚝等海洋底栖生物可较准确地反映海洋中特征污染物的含量，因此被选为生物监测物对海洋进行跟踪监测。美国国际贻贝观察计划、美国全国污染状况及趋势调查项目、地中海贻贝观测项目和亚太贻贝观察项目等均为全球海洋环境变化提供了连续性可比性资料（Sericano et al.，1995；Tanabe，2000）。在我国东海以蓝贻贝和翡翠贻贝作为代表也开展了贝类监测的科研工作（Fung et al.，2004）。因此本研究以位于山东半岛北部近岸海域的3个典型养殖海湾金城湾海域、四十里湾海域和莱州湾西部海域为研究对象，连续两年全面且具有代表性的跟踪监测作为一个创新点，对海水、沉积物和典型贝类作为海洋生物的代表开展氨基脲的摸底调查，分析氨基脲在所研究的3个典型养殖海湾的时空分布特征和趋势，并评价了氨基脲对贝类食用安全性的影响。

以山东北部3个典型养殖海湾金城湾、四十里湾和莱州湾西部为研究海湾，开展氨基脲在海水、沉积物和代表性贝类中的分布调查，主要内容包括：① 分析海水样品 705 个，并对影响因素进行分析；② 分析沉积物样品 210 个，并对影响因素进行分析；③ 比较 69 个贝类中氨基脲含量及生物累积因子；④ 对山东半岛北部 3 个养殖湾区的典型贝类，采用安全指数法和风险系数法进行质量风险评价。通过氨基脲在海洋环境中污染状况的跟踪监测，明确氨基脲在不同介质中的分布状况，同时也可为下一步开展氨基脲其他相关研究提供基础数据。

4.1 实验设计与实验方法

4.1.1 实验设计

4.1.1.1 金城湾样品采集

金城湾海域中心位置位于 37°28.22′N、120°4.10′E，莱州市金城镇石虎嘴以北海区，海水养殖面积有 1 750 hm^2。底质以泥沙和砂为主，野生贝类以菲律宾蛤仔、扁玉螺、脉红螺和毛蚶等为主。平均水深 7 m，水温 -2.0～27.4℃，春夏以南风为主，水质清澈，秋冬受北风影响大，水质浑浊，属正规半日潮。受莱州港及沿岸企业，特别是金矿尾矿库排水影响。金城湾海水养殖历史悠久，是我国北方最早开展浅海海产养殖的海域之一，主要养殖贝类为海湾扇贝（*Argopectens irradias*）、太平洋牡蛎（*Crassostrea gigas*）和近江牡蛎（*Crassostrea rivularis*）等，养殖方式主要为浮筏养殖。

此次实验分别于 2009 年 3 月、4 月、5 月、6 月、7 月、8 月、9 月、10 月、11 月、12 月和 2010 年 3 月、4 月、5 月、6 月、7 月、8 月、9 月、10 月、11 月、12 月每月进行一次样品取样，金城湾各监测站位经纬度见表 4-1，取样站位如图 4-1 所示。该湾区站位大致分布如下：J1、J2、J3、J4 和 J5 共 5 个站位位于湾内，J6、J7、J8、J9 和 J10 共 5 个站位位于湾中部，J11、J12、J13、J14 和 J15 共 5 个站位位于湾外，其中 J3 站位邻近岸边位于朱桥河入海口，J4 站位邻近岸边位于排水渠 AB（此处有两条排水渠，因无名称，为方便起见，此处命名为排水渠 AB）入海口，J5 站位邻近岸边位于唐家河入海口。

受贝类生长情况及取样条件等因素影响，不可能对所有航次每个站位的贝类逐一取样。结合实际情况，本次实验有效地选取有代表性的站位进行贝类样品的采集。金城湾的代表性贝类为：海湾扇贝（*Argopectens irradias*）、栉孔扇贝（*Chlamys farreri*）、紫贻贝（*Mytilus edulis*）、太平洋牡蛎（*Crassostrea gigas*）和近江牡蛎（*Cras-*

sostrea rivularis)，2010 年共取样 25 个。

表 4-1 金城湾各监测站位情况

站位	北纬（N）	东经（E）
J1	37°25. 683′	119°58. 900′
J2	37°26. 400′	120°00. 800′
J3	37°26. 800′	120°03. 000′
J4	37°27. 233′	120°04. 983′
J5	37°28. 400′	120°07. 117′
J6	37°27. 183′	119°58. 333′
J7	37°27. 717′	120°00. 300′
J8	37°28. 133′	120°02. 550′
J9	37°28. 683′	120°04. 583′
J10	37°29. 700′	120°06. 567′
J11	37°29. 167′	119°57. 767′
J12	37°29. 633′	119°59. 767′
J13	37°30. 167′	120°01. 867′
J14	37°30. 500′	120°04. 167′
J15	37°31. 300′	120°06. 167′

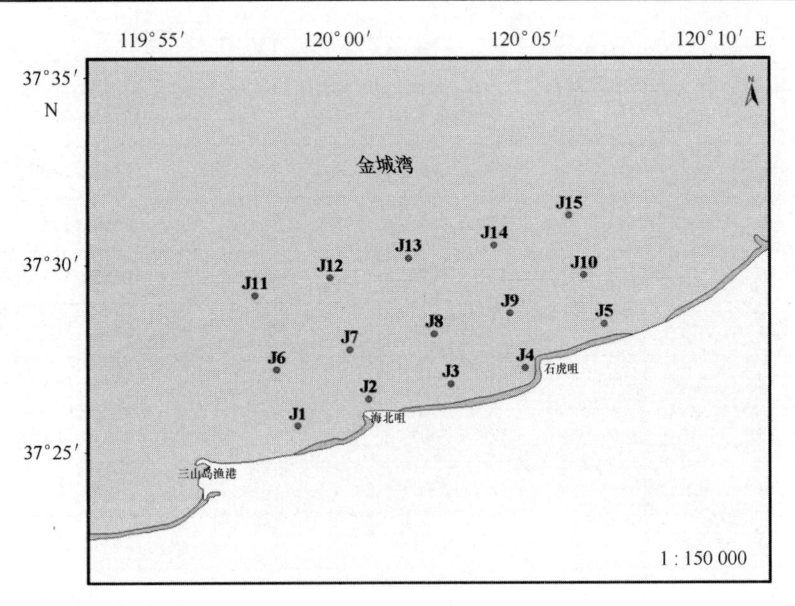

图 4-1 金城湾监测站位分布

4.1.1.2 四十里湾样品采集

四十里湾位于烟台市莱山区北部海域，东邻养马岛，西北与芝罘湾相连，其间散布有崆峒岛群，水深多为 8~10 m。夏季水温较高，达到 23.3~27.4℃，冬季水温大致为 2.5~3.0℃。四十里湾是我国北方最早开展浅海海产养殖的海域之一，养殖贝类主要有海湾扇贝（*Argopectens irradias*）、太平洋牡蛎（*Crassostrea gigas*）、紫贻贝（*Mytilus edulis*）、褶牡蛎（*Ostrea plicatula*）和栉孔扇贝（*Chlamys farreri*）等，养殖方式主要为浮筏养殖。近几年，随着烟台市经济的快速发展及养殖密度的不断扩大对四十里湾生态系统造成了很大压力。

2009 年 3 月、4 月、5 月、6 月、7 月、8 月、9 月、10 月、11 月、12 月和 2010 年 1 月、3 月、4 月、5 月、6 月、7 月、8 月、9 月、10 月、11 月、12 月每月进行一次样品取样，监测站位经纬度见表 4-2，取样站位如图 4-2 所示。S1、S2、S3、S4、S5、S6 和 Y1 共 7 个站位位于湾内，Y2、Y3、Y4 和 Y9 共 4 个站位位于湾中部，Y5、Y6、Y7 和 Y8 共 4 个站位位于湾外，S2 站位邻近岸边位于逛荡河入海口，S3 站位位于辛安河和鱼鸟河入海口。代表性贝类为：海湾扇贝（*Argopectens irradias*）、栉孔扇贝（*Chlamys farreri*）、紫贻贝（*Mytilus edulis*）、太平洋牡蛎（*Crassostrea gigas*）和褶牡蛎（*Ostrea plicatula*），2010 年共取样 20 个。

表 4-2 四十里湾各监测站位情况

站位	北纬（N）	东经（E）
S1	37°29.750′	121°27.400′
S2	37°28.150′	121°29.400′
S3	37°27.383′	121°33.317′
S4	37°29.666′	121°33.700′
S5	37°30.750′	121°31.133′
S6	37°31.467′	121°28.533′
Y1	37°28.850′	121°35.700′
Y2	37°29.983′	121°38.000′
Y3	37°29.350′	121°39.983′
Y4	37°28.533′	121°41.950′
Y5	37°30.417′	121°42.283′
Y6	37°31.133′	121°40.050′

续表

站位	北纬（N）	东经（E）
Y7	37°31.717′	121°37.933′
Y8	37°32.333′	121°35.783′
Y9	37°30.617′	121°35.850′

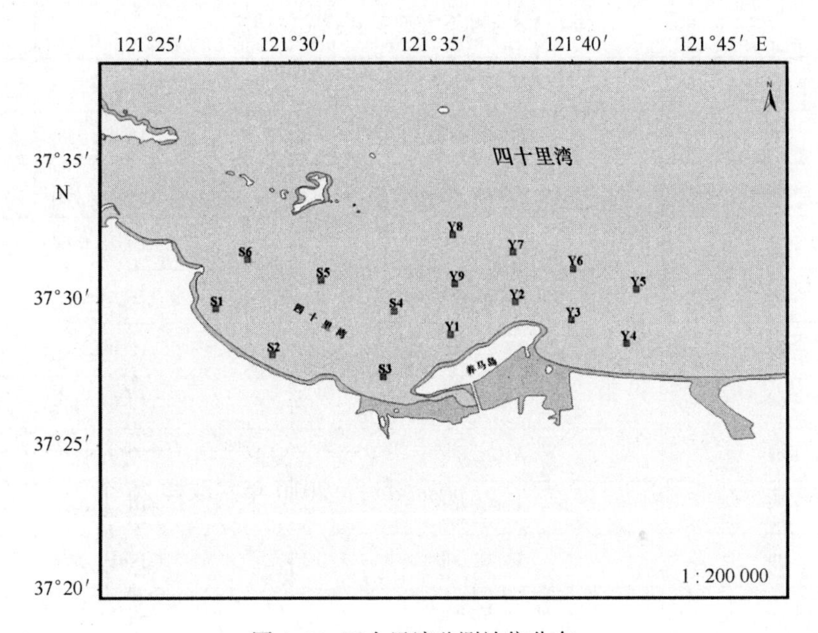

图 4-2　四十里湾监测站位分布

4.1.1.3　莱州湾西部样品采集

莱州湾是渤海三大海湾之一，位于渤海南部，莱州湾西部是1934年以来至今仍在继续形成的以渔洼为顶点的扇面，西起挑河，南到宋春荣沟，陆上面积约为3 000 km²。由于小清河、广利河、潍河、胶莱河、白浪河、弥河，特别是黄河的输送作用，海底泥沙堆积迅速，浅滩变宽，海水渐浅，湾口距离不断缩短。莱州湾西部沿岸主要分布有东营的东营区和垦利县，潍坊的滨海区和昌邑市。莱州湾西部海域渔业资源以鳀鱼、鲳鱼、鲅鱼、带鱼、鲐鱼、黄姑鱼、比目鱼、鲈鱼、梭鱼、毛虾、梭子蟹、口虾蛄、墨鱼、鱿鱼、毛蚶、菲律宾蛤仔和海蜇为主。

2010年5月、6月、7月、8月、9月和10月每月进行一次取样，莱州湾西部各监测站位经纬度见表4-3，取样站位见图4-3所示。该湾区站位大致分布如下：H01、H06、H07、H12和H13共5个站位位于湾内，H02、H05、H08、H11和H14

共5个站位位于湾中部，H03、H04、H09、H10和H15共5个站位位于湾外，H01站位邻近岸边位于小清河和弥河支流入海口，H12邻近岸边位于永丰河入海口，H13站位邻近岸边位于张镇河入海口。

莱州湾西部代表性贝类为：青蛤（*Cyclina sinensis*）、文蛤（*Meretrix meretrix*）、四角蛤蜊（*Mactra veneriformis*）、菲律宾蛤仔（*Ruditapes philippinarum*）和泥螺（*Bullacta exarata*），2010年共取样24个。

表4-3　莱州湾西部各监测站位情况

站位	北纬（N）	东经（E）
H01	37°18.000′	119°05.000′
H02	37°18.000′	119°10.000′
H03	37°18.000′	119°15.000′
H04	37°22.000′	119°14.000′
H05	37°22.000′	119°09.000′
H06	37°22.000′	119°04.000′
H07	37°26.000′	119°03.000′
H08	37°26.000′	119°08.000′
H09	37°26.000′	119°13.000′
H10	37°31.000′	119°13.000′
H11	37°31.000′	119°08.000′
H12	37°31.000′	119°03.000′
H13	37°36.000′	119°04.000′
H14	37°36.000′	119°09.000′
H15	37°36.000′	119°14.000′

4.1.2　实验方法

4.1.2.1　海水、沉积物和海洋生物体中氨基脲含量的测定

参见第3章内容。

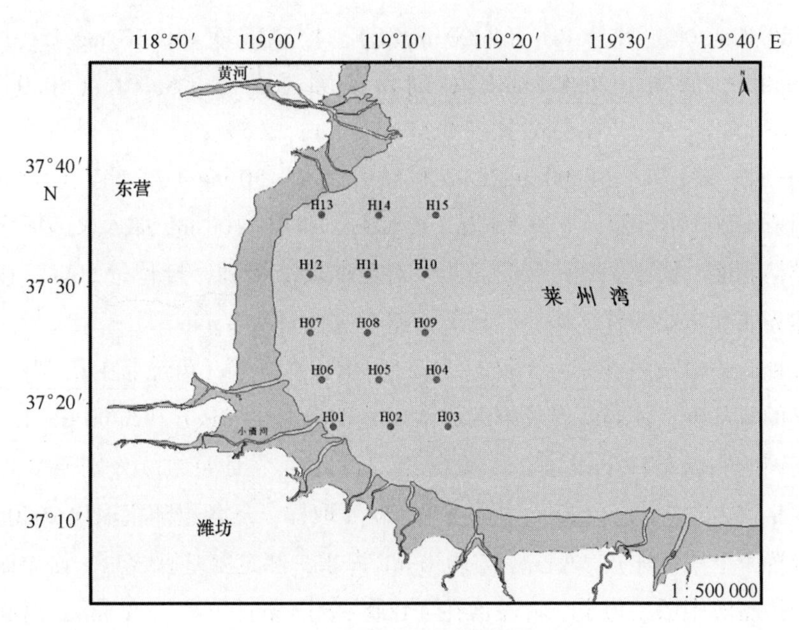

图4-3 莱州湾西部监测站位分布

4.1.2.2 氨基脲在海水中自然降解

实验分两组进行，分别在固定水系统和循环水系统中进行氨基脲自然降解规律的研究，所用海水均未检出氨基脲。起始浓度均为0.50 μg/L，每个浓度组设置2个重复组。实验期间室外温度为20.0~28.0℃；室内温度维持在25.0℃左右（空调房间），波动较小。室内太阳光直接照射无遮挡，分别在实验的第1天、第2天、第3天、第4天、第5天、第8天、第11天、第14天和第18天取100 mL海水测定氨基脲含量。

4.1.2.3 氨基脲在沉积物—水两相中的分配行为

在250 mL磨口锥形瓶中加入一系列浓度水平的海水和一定量的沉积物，水土比为100 mL∶100 g，加塞密封后，在24.0℃±1.00℃下，共振摇20 h，在0 h、4 h、6 h、8 h、12 h、16 h和20 h的7个时间点取样分析，样品经7 000 r/min离心10 min后，分别测定上清液和沉积物中氨基脲的含量。

4.1.2.4 氨基脲在藻类中的累积行为

小新月菱形藻（硅藻类）、扁藻（绿藻类）和叉鞭金藻（金藻类）由山东省海洋资源与环境研究院海洋生物与遗传育种研究中心提供。小新月菱形藻培养基配方：

$NaNO_3$（80.0 mg/L），KH_2PO_4（8.00 mg/L），柠檬酸铁（0.50 mg/L），Na_2SiO_3（5.00 mg/L），尿素（30.0 mg/L）；扁藻培养基配方：$NaNO_3$（80.0 mg/L），KH_2PO_4（8.00 mg/L），柠檬酸铁（0.50 mg/L）；叉鞭金藻培养基配方：$NaNO_3$（80.0 mg/L），KH_2PO_4（8.00 mg/L），柠檬酸铁（0.50 mg/L）。将上述营养盐用蒸馏水配制成1 000倍母液，煮沸5 min，冷却后，各取1.00 mL加入灭菌海水中，配制成藻类培养液。海水pH值为8.00，以对数期藻液接种，接种量20%，接种后藻液在自然光照和室温条件下培养，每天摇瓶2次，每次2 min。

将接种后的藻液随机分为5瓶，每瓶为4 L（在5 L三角烧瓶中培养）；分别加入一定量的氨基脲，使其在藻液中的终浓度分别为1.00 μg/L和5.00 μg/L，每个浓度组在相同的实验条件下设置2个重复组，设置1个对照组。分别于8 h、16 h、24 h、48 h、72 h、96 h、120 h、144 h和168 h取样，从各组随机取出20.0 mL（每次取样设置3个平行样），离心后取10.0 mL海水，测定氨基脲含量，必要时补加氨基脲，维持藻液中浓度稳定。将藻液在4 000 r/min条件下离心8 min，离心后弃水层并收集下层。称藻类样品0.20 g（湿重）置于50 mL离心管中测定。

4.1.2.5 贝类中氨基脲残留风险评价方法

1）安全指数法

采用安全指数法进行评价（Watanabe et al.，2003），计算公式如式（4-1）所示。式中，c表示氨基脲；$EDIc$为氨基脲的实际摄入量估算值，$EDIc=\sum R\cdot F\cdot E\cdot P$，$R$为贝类中氨基脲的残留水平（mg/kg），在本实验中，R为所研究湾区氨基脲在某种代表性贝类中的最大检出值；F为贝类的估计日消费量［g/（人·天）］。根据Fung等的研究，我国东海沿岸地区人均贝类日消费量为11~120 g/d，按照均值66 g/d估算（Fung et al.，2005）；E为贝类的可食用部分因子，此处为1；P为贝类的加工处理因子，此处为1；SIc为安全摄入量，采用每日允许摄入量（ADI），目前没有氨基脲的ADI值，参考《GB 2763—2016食品安全国家标准 食品中农药最大残留限量》和《食品安全国家标准 动物性食品中兽药最大残留限量（报批稿）》中相关农兽药的ADI值，同时考虑到氨基脲的毒性大小并参考毒性相当的化合物，此处设定ADI值为0.02 mg/kg bw；m_b为人体平均质量，为60 kg；f为安全摄入量的校正因子，此处为1。

$$IFS=\frac{EDI_C\times f}{SI_C\times m_b} \tag{4-1}$$

2）风险系数法

风险系数法如公式（4-2）所示。R为贝类中氨基脲残留的风险系数，P为贝类中氨基脲残留的超标率，目前农业部及山东省对水产品中呋喃西林代谢物氨基脲的判定标准为 1.0 μg/kg，本次跟踪监测中贝类中氨基脲的测定值均小于1.0 μg/kg，若用此作为衡量标准，无法显示不同种类的风险系数。因此采用本方法的检测限 0.50 μg/kg 作为评判标准来计算风险系数，计算贝类中氨基脲的“超标率”（此处实际为超出检测限的百分比）；F 为施检频率，本实验的数据来源于非正常施检，F 取 0.1；S 为敏感因子，考虑氨基脲在贝类中超标情况及食品安全关注情况，在本研究中 S 为 0.02；a 和 b 分别为相应的权重系数，设定 a 为 0.1，b 为 0.1。$R<1.5$ 为低度风险；$1.5<R<2.5$ 时为中度风险；$R>2.5$ 时为高度风险。

$$R = aP + \frac{b}{F} + S \tag{4-2}$$

4.2 山东北部3个典型养殖海湾海水中氨基脲分布状况

4.2.1 金城湾海水中氨基脲浓度的时空分布

金城湾氨基脲浓度范围及平均值如表 4-4 所示。

表 4-4 金城湾氨基脲浓度范围及平均值

站位	2009 年		2010 年	
	浓度范围（μg/L）	平均值（μg/L）[a]	浓度范围（μg/L）	平均值（μg/L）[a]
J1	0.015~0.033	0.022±0.006 2	0.031~0.047	0.038±0.005 8
J2	0.015~0.043	0.029±0.008 4	0.026~0.044	0.038±0.005 9
J3	0.008 0~0.037	0.025±0.009 9	0.031~0.059	0.046±0.010
J4	0.009 5~0.057	0.028±0.017	0.052~0.068	0.060±0.005 2
J5	0.014~0.071	0.040±0.022	0.023~0.047	0.035±0.008 4
J6	0.020~0.090	0.051±0.027	0.058~0.093	0.073±0.013
J7	0.016~0.052	0.032±0.012	0.043~0.073	0.059±0.009 0
J8	0.014~0.051	0.029±0.016	0.026~0.062	0.046±0.012
J9	0.009 0~0.061	0.030±0.014	0.028~0.048	0.040±0.006 5
J10	0.016~0.045	0.029±0.008 7	0.038~0.071	0.055±0.012
J11	0.012~0.051	0.031±0.014	0.029~0.062	0.050±0.012
J12	0.012~0.043	0.028±0.009 4	0.029~0.074	0.059±0.016

续表

站位	2009 年		2010 年	
	浓度范围（μg/L）	平均值（μg/L）[a]	浓度范围（μg/L）	平均值（μg/L）[a]
J13	0.009 0~0.051	0.028±0.014	0.041~0.063	0.052±0.008 1
J14	0.012~0.043	0.023±0.012	0.034~0.062	0.046±0.011
J15	0.010~0.040	0.024±0.012	0.039~0.071	0.055±0.009 1

注：a 为 10。

在金城湾所设置的 15 个站位中均检测到氨基脲，并于 2009 年和 2010 年每个季度选取一个有代表性的月份即 3 月、5 月、8 月和 10 月，绘制各个站位的浓度平面分布图，如图 4-4 所示。氨基脲浓度总体变化趋势为：沿渤海南岸、黄海西岸，按照从入海口、近岸到外海的顺序逐渐降低，随着离海岸距离的增大浓度逐渐降低。以 2010 年为例，分析 3 月、5 月、8 月和 10 月湾内浓度与湾外浓度的倍数关系，对有明显河流输入的站位 J4 与湾外站位 J14 进行比较，上述月份湾内浓度分别是湾外的 1.67 倍、1.59 倍、1.41 倍和 1.02 倍。

从代表性月份的浓度平面图可以看出，浓度一般呈现几个典型的变化区域，一是条带状高区：存在于与岸平行的宽带状区域，即 J1、J2、J3、J4 和 J5 连成一个横面的带状区；二是点源发散状高区：主要在河流入海口站位出现，J3、J4、J5 3 个站位邻近岸边，分别位于朱桥河、排水渠 AB 和唐家河入湾口。对排水渠 AB 的河水进行取样分析，测得氨基脲浓度为 2.59 μg/L，明显高于 J4 站位，推测附近多条河流已受到氨基脲污染；三是浓度低区：远离陆地，以 J11、J12、J13、J14 和 J15 站位连成一个横面的带状区最明显。

2009 年所有航次的最大值出现在 10 月的 J6 站位，J6 站位为养殖底播区，浓度为 0.090 μg/L，该点与 J7、J8 站位的连线构成了 10 月高值区域，同样该点与 J1、J11 站位的连线构成了 10 月另一个高值区域。以上述两个连线为中心，氨基脲浓度由南向北、由西向东呈现降低趋势，并在 J8、J9 和 J10 站位之间以及 J12、J13、J14 和 J15 站位的附近区域形成了两个明显的低值区。低值区中心位置的站位 J9 和 J12，含量分别仅为 0.028 μg/L 和 0.025 μg/L。2010 年所有航次的最大值出现在 4 月，同样为 J6 站位，浓度为 0.093 μg/L，该点与中部的 J7、J8 站位的连线构成了 2010 年 4 月的高值区域，该点与 J1、J11 站位的连线构成了 4 月的另一个高值区域。以上述两个连线为中心，浓度值由西向东呈现降低趋势，由南向北到达 J11 和 J12 站位时降低趋势不明显，J13 略呈增长趋势，J6 到 J11 站位浓度从 0.093 μg/L 降至

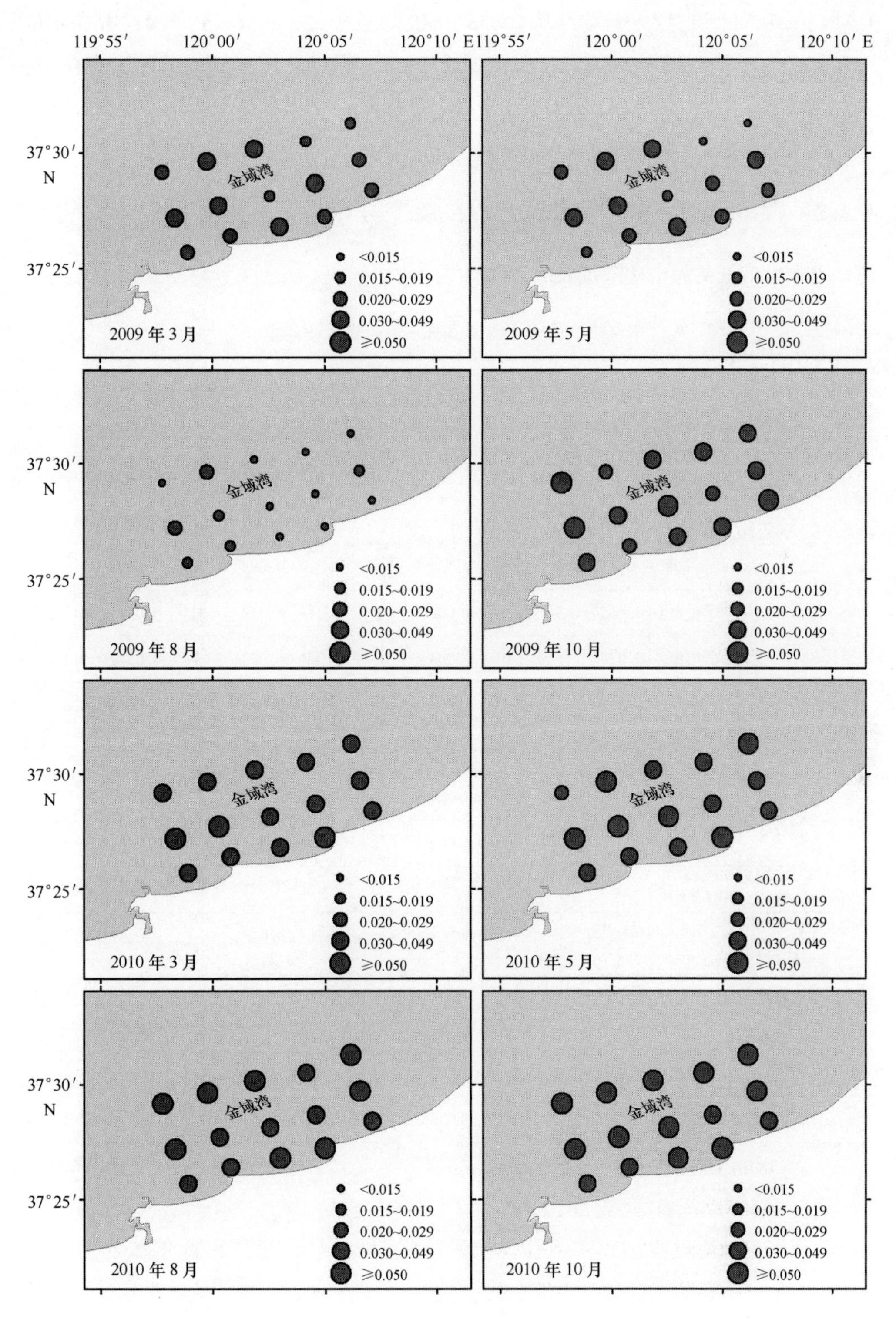

图 4-4　2009—2010 年金城湾各站位氨基脲浓度平面分布

0. 040 μg/L，J7 到 J12 站位浓度从 0. 058 μg/L 降至 0. 029 μg/L，J8 到 J13 站位浓度从 0. 038 μg/L 升高至 0. 054 μg/L。因此 2010 年 4 月两个明显的低值区出现在 J8、J9 和 J10 站位之间以及 J12、J14 和 J15 站位附近的区域。低值区中心的 J9 和 J14 站位，浓度分别为 0. 048 μg/L 和 0. 034 μg/L。

4. 2. 2 四十里湾海水中氨基脲浓度的时空分布

四十里湾氨基脲浓度范围及平均值如表 4-5 所示。

表 4-5 四十里湾氨基脲浓度范围及平均值

站位	2009 年		2010 年	
	浓度范围（μg/L）	平均值（μg/L）[a]	浓度范围（μg/L）	平均值（μg/L）[b]
S1	0. 012～0. 014	0. 013±0. 000 86	0. 013～0. 071	0. 030±0. 016
S2	0. 017～0. 023	0. 015±0. 003 7	0. 014～0. 053	0. 037±0. 013
S3	0. 008 0～0. 023	0. 015±0. 004 1	0. 016～0. 058	0. 033±0. 014
S4	0. 011～0. 045	0. 020±0. 009 7	0. 013～0. 052	0. 033±0. 013
S5	0. 012～0. 026	0. 019±0. 004 9	0. 011～0. 052	0. 034±0. 014
S6	0. 009 0～0. 019	0. 016±0. 003 1	0. 014～0. 075	0. 041±0. 020
Y1	0. 012～0. 026	0. 016±0. 004 2	0. 009 0～0. 082	0. 038±0. 022
Y2	0. 012～0. 025	0. 017±0. 004 4	0. 015～0. 042	0. 028±0. 009 4
Y3	0. 011～0. 023	0. 016±0. 004 2	0. 013～0. 052	0. 030±0. 012
Y4	0. 013～0. 026	0. 019±0. 004 5	0. 011～0. 041	0. 027±0. 008 7
Y5	0. 014～0. 024	0. 018±0. 003 7	0. 013～0. 043	0. 028±0. 011
Y6	0. 012～0. 027	0. 018±0. 004 7	0. 018～0. 041	0. 028±0. 006 9
Y7	0. 013～0. 025	0. 020±0. 004 1	0. 015～0. 047	0. 029±0. 009 6
Y8	0. 013～0. 025	0. 017±0. 003 8	0. 014～0. 046	0. 030±0. 011
Y9	0. 004 0～0. 024	0. 014±0. 006 3	0. 016～0. 051	0. 032±0. 012

注：a 为 10，b 为 11。

在四十里湾所设置的 15 个站位均检测到氨基脲，本研究于 2009 年和 2010 年每个季度选取一个有代表性的月份即 3 月、5 月、8 月和 10 月作为春夏秋冬 4 个季节的代表，绘制各个站位的浓度平面图，如图 4-5 所示。在 2010 年 3 月、5 月、8 月和 10 月，研究湾内有明显河流输入的站位 S2 与湾外站位 Y7 的浓度呈倍数关系，分

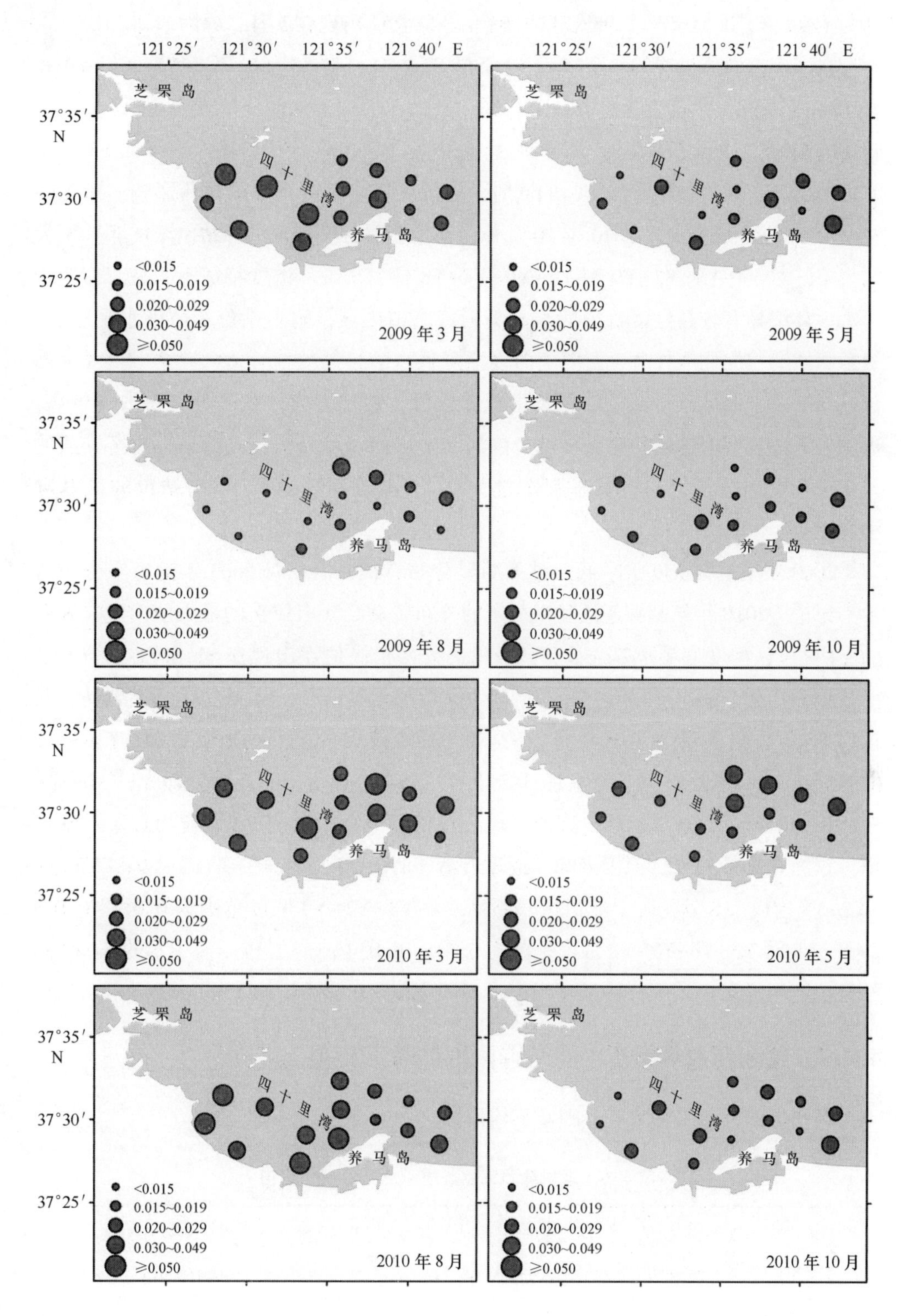

图 4-5　2009—2010 年四十里湾各站位氨基脲浓度平面分布

别为 1.94 倍、0.74 倍、1.95 倍和 1.58 倍，异常值出现在 5 月，原因未知。

在四十里湾所设置的 4 个横面 S1-S2-S3、Y1-S4-S5-S6、Y4-Y3-Y2-Y9 和 Y5-Y6-Y7-Y8，浓度变化趋势各不相同。其中 S1-S2-S3 部分呈现出 S3 站位浓度较高的趋势，S2 位于逛荡河入湾口附近，S3 位于辛安河入湾口附近，同时 S3 站位靠近养马岛，在接收辛安河排污的同时，还要受到来自养马岛的排污影响。对 Y1-S4-S5-S6 横面来说，除 2010 年 10 月外，其他典型月份表现出各站位浓度相差不大的现象。对 Y4-Y3-Y2-Y9 和 Y5-Y6-Y7-Y8 横面来说，浓度特征不明显。在四十里湾，环绕具有较高经济价值的养马岛形成高值区域，附近站位的浓度水平较高，氨基脲浓度值向北侧外海、西侧湾内逐渐降低。湾口外的 Y5、Y6、Y7、Y8 4 个站位连线形成了低值区，部分站位会出现异常值，表现为湾外在部分月份浓度较高。近岸的 S1、S2 和 S3 站位分别靠近逛荡河、辛安河及鱼鸟河的入湾口，对辛安河的河水进行取样分析，测得氨基脲浓度为 2.25 μg/L，显著高于 S3 站位的氨基脲浓度。

2009 年氨基脲浓度水平低，且无明显分布特征，因此对 2009 年的时空分布特征不讨论。2010 年氨基脲逐渐呈现一定的分布特征。所有航次的最大值出现在 8 月的 Y1 站位，浓度为 0.082 μg/L，该月份另外两个高值点出现在 S1 和 S6 站位，浓度分别为 0.071 μg/L 和 0.075 μg/L。Y1 站位靠近养马岛，S1 站位靠近芝罘岛，附近均有较多刺参养殖场；8 月，S2 和 S3 站位的浓度分别为 0.043 μg/L 和 0.058 μg/L，S2 和 S3 站位与上述 3 个点 Y1、S1、S6 站位的连线，即 Y1-S3-S2-S1-S6，构成了 2010 年 8 月的高值区域。位于养马岛附近的 Y2 站位出现了异常低值，仅为 0.018 μg/L，原因未知。最靠近湾外的两个断面 Y4-Y3-Y2-Y9 和 Y5-Y6-Y7-Y8 构成了 8 月的两个低值区，断面 Y4-Y3-Y2-Y9 浓度范围为 0.018~0.035 μg/L，断面 Y5-Y6-Y7-Y8 浓度范围为 0.018~0.034 μg/L，位于湾中部的 S4 和 S5 站位浓度均为 0.042 μg/L，浓度约为最高浓度值（0.082 μg/L）的 1/2。

4.2.3 莱州湾西部海水中氨基脲浓度的时空分布

莱州湾西部氨基脲浓度范围及平均值如表 4-6 所示。

表 4-6 莱州湾西部氨基脲浓度范围及平均值

站位	浓度范围（μg/L）	平均值（μg/L）[a]
H01	0.045~0.085	0.064±0.015
H02	0.041~0.052	0.045±0.004 1

续表

站位	浓度范围（μg/L）	平均值（μg/L）[a]
H03	0. 032~0. 053	0. 047±0. 008 0
H04	0. 034~0. 052	0. 043±0. 006 4
H05	0. 038~0. 058	0. 050±0. 007 0
H06	0. 044~0. 062	0. 053±0. 006 7
H07	0. 039~0. 052	0. 046±0. 005 4
H08	0. 036~0. 046	0. 040±0. 003 9
H09	0. 028~0. 042	0. 036±0. 005 2
H10	0. 030~0. 039	0. 035±0. 003 7
H11	0. 028~0. 038	0. 034±0. 004 0
H12	0. 031~0. 042	0. 036±0. 004 6
H13	0. 041~0. 075	0. 055±0. 013
H14	0. 035~0. 057	0. 046±0. 007 1
H15	0. 033~0. 042	0. 039±0. 003 6

注：a 为 6。

在莱州湾西部的 15 个站位均检出氨基脲。莱州湾西部氨基脲各站位浓度平面分布如图 4-6 所示。近岸的氨基脲浓度比外海要高，并按入海口、近岸、外海浓度逐渐降低。本研究共设置了 3 个纵面（H01-H13、H02-H14 和 H03-H15）和 5 个横面（H01-H03、H06-H04、H07-H09、H12-H10 和 H13-H15），均表现出相似的变化趋势。以 3 个纵面为例，均表现出两头浓度高、中间浓度低的趋势；对 5 个横面来说，表现出从入海口、近海、远海浓度逐渐降低的趋势。选取站位 H01 与湾外站位 H03 做比较，在所调查的 5 月至 10 月，湾内浓度分别是湾外浓度的 1. 77 倍、1. 58 倍、0. 87 倍、1. 38 倍、1. 10 倍和 1. 69 倍，异常值出现在 7 月。

从浓度平面分布看出，浓度一般呈现几个典型的变化区域，且变化趋势比金城湾和四十里湾更加明显。一是条带状高区：位于与岸平行的宽带状区域，即 H01、H06、H07、H12 和 H13 站位连成一个断面的带状区，该带状区呈现两头高、中间低的趋势；二是点源发散状高区：主要在河流入湾口，比较典型的是 H01 和 H13 站位，分别位于小清河和弥河支流河流入湾口、张镇河河流入湾口，上述河流均为纳污的主要河流；三是浓度低区：以 H02、H05、H08、H11、H14 和 H03、H04、

H09、H10、H15站位连成的两个纵面最为明显。浓度最高值出现在5月的H01站位，最高浓度为0.085 μg/L。H01站位浓度明显高于附近的其他站位，该站位附近有小清河和弥河支流等河流。H13站位的氨基脲浓度值仅次于H01站位，为0.075 μg/L，呈现与H01站位相似的变化趋势。H01和H13站位也是一个重要的污染源排放点，以上述高值点为中心，氨基脲浓度水平向湾内及湾外呈现降低趋势。

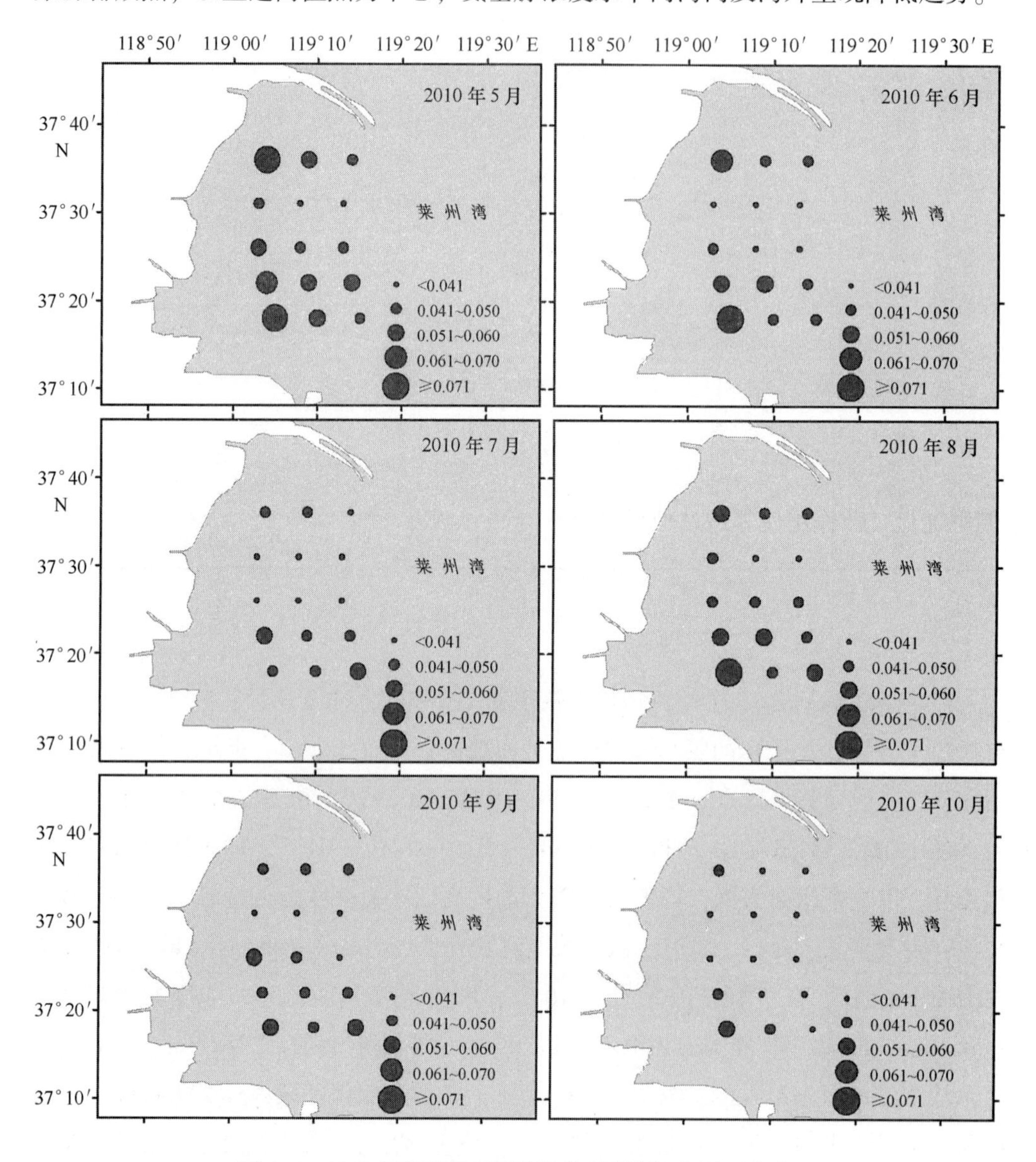

图4-6　2010年莱州湾西部各站位氨基脲浓度平面分布

4.2.4 海水中氨基脲分布影响因素分析

海水中污染物的分布除了受现场环境、理化要素的影响外，分布水平及特征也受水质参数（如温度、溶解氧、pH 值和盐度等）、气候条件、地理位置等的影响（Lee et al.，2015；Oliveira et al.，2006）。同样调查海区的自然环境条件，如陆地污染源及沿岸径流、水文状况及季节变化等也是不可忽视的重要外界影响因素。实际上，湾口及沿岸海区是活跃复杂的海洋环境，分布趋势不仅与来源有关，而且与海水的相关参数密切相关。当然也有可能来自大气干湿沉降，这部分未取样论证，因此无法展开讨论。

4.2.4.1 水产养殖活动的影响

金城湾 J6 站位和四十里湾 Y1 站位均位于刺参养殖区，附近有多家刺参养殖场，氨基脲最高浓度值均出现在上述站位，推测水产养殖导致的污水排放可能是海水中氨基脲浓度较高的主要原因。位于养殖区的浓度高于非养殖区，推测氨基脲浓度水平可能与水产养殖用药有关。对于其他站位来说，浓度较高的站位也是污染源，氨基脲通过扩散作用使邻近站位维持在一定的浓度水平。对位于 Y1 站位附近养殖场的排污口进行了取样验证，养殖废水中氨基脲含量为 2.45 μg/L，约为 Y1 站位最高浓度值 0.082 μg/L 的 30 倍。对位于莱州湾西部的小清河取样分析，测得其中氨基脲含量为 4.58 μg/L，约是距离小清河最近的 H01 站位最高浓度值 0.085 μg/L 的 54 倍，小清河上游有养殖场，推测养殖废水通过此河流排入海洋，使得河流入湾口站位浓度升高。

3 月和 4 月是鱼、虾及刺参等水产动物的育苗期，为了保证育苗的存活率，部分养殖户会在育苗期间使用呋喃西林等硝基呋喃类禁用药物，用来治疗水产动物在苗种生长期的某些疾病（比较典型的有：赤皮、烂鳃和肠炎），导致呋喃西林及代谢物氨基脲以废水排放的形式进入海洋。通过对养殖户的调研摸底发现，除育苗期外，8 月高温多雨，也是各种水产疾病的高发期，同样存在使用呋喃西林违禁药物的情况，因此成为全年渔业用药最高的另一个月份。上述水产养殖活动决定了氨基脲浓度分布双峰值的出现，如图 4-7、图 4-8 和图 4-9 所示，代表性站位在 3 月或者 4 月达到全年的第一个高值之后回落，到 8 月或者 9 月再次达到高峰后下降。氨基脲的月份分布特征与“山东省水产品质量安全监督抽查”结果一致。通过对山东省 17 个地市的水产苗种及水产品进行监督抽查发现，每年的 3 月、4 月、8 月和 9 月是水产苗种及水产品中氨基脲抽检不合格率最高的 4 个月份。对莱州湾来说，因取样月份只在 5 月、6 月、7 月、8 月、9 月和 10 月这 6 个月内，没有对水产育苗期的 3 月和 4 月进行取样，因此无法判断典型站位在不同月份是否也存在双峰值。

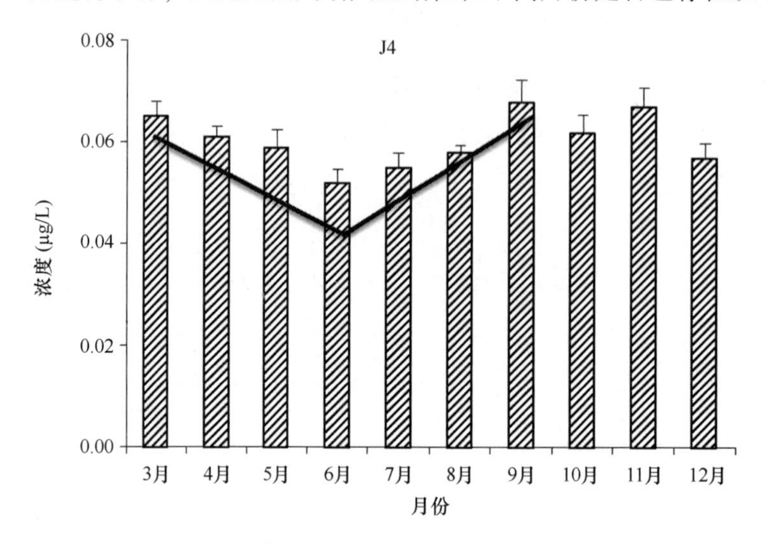

图 4-7　典型站位 J4 氨基脲浓度月份分布

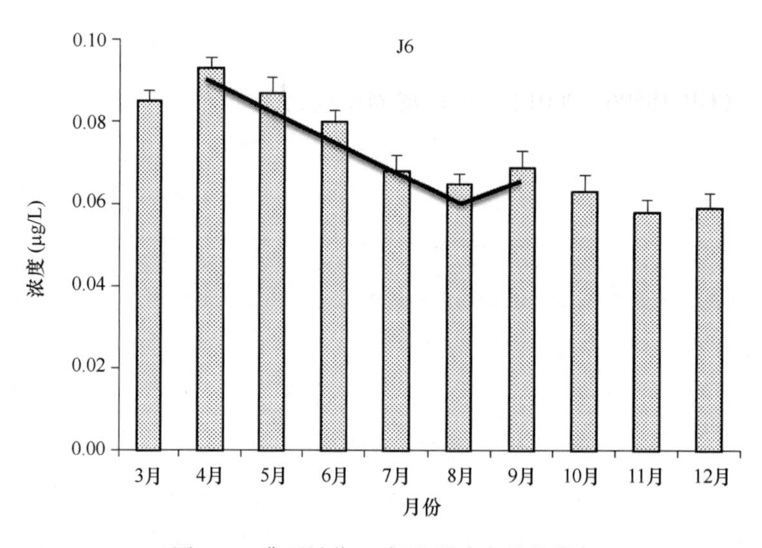

图 4-8　典型站位 J6 氨基脲浓度月份分布

总体来看，相较于 2009 年，2010 年浓度水平有一定程度的升高。推测可能与陆源氨基脲持续进入海洋，在海洋中积累有关。此结果不足为奇。众所周知，尽管呋喃西林已经禁止应用于水产养殖中，但是仍然存在非法使用的现象，呋喃西林或者氨基脲进入海洋环境，持续排放积累使得海洋环境中氨基脲浓度升高（笔者前期的研究成果也证实了呋喃西林可以在海水中降解产生氨基脲）。含有氨基脲的废水进入黄渤海，污染海洋环境。在中国包括黄渤海在内，大部分的养殖场与外界的水

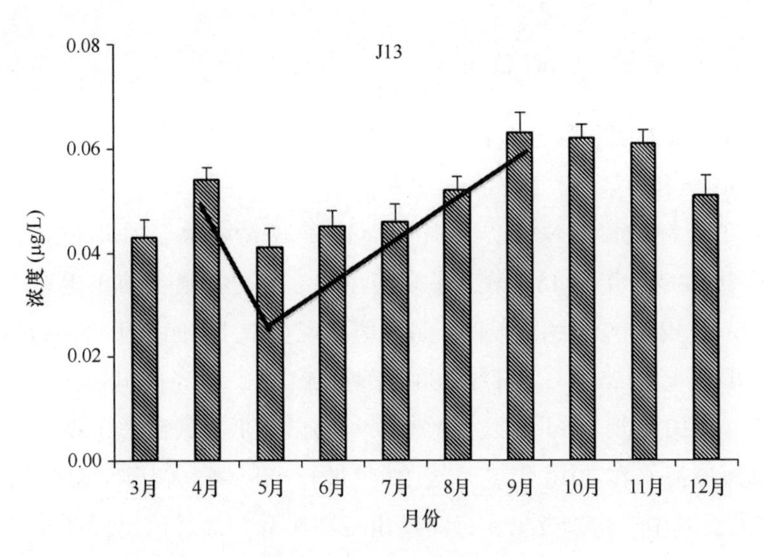

图 4-9　典型站位 J13 氨基脲浓度月份分布

生环境直接相连，因此养殖场中含有氨基脲的废水排入外界水体，易对诸如贝类等海洋生物造成生态风险。针对畜禽养殖污染，我国先后发布了《畜禽养殖业污染物排放标准》（GB 18596—2001）、《畜禽养殖业污染防治技术规范》（HJ/T 81—2001）、《规模化畜禽养殖场沼气工程设计规范》（NY/T 1222—2006）、《畜禽养殖污染防治管理办法》（国家环境保护总局令第 9 号）等文件，从上述国家标准和行业标准可以看出，废水排放均未对氨基脲的残留要求进行相关规定，这样也使得大量含有呋喃西林及其代谢产物氨基脲的废水直接排入排污河流进入海洋，最终使其在海水中检出。

氨基脲分布水平与各式各样的工农业生产及人们的日常生活息息相关，特别是与水产养殖中抗菌药呋喃西林的非法使用密切相关，位于养殖区域附近站位氨基脲浓度较高也印证了这一点。同样在双峰值外的其他月份，氨基脲也呈现一定的分布水平，推测与氨基脲不同的来源有关，来源已经在综述中详细说明。近年来，国家对入海污水处理厂的管理越来越严格，排放标准也越来越高，但每年仍有大量的废水污水排放入海，同时其他人类活动，如观光旅游和海上运输等，也给海洋生态系统增加了一定的压力。总体来说，沿岸工业发达、人口众多、大型港口码头较多，且大量的工农业排污水、城市生活排污水进入山东北部近海海域，使得该海域因药物残留引发的水产品质量安全问题时有发生，在贝类、虾蟹类中检出氨基脲的现象也时有发生。但是若想断定这些区域近期是否有新的氨基脲污染源输入，必须做进一步的跟踪监测后才能确定。

4.2.4.2 温度、溶解氧、pH值和盐度水质参数的影响

考察海洋环境对氨基脲分布特征的影响，我们将氨基脲含量与水质参数（温度、盐度、pH值和溶解氧）做相关性分析。

对温度和溶解氧参数来说，金城湾周边海域表层水温月均值范围为1.2~27.3℃，其中2009年年均15.6℃，最高值出现在8月，最低值出现在3月。2010年年均14.7℃，较2009年稍微偏低，最高值出现在8月。四十里湾周边海域表层水温月均值范围为4.0~25.1℃，其中2009年均15.2℃，最高值出现在8月，最低值出现在3月。2010年年均14.7℃，较2009年稍微偏低，最高值出现在9月。仅对莱州湾西部海域海水在2010年5月至10月进行了监测，表层水温月均值范围为15.2~26.9℃，其中年均21.6℃，最高值出现在8月，最低值出现在5月。水中溶解氧与温度密切相关，因此将两个影响因子放在一起讨论。2009年金城湾周边海域表层溶解氧月均变化范围为6.60~9.94 mg/L，平均为8.28 mg/L，最高值出现在11月，最低值出现在8月；2010年月均变化范围为6.77~10.53 mg/L，平均为8.12 mg/L，最高值出现在4月，最低值出现在8月。四十里湾表层溶解氧月均范围为6.67~11.8 mg/L，年均8.72 mg/L，其中2009年年均8.70 mg/L，最高值出现在12月，最低值出现在9月。2010年年均8.73 mg/L，最高值出现在1月，最低值出现在9月。莱州湾西部海域表层溶解氧月均变化范围为6.70~9.54 mg/L，平均为8.06 mg/L，最高值出现在10月，最低值出现在8月。

溶解氧与海水温度呈现负相关性。3个湾区均处于黄渤海沿岸，在温度分布上具有相似点。温度最高值一般出现在8月（只有四十里湾在2010年最高温月份推迟1个月至9月），最低温一般出现在3月（受海上风浪、温度及取样难度的影响，3个湾区的调查监测在冬季较少），温度整体变化趋势如下：冬季陆上气温远低于海上气温，致使沿岸水温偏低，入春以后，水温逐渐回升，沿岸增温较快，随着时间推移，4月上升3~5℃；5月以后，水温迅速升高，表层及沿岸浅水区增温最快。进入秋季后，水温逐渐下降，至10月，整个海区进入冷却时期，温度变化梯度向冬季分布形式转化，低温一直持续至翌年3月。而对于溶解氧来说，与温度呈现负相关性。虽然对3个湾区的温度和溶解氧进行了跟踪监测，但氨基脲浓度未呈现与温度和溶解氧的显著相关性，说明温度和溶解氧对氨基脲分布的影响不大。

对于金城湾来说，金城湾周边海域表层pH值月均范围为7.84~8.33，年均8.12，其中2009年年均8.12，最高值出现在10月，最低值出现在5月。2010年年均8.12，最高值出现在4月，最低值出现在12月。对于四十里湾来说，表层pH值月均范围为8.03~8.24，年均8.13，其中2009年年均8.15，最高值出现在4月，

最低值出现在8月。2010年年均8.13，最高值出现在4月，最低值出现在8月。对莱州湾西部海域来说，海域表层pH值月均范围为7.69~8.25，年均8.06，最高值出现在10月，最低值出现在5月。在所调研月份，pH值一般为7~8，年均值约为8，相对变化不大，根据pH值极值出现的月份与氨基脲相应月份的浓度值比较其相关性。

在金城湾，pH值2009年最高值出现在10月，最低值出现在5月，对应月浓度范围分别为0.025~0.087 μg/L（中位值为0.039 μg/L）和0.011~0.048 μg/L（中位值为0.027 μg/L）；pH值2010年最高值出现在4月，最低值出现在12月对应月均浓度分别为0.024~0.093 μg/L（中位值为0.038 μg/L）和0.041~0.063 μg/L（中位值为0.056 μg/L）；在四十里湾，pH值2009年最高值出现在4月，最低值出现在8月，对应月浓度分别为0.011~0.023 μg/L（中位值为0.015 μg/L）和0.008 5~0.026 μg/L（中位值为0.016 μg/L）；pH值2010年最高值出现在4月，最低值出现在8月，对应月浓度分别为0.011~0.038 μg/L（中位值为0.019 μg/L）和0.018~0.082 μg/L（中位值为0.035 μg/L）；在莱州湾西部海域，最高值出现在10月，最低值出现在5月，对应月浓度分别为0.028~0.054 μg/L（中位值为0.035 μg/L）和0.038~0.085 μg/L（中位值为0.051 μg/L）。

从上述结果可以看出：在金城湾，高pH值时氨基脲总体分布水平相对较高，而低pH值时氨基脲总体分布水平相对较低；在四十里湾，2009年在4月和8月，氨基脲分布水平接近，而在2010年，高pH值时氨基脲总体分布水平相对较低；莱州湾西部海域与四十里湾2010年的规律相同；表明pH值与氨基脲分布水平未体现良好的相关性。高pH值海域氨基脲含量常为非高值区或者低值区，推测所研究的3个湾区，pH值不是影响氨基脲分布的主要因素，其影响可能显著体现在局部海区或某个站位。

金城湾周边海域表层盐度2009年年均为30.400，最高值出现在6月，最低值出现在12月；2010年年均30.797，稍高于2009年，最高值出现在5月，最低值出现在12月。四十里湾表层盐度月均范围为29.143~31.834，年均31.133，其中2009年年均31.269，最高值出现在12月，最低值出现在8月。2010年年均30.996，最高值出现在5月，最低值出现在8月。莱州湾西部海域表层盐度年均为31.400，最高值出现在6月，最低值出现在8月。从各站位的空间分布来看，近岸处于咸淡水混合区，所以盐度较低。随着与岸边距离的增大，盐度逐渐增大，而氨基脲浓度总体变化趋势是随着近岸距离的增大呈现降低的趋势。单从数据上来看，盐度与氨基脲分布呈现负相关性，但是不能断定两者之间存在良好的负相关行为，很有可能在整个过程中人类活动的影响，特别是养殖废水的排放起到了更大的作用，使得氨基脲分布呈现上述变化趋势。

氨基脲在3个湾区的分布特征存在一定差异，具体到某一湾区或者湾区的某一站位均受诸多因素如盐度、温度、pH值和溶解氧等环境因子共同叠加的综合效应。在近岸海水中氨基脲和环境因子的相关性往往并不好，这是因为外来输入（特别是陆源输入及人类活动）和当地海域的水文特征扮演了更加重要的角色。

4.2.4.3 径流输入的影响

近年来随着海参“东参西养”在东营等城市的逐步推广，在东营市的利津县及垦利县出现了大量海参养殖场，而这些养殖废水排入河流，最终随径流进入大海，造成此湾区氨基脲浓度较高，且年均浓度高于所研究的金城湾和四十里湾。对位于站位H01和H13入湾口的小清河和张镇河进行取样监测，发现氨基脲浓度分别为4.58 μg/L和3.22 μg/L，是站位H01和H13最高浓度值（0.085 μg/L和0.075 μg/L）的54倍和43倍。同样笔者的前期研究成果“潮河口邻近海域氨基脲污染现状调查研究”中发现，位于东营市潮河入海口的海水中最高浓度可达70.6 μg/L，氨基脲浓度水平显著高于金城湾和四十里湾入湾河流的浓度，也印证了上述结论。此湾区与金城湾和四十里湾不同，金城湾和四十里湾除了受陆源输入的影响外，所研究站位的海参底播养殖也影响氨基脲的分布，甚至在某些站位如J6和Y01起到了决定性作用，而莱州湾西部海域中海参底播养殖区相对较少，氨基脲的主要来源为径流输入。

进入海洋的污染物质，除自然来源外，其中一个重要来源是人类的生产及生活抛弃在陆地环境的人为污染物质，通过河流、大气或临海城市间接或直接地排入海洋。3个典型养殖海湾的入海河流主要有唐家河、朱桥河、逛荡河、辛安河、鱼鸟河、小清河、弥河、永丰河、张镇河等，分布于上述河流沿岸的养殖场、食品加工厂、制革、造纸、化工等行业排出大量废液、废水，通过径流间接或直接排入等途径进入所调查的3个湾区。上游常年干涸，下游河段污染，对河流造成危害，即便沿岸排污和径流输入对污染物分布的影响是点源的，但由于山东半岛北部3个典型养殖湾区特殊的地理位置，沿岸人口稠密，入海河流众多，因此表现为“线源”，即与海岸线大致平行的曲线。本研究中氨基脲含量水平显著受到了人为影响，最主要的来源就是养殖废水排放及径流输入。另外一个明显的特征是断面的氨基脲浓度水平一般沿着河径流方向降低，推断该断面海水中氨基脲浓度主要受到径流输入的影响。径流和排污不仅决定了氨基脲在所研究3个湾区的浓度水平，很大程度上也影响了氨基脲的分布特征。

4.2.5 小结

虽然此海域氨基脲含量为10^{-11}级，但在所有站位中均检出。从3个湾区两年的跟踪监测变化趋势来看，总体呈现2010年氨基脲浓度水平高于2009年的分布特征。3个调查湾区的浓度水平存在一定差距，但规律大致相近。从分布趋势来看，氨基脲的分布趋势为：湾内大于湾外，沿岸区大于中部，即靠近河流入湾口出现高值区，在湾的中部或湾外氨基脲的含量相对较低。一般围绕着某个高值区域呈环形向外降低，而在高值区域包围之中一般存在一个明显的低值区域。四十里湾氨基脲的空间分布特征不如金城湾明显，在部分站位、部分月份出现了无法解释的极值或离群值。鉴于海洋环境影响因子的不确定性，异常值大多无法实现完美的解释。金城湾和四十里湾的典型站位的含量峰值均出现在育苗期和水产动物疾病多发的高温期，呈现双峰形的变化规律，这更加体现了人类养殖活动对氨基脲分布的决定性作用。

总体来说，2009年氨基脲的变化趋势相对不明显，而在2010年却呈现出相对明显的趋势。此现象与“山东省水产品质量安全监督抽查”结果一致，2009年此区域诸如海参、虾和贝类等水产品兽药残留特别是硝基呋喃类药物残留的检出率相对较低并呈零星分布；而2010年，检出率有一定程度的升高，且呈现出相对明显的区域变化趋势，这可能与此区域2010年后水产养殖的复苏及快速扩大发展有关。虽然近两年来的氨基脲年际变化趋势是递增的，但是仍然可以断定，所研究时间范围内氨基脲分布状况并没有恶化，而是趋向比较稳定。为了更深入地研究氨基脲的演化，有必要开展系统且全面的调查监测，从而获得更大时间尺度上的变化趋势。相比较其他影响因素，人类水产养殖活动的影响对海水中氨基脲的分布起主导作用。水产养殖这一农业生产活动是造成3个湾区氨基脲呈现一定污染水平的主要因素。虽然目前沿岸已经建立了多处污水处理厂，但现有污水处理厂的处理工艺主要是消除常规的污染物，如酸碱处理、化学需氧量（COD）等，并没有针对抗生素类药物代谢或者残留的处理工艺。因此常规工艺并不能完全消除养殖废水中的硝基呋喃类药物等抗生素残留。有国外研究表明，污水厂的抗生素消除是一个非常复杂的过程（Andreozzi et al.，2003；Ternes et al.，2004），而针对硝基呋喃类药物及其代谢物的去除机制尚未开展相关研究。

背景值是评价海洋环境污染状况的重要指标。目前像重金属等研究比较透彻的环境污染物都已经建立了海洋环境中的背景值。而海洋环境中某一特定污染物的分布特征与物理、化学和生物过程密切相关。国家海洋局于1996年下半年组织沿海省、自治区、直辖市、计划单列市海洋行政主管部门和国家海洋局所属有关单位，开展了第二次全国海洋污染基线调查，历时7年。掌握了通过各种途径进入我国海域的主要污染物包括新型污染物和难降解有机污染物的种类与数量；查明了空间分布，确定了污染范围和程度。而这样的污染基线调查工作量巨大，在我国目前也仅仅开展过两次，想要摸清某种目标物在海洋环境中的分布水平及背景值非一朝一夕能够完成的。如何将本研究的监测值与背景值联系起来，发挥连续性跟踪监测的意义和作用，也是今后需要继续开展的研究方向之一。开展此项工作需要耗费巨大的人力和物力，因此在海洋环境中氨基脲背景值的建立仍任重而道远。

某些与人类活动息息相关的污染物如多环芳烃（PAHs）等持久性有机污染物是人类活动的良好指示物（Lima et al.，2003）。2006年发生在山东省境内的“多宝鱼事件”，严重打击了山东省的水产养殖行业，其从2009年后才逐步复苏发展。本次调查发现，2009年氨基脲浓度水平相对较低，而2010年3个湾区氨基脲的水平显著高于2009年，且逐渐呈现一定的变化趋势，推断与山东省水产养殖的复苏和逐步发展壮大有关。但是针对氨基脲的连续性跟踪监测尚未开展，氨基脲能否像PAHs等典型的持久性有机污染物一样，作为人类活动的良好指示物还需进一步开展研究。

需要注意的是，鉴于人类活动的不确定性，任何一条径流或者某个排污口排放的氨基脲浓度水平发生变化时，都可能会导致某一站位，甚至某一横面或者断面氨基脲的分布特征发生较大变化。但是若想对氨基脲的分布水平和特征进行跟踪监测、逐一排查确认及更高层次上的精确评估难度很大，甚至难以实现。尽管如此，在此海域进行两年的跟踪监测，至少可以对此时间段内的氨基脲变化趋势和分布特征具备基本的了解和掌握。要改变海洋环境的现状，首先要提高人们对海洋环境安全性问题的认识。从理论和技术角度来看，建立适宜的海洋环境污染物残留分析方法、制定污染物残留标准是最基本的；从实际工作角度来看，完善海洋环境保护管理体制及加强海洋环境监管是最迫切的。

4.3 山东北部3个典型养殖海湾沉积物中氨基脲分布状况

在海洋化学研究中，人们对沉积物研究的重要性日益增高，有科研工作者用沉积物来确定某些污染物的来源、扩散途径及归宿（Murray et al.，1996）。也有科学工作者曾指出，沉积物既是污染物的载体，又是潜在的污染源（Chapman，1995），沉积物中有毒物质通过食物链富集和传递，最终对人类健康造成影响。沉积物正在被越来越多地用于评价人类活动对水环境造成的冲击（Daskalakis and O'Connor，1995；Varanasi et al.，1985），目前其评价标准方法主要有污染指数法、污染度数法、污染负荷指数法、化学指数法等（Kwon and Lee，1998；Del Valls et al.，1998；

Sabitha and Sarala，2012）。

4.3.1 山东北部3个典型养殖海湾沉积物中氨基脲分布状况

本研究共分析沉积物样品210个：金城湾第一年分析沉积物样品50个，第二年分析样品40个；四十里湾第一年分析沉积物样品50个，第二年分析40个；莱州湾西部分析沉积物样品30个。根据前期海水及部分沉积物分析测定的结果，从节约人力物力及成本的角度出发，适时调整了后期需要分析的样品数量，但同时也保证代表性站位、代表性月份的沉积物样品均已分析。数据表明：在金城湾、四十里湾和莱州湾西部，所测沉积物样品中均未检出氨基脲。

4.3.2 沉积物中氨基脲分布影响因素分析

诸多因素影响氨基脲在沉积物中的分布，包括氨基脲的物理化学性质及分子结构、沉积物类型、颗粒粒径、氧化还原性、有机质的组成和含量、微生物种群等，下面仅对本实验条件下有可能的影响因素进行分析。

4.3.2.1 氨基脲水溶性的影响

氨基脲水溶性高，水中溶解度为100.0 g/L，更易以溶解态存在于海水中，不易从水相迁移至沉积物相并在沉积物中附着，使得沉积物中吸附的氨基脲较少，因此沉积物中氨基脲未检出。

多氯联苯水中溶解度一般为0.10~0.010 μg/L，Kuzyk等（2005）测得沉积物中多氯联苯含量最大可达到62.0 mg/g，且含量随沿岸距离呈现指数形式递减；多环芳烃水中溶解度一般为2.60~31.0 mg/L，Pruell等（1990）测得其沉积物中其含量高达170.0 mg/g；有机氯水中溶解度一般为5.50~50.0 mg/L，Tolosa等（1995）测得DDTs可达657.0 ng/g。上述化合物水中溶解度极低，具有脂溶性特点和极强的化学稳定性，能久存于环境中，从水相向沉积相或生物体中迁移的能力较强，并在沉积物中处于较高的浓度水平。而氨基脲的理化性质与上述物质截然相反，不易在沉积物相累积，因此在沉积物中未检出。

4.3.2.2 海水中氨基脲浓度的影响

徐英江等（2010）对东营潮河入海口邻近海域海水、沉积物及贝类体内氨基脲污染状况进行了调查研究。在潮河及邻近海域按照辐射状布点原则设置了3个断面15个站位，结果表明，海水中氨基脲的浓度为0.18~70.6 μg/L，沉积物中浓度为0.26~18.9 μg/kg，并沿潮河向下呈放射性递减分布，推测潮河是污染的主要来源。

与本研究调查的其他海域相比，污染最为严重。以海水中氨基脲浓度最高值作比较，潮河口中最高值（70.6 μg/L）是本次调查最高值（金城湾，0.093 μg/L）的759倍，海水中较低的氨基脲浓度可能导致沉积物中吸附的氨基脲量更少，因此在沉积物中未检出。

4.3.2.3 沉积物有机碳含量的影响

沉积物吸附有机物的量与有机碳的含量呈正相关（Gevao et al.，2006，Dunnivant et al.，2005）。3个湾区各取6个代表性沉积物样品，测定有机碳百分含量，方法参考《GB 17378.5—2007 海洋监测规范　第5部分沉积物分析》进行测定，结果保留小数点后四位。

结果表明：金城湾沉积物的有机碳百分含量为0.216 1±0.010 4（分别为0.202 9、0.215 2、0.208 5、0.213 6、0.226 5和0.230 1）；四十里湾沉积物的有机碳百分含量为0.218 1±0.006 5（分别为0.210 5、0.218 7、0.216 8、0.230 1、0.215 8和0.216 9）；莱州湾西部沉积物的有机碳百分含量为0.219 2±0.009 9（分别为0.202 9、0.230 6、0.215 9、0.224 7、0.215 6和0.225 5）；有机碳含量相对较低，可能导致氨基脲不易在沉积物上吸附和分配。

4.3.2.4 氨基脲在沉积物—水两相分配能力的影响

高水溶性的氨基脲易从沉积物中解吸附到水体中的颗粒物中，当然水中的氨基脲也会再次在沉积物中积聚，最终使得氨基脲在海水和沉积物中再分配，直至达到动态平衡状态，这种再分配过程与化合物本身的两相分配能力密切相关（Masiá et al.，2013；Moreno-González et al.，2015）。养殖废水、工业废水及城市生活污水等不同来源的氨基脲排入海洋，同时包含在土壤、矿物和其他载体中的氨基脲也会被释放进入海水中，海水中的氨基脲会与悬浮粒子和沉积物中的有机质反应，通过诸如分配作用、吸附作用等理化反应进入沉积物相。然而氨基脲进入沉积物相并未停止运动，在一定条件下通过解吸附作用重新进入水相，最终在两相间达到动态平衡。吸附行为是决定氨基脲在海水—沉积物两相中迁移转化的重要行为。沉积物对氨基脲的吸附主要有两种机理，即分配作用和表面吸附作用。本研究以取自莱州湾的沉积物作为研究对象，研究氨基脲在两相间的分配作用和表面吸附作用。

在海湾及河口环境中，一般常用有机碳标化的分配系数来评价目标物在沉积物中的分布、不同相之间吸附与解吸附的特性和效果。在水流环境下，吸附和解吸附这一相对平衡的行为同时进行并且过程复杂。影响吸附和解吸附的因素很多，目标物种类、化学性质、亲水或亲脂性、颗粒粒径等都会影响目标物在两相间的分布。

应当注意的是，在本研究中通过振荡实现水相和沉积物相的多次分配及达到平衡的过程，测得值是在振荡条件下获得的，可能与实际海洋环境测得值存在一定差异。因为在水流的环境下，环境的有机质可能会发生变化，且不可预料，但是本结果仍然可以为氨基脲在沉积物相的吸附行为提供指导。

表4-7中：*Cn*（μg/L）为吸附初始的水相浓度；*Ce*（μg/L）为水中氨基脲的平衡浓度；*Qe*（μg/kg）为吸附平衡时沉积物中氨基脲的吸附量；1/*Ce* 为水中氨基脲平衡浓度的倒数；1/*Qe* 为沉积物中吸附量的倒数；lg*Ce* 为水中氨基脲平衡浓度的对数；lg*Qe* 为吸附平衡时沉积物中氨基脲吸附量的对数。

表4-7　等温吸附相关数据

Cn（μg/L）	*Ce*（μg/L）	*Qe*（μg/kg）	1/*Ce*	1/*Qe*	lg*Ce*	lg*Qe*
50	0. 396	0. 560	2. 525 253	1. 785 714	−0. 402 3	−0. 251 81
100	0. 546	0. 900	1. 831 502	1. 111 111	−0. 262 81	−0. 045 76
500	2. 600	2. 530	0. 384 615	0. 395 257	0. 414 973	0. 403 121
1000	5. 338	13. 710	0. 187 336	0. 072 939	0. 727 379	1. 137 037
1500	8. 065	17. 340	0. 123 993	0. 057 67	0. 906 604	1. 239 049
2000	11. 364	20. 590	0. 087 997	0. 048 567	1. 055 531	1. 313 656

在24℃±1℃、起始pH值为7. 70、土液比为100 g：100 mL和振荡时间8h条件下，绘制了沉积物对海水中氨基脲的吸附等温线，如图4-10所示。从图4-10可以看出，氨基脲的吸附等温线基本符合S形。这可能是由于沉积物对氨基脲的吸附是多种作用力综合的结果，其中有氨基脲在沉积物中的分配作用，也存在沉积物对氨基脲的表面吸附作用，二者都可能对吸附做出贡献，致使最终的吸附等温线呈现S形。

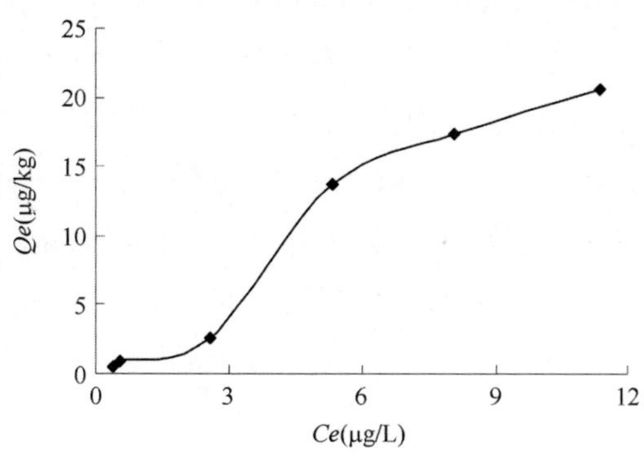

图4-10　氨基脲吸附等温线

由图 4-10 看出，海水和沉积物吸附氨基脲等温线呈非线性，可用 Freundlich 等温式也可用 Langmuir 等温式回归，回归数据见表 4-8，但用 Langmuir 等温式时的回归系数较 Freundlich 等温式时大。Langmuir 型等温式是一种非线性的吸附等温式，与 Freundlich 型吸附等温式一样，适用于在吸附过程中存在多种作用力的结果。与 Freundlich 型吸附等温式所不同的是，它是单分子层吸附模式。Freundlich 型吸附等温式是一个多分子层不均匀吸附模式，涉及表面的不均匀性和吸附位的指数分布以及吸附能量。

表 4-8　水体和沉积物吸附氨基脲的吸附等温线的回归数据

拟合类型	回归方程	相关系数（R）
Langmuir 等温式	$1/Qe=0.6733/Ce-0.0017$	0.991 4
Freundlich 等温式	$\lg Qe=1.1055\lg Ce+0.1831$	0.981 4

吸附作用所涉及的机理非常复杂，受到的影响因素也很多，有外界环境的因素，也有沉积物自身的物理化学特性。一般而言，沉积物中有机碳和黏土矿物含量高的话，那么沉积物对有机物的吸附以分配为主，且吸附等温线符合 Langmuir 型；当沉积物的表面积较大时，它对有机物的吸附以表面吸附为主，且吸附等温线符合 Freundlich 型。本实验所得的吸附等温线为 S 形，经线性拟合后，Freundlich 型和 Langmuir 型吸附等温式都能较好地描述氨基脲在莱州湾沉积物上的吸附行为；而且相关系数相差不大。这说明沉积物的成分较为复杂，吸附机理也很复杂，其对氨基脲的吸附是多种作用力的结果，无法仅通过吸附等温式判断氨基脲在莱州湾沉积物上的吸附行为以何种作用力为主导，因此需要对吸附机理进行进一步探讨。

莱州湾所取水体和沉积物对氨基脲的吸附是表面吸附作用和分配作用共同作用的结果。因此，可以把沉积物对氨基脲的总吸附量定义为：

$$Q_T = Q_P + Q_A \tag{4-3}$$

$$Q_P = K_{OC} f_{OC} C_e \tag{4-4}$$

$$Q_A = K C_e^{\,n} - K_{OC} f_{OC} C_e \tag{4-5}$$

式中：Q_T 为总的吸附量；Q_P 为分配作用所产生的吸附量；Q_A 为表面吸附作用所产生的吸附量；C_e 为海水中氨基脲的平衡浓度；K_{OC}为有机碳标化的分配系数；f_{OC}为沉积物中有机碳的百分含量；K 为常数；n 为常数。

对实验所得等温吸附曲线的 Freundlich 方程进行数学模拟，并在高浓度段进行线性回归，可得氨基脲的 $K_{OC}=5.60$，然后将沉积物中有机碳的百分含量f_{OC}和 K_{OC}值代入式中，即可得到分配作用和表面吸附作用贡献量的浓度方程（表4-9）。

表4-9　分配作用和表面吸附作用在水体沉积物吸附氨基脲的贡献量

名称	Q_P贡献量	Q_A贡献量
氨基脲	$Q_P=1.1363\ C_e$	$Q_A=1.5244\ C_e^{1.1055}-1.1363\ C_e$

以模拟的氨基脲Q_P和Q_A方程为基础，比较总的吸附量、表面吸附作用贡献量和分配作用贡献量随浓度变化的相对大小，见图4-11。

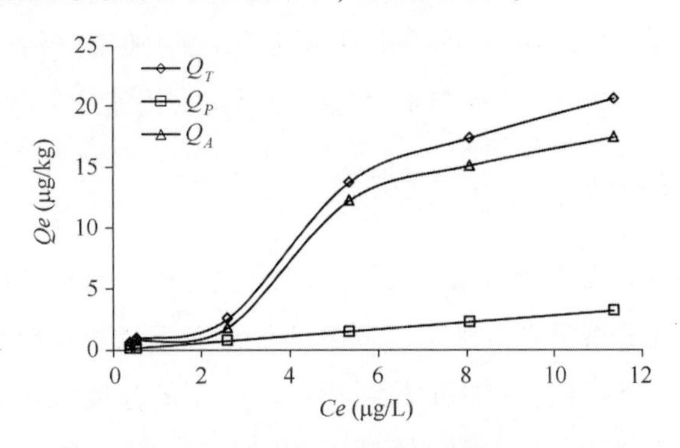

图4-11　分配作用Q_P和表面吸附作用Q_A在水体沉积物吸附氨基脲的相对贡献

由图4-11可见，分配作用随浓度呈直线增加，而表面吸附呈曲线变化。由图中Q_P和Q_A的大小比较可得，沉积物对氨基脲的吸附以表面吸附为主。这可以解释为沉积物中的有机质含量较低（$f_{OC}=0.2029$）。虽然任何一种单一f_{OC}参数不能完全解释吸附机理，但是本实验中发现，有机碳百分含量与氨基脲的吸附量之间存在负相关性，f_{OC}值越小，表面吸附作用相对越强。同时氨基脲在水中有较高的溶解度，在沉积物相中分配作用较弱。所以，氨基脲在沉积物上的吸附中有机质的分配作用较弱，表面吸附作用占据主导地位。但是较低的有机碳含量使得沉积物不易通过表面吸附作用积聚氨基脲，同时有机碳标化的分配系数仅为5.60，极小的有机碳标化的分配系数表明氨基脲难以迁移转化至沉积物相，推测上述原因使沉积物不易吸附氨基脲。

4.3.2.5　沉积物颗粒粒径影响

按照平均粒径的大小，将沉积物分为砾石、砂、粉砂和泥，本次所调查3个湾区的所有站位中均未发现有砾石；砂和泥占绝大多数。砂和泥两者相比，砂质比泥质含有较少的有机质（Mayer，1994）。随着沉积物颗粒粒径由大到小变化，接触表面积越大，理论上能吸附更多的污染物，但是本海域含有较少的有机质，本研究测得有机碳百分含量f_{OC}仅为0.202 9~0.230 6，因此氨基脲在此海域沉积物上占主导作用的吸附作用较弱，因此氨基脲在沉积物上的积聚量极少，导致未检出。尽管细粒度沉积物是水溶性氨基脲的主要载体，推测氨基脲在沉降过程中，绝大部分通过沉积物—海水界面释放进入海水中，致使被沉积物吸附的氨基脲较少。与氨基脲截然不同的研究结论出现在某些脂溶性的有机污染物中。绝大多数持久性有机污染物，与沉积物亲和力远大于海水，因此优先在沉积物中积累，沉积物中氨基脲浓度高于水中数个数量级（Rule，1986），沉积物中氨基脲浓度随着离污染源距离的增加而减少（Colombo et al.，2005），这与水溶性的氨基脲在海水中的变化规律类似。

4.3.2.6 其他因素影响

沉积物中氨基脲分布可能与水中大量悬浮泥沙的运送移动和沉积有关。鉴于氨基脲的亲水性，大部分溶解在海水中，较少部分存在于悬浮颗粒物上。存在于悬浮颗粒物上的氨基脲最终按照颗粒物的粒径大小以一定的速度沉积到底泥中。但是沉积的氨基脲也会再次释放至海水中，直至两相间达到动态平衡。沉积速率也会对氨基脲的分配产生影响，其与沉积物的粒度也有密切的关系，沉积速率一般是粗粒度大于中粒度大于细粒度，砂和泥等细粒度的沉积物通常沉积速率较低，最终使得氨基脲以较慢的速度积聚到沉积物相。沉积速率对氨基脲含量的影响极为复杂，一般不是主要影响因素，而是沉积速率造成的结果可以是完全相反的，此部分数据未展开研究。而实验所获取的沉积物样品多为表层沉积物（3 cm以内），且多为最新沉降的泥沙，海水中氨基脲在沉积物上较短的积聚时间也可能导致氨基脲含量更低。同时降雨和取样方式等在整个过程中也会发挥一定作用，加上其他因素共同导致了此海域沉积物中氨基脲未检出，具体原因需要进一步研究。

4.3.2.7 小结

近年来，海洋环境中新型有机污染物污染成为人们普遍关心的问题，工农业废水排放、海上资源开发及各种海上污染事故的发生，使大量污染物进入海洋，对海洋环境造成了严重的影响。对某些疏水性有机化合物来说，沉积物是其重要的储存地。鉴于本研究目标物氨基脲的水溶性，上述结论并不成立。通过对金城湾、四十里湾和莱州湾西部湾区的跟踪监测可以发现：尽管近海海域引入了氨基脲，但沉积物中却未表现出明显的积累作用，仅在海水的分析中表现出来，这一点与重金属等脂溶性较强的环境污染物截然不同。对于重金属来说，出现了沉积物中检出，但是海水中却未检出的现象，近海海洋沉积物的重金属污染状况近年来备受关注，是造成生态健康压力的一个主要来源（Riba et al.，2002）。

本研究中氨基脲在沉积物中未检出，因此无法通过沉积物对分布状况进行评价。但是正确评价沉积物污染状况及生态学意义是非常必要的。通过沉积物评价污染物，最常见的就是重金属，具体是从重金属沉积特征、海域敏感性、海洋生物毒性等角度，综合评价沉积物中重金属潜在的生态危害效应，并对危害程度进行定量划分（And et al.，1999）。我国近年开展了较多海水沉积物质量基准的研究，《GB 18668—2002 海洋沉积物质量》将海洋沉积物质量分为了3类，对汞、镉、铅、锌、铜、铬、砷、有机碳、硫化物、石油类、六六六、滴滴涕和多氯联苯等指标进行了规定，上述指标主要局限于研究较为透彻的重金属及有机氯等持久性有机污染物。尽管如此，有关氨基脲在上述方面的数据仍然缺乏，因此需要进一步改进和完善。

4.4 贝类中氨基脲分布状况及生物累积因子

贝类（特别是双壳贝类）属于滤食性生物，它们在滤水的同时，会将水中的污染物累积于体内，最终导致贝类体内污染物检出。与其他环境污染物类似，贝类主要通过3种途径获得环境中的氨基脲：① 从海水中吸收；② 从摄食过程中获得（藻类）；③ 从生存环境沉积物中获得。长期生活在一定污染水平的贝类等海洋生物能够忠实记录容纳污染的整个过程。若该海洋生物对污染物反应敏感，无论污染物处于较高水平还是较低水平，均可以通过生理学、生态学等手段灵敏、及时地反映海洋环境污染物。因此利用特定海洋生物监测海洋环境状况具有与其他物理、化学方法不可比拟的优势。早在1966年，科学家Moore采用贻贝来监测海洋环境中的农药污染（Moore，1966）。随着栖息环境的破坏和过度捕捞，全球很多水域的贝类资源量急剧下降甚至部分种类濒临灭绝（La et al.，2012）。目前已有大量科研工作者以蛤、贻贝、牡蛎等作为指示生物开展相关海洋环境污染的研究（Labrecque et al.，2004）。国内也有人开展了此项研究工作，选取同样位于黄渤海海域的典型海湾胶州湾作为研究海湾，主要经济贝类菲律宾蛤仔作为指示生物，研究了胶州湾海区的重金属污染情况（Li et al.，2006）。

即使在如此低的浓度水平下，氨基脲仍会对海洋中诸如贝类等其他生物产生一定的毒副作用。鉴于国际和国内均规定水产品中作为呋喃西林代谢物的氨基脲不得检出，为了促进贝类出口和保护人民健康，本研究对山东北部近岸海域3个典型养殖湾区贝类中氨基脲分布状况进行了跟踪监测，根据海水及贝类中氨基脲含量的相关性，推算了不同贝类中生物累积因子并对其食用安全性进行了评价。虽然各个途径获得的氨基脲比例难以测定，但贝类中氨基脲的含量均高于同一站位中的海水含量，表明贝类可以累积海洋环境中的氨基脲。尽管在实际工作中，要在3个湾区的所有调查站位连续采集到全部代表性贝类的难度很大，且贝类体内的氨基脲含量还与季节、年龄、性别、组织器官等有关，这都对贝类中氨基脲的跟踪监测和食用安全性评价带来困难，但是本研究仍可为海洋贝类中氨基脲的分布状况及食用安全性提供参考。

海水与贝类之间的作用过程可以用传统的两相分配模型进行描述。假设氨基脲在贝类体内的生物累积可近似看作是氨基脲在水相和有机相之间的两相分配过程。生物累积因子（Bioaccumulation factor，*BAF*）是生物体内特定组织含量（mg/kg）与环境中该分析物含量（mg/L）的比值（Petoumenou et al.，2015）。在海洋环境中达到平衡状态时，氨基脲在贝类体内浓度（湿重）和海水中浓度的比例常数即为氨基脲在该贝类中的生物积累因子，用 *BAF* 表示。*BAF* 也可认为是贝类对氨基脲的吸收速率与氨基脲在贝类体内净化速率之比（Gissi et al.，2015）。*BAF* 是估算贝类累积氨基脲能力的一个量度，是描述氨基脲在贝类体内累积趋势的重要指标。

目前主要用生物累积因子来估算海洋生物对海洋环境中特定污染物的累积，它反映了海洋生物对水相或沉积物相中特定污染物的暴露和累积。如果该污染物的疏水性较大，则容易在海洋生物体内产生累积，反之亦然。当人类食用污染的贝类时，污染物就会转移到人体，危害人类身体健康。海洋生物对某种污染物的积累能力可能会受到不同生物、生态因素的影响，包括地理区域、年龄、大小、性别、组织类型、饮食和时间分布等（Bragigand et al.，2006；Dirtu et al.，2016）。美国环保署（USEPA）在1976年规定：生物累积因子必须在流动的环境中测得，同时必须达到28 d的平衡时间。由于各种途径产生的氨基脲会不间断地排入海水中，因此在计算贝类中氨基脲的生物累积因子时，我们假定贝类体内的氨基脲含量已经达到动态平衡，并同时满足了上述实验要求。实验中所需要的海水和贝类均在同一航次、同一站位取得，氨基脲含量测定参照《第2章 海水、沉积物和海洋生物体中氨基脲含量的测定 液相色谱—串联质谱法》规定进行。

生物富集系数（*BCF*）是指水生生物通过非食物途径从水中富集污染物能力；而 *BAF* 是指生物通过所有途径（包括从水中和食物中获取等）对污染物的累积能力。因此，*BCF* 一般通过实验室测得，而本实验获得的数据均为 *BAF* 值。当 *BCF* 或者 *BAF* 大于5 000（lg*BCF* 大于3.7或者 lg*BAF* 大于3.7）时，该化合物被认为具有生物富集效应（Mok et al.，2014）。根据本研究结果，氨基脲在所研究的贝类中 *BAF* 值均远小于5 000，未呈现生物累积效应。还有一种评价方式是生物—沉积物累积因子（Bio-sediment accumulation factor，*BSAF*），评价底栖生物体内和沉积物中污染物含量的平衡关系，即生物从生存环境沉积物中吸收污染物的情况，等于生物体中污染物的浓度与沉积物中污染物的平均浓度的比值（Burkhard，2003；Soto-Jiménez et al.，2001）。鉴于在本研究中沉积物中氨基脲未检出，所以这一部分数值是缺失的。

4.4.1 金城湾代表性贝类中氨基脲分布状况及生物累积因子

金城湾所有贝类中氨基脲测定值均小于“山东省水产品质量安全监督抽查”任务中规定的上报值（1.00 μg/kg），如表4-10所示（括号内为壳长）。贝类的*BAF*值用平均值±标准偏差表示如下：海湾扇贝*BAF*值为11.0±1.22；栉孔扇贝*BAF*值为10.7±0.41；紫贻贝*BAF*值为9.59±1.68；太平洋牡蛎*BAF*值为8.61±0.83；近江牡蛎*BAF*值为8.99±2.61。

表4-10 2010年金城湾海水和贝类中的氨基脲浓度

站位	月份	海水中的浓度（μg/L）	贝类种类	贝类中的浓度（μg/kg）	*BAF*
J2	5	0.031	海湾扇贝	0.35	11.3
			栉孔扇贝	0.33	10.6
	7	0.037	海湾扇贝	0.39	10.5
			栉孔扇贝	0.40	10.8
	10	0.044	紫贻贝	0.41	9.32
	12	0.041	紫贻贝	0.29	7.07
J4	5	0.059	海湾扇贝（3.63 cm）	0.54	9.15
	7	0.055	海湾扇贝（4.72 cm）	0.66	12.0
			栉孔扇贝	0.55	10.0
	10	0.062	海湾扇贝（6.03 cm）	0.75	12.1
			栉孔扇贝	0.67	10.8
	12	0.057	栉孔扇贝	0.63	11.1

续表

站位	月份	海水中的浓度（μg/L）	贝类种类	贝类中的浓度（μg/kg）	*BAF*
J7	5	0.063	紫贻贝（2.95 cm）	0.59	9.37
			近江牡蛎	0.59	9.37
	7	0.048	紫贻贝（3.78 cm）	0.55	11.5
			近江牡蛎	0.55	11.5
	10	0.061	紫贻贝（5.02 cm）	0.65	10.7
	12	0.063	太平洋牡蛎	0.62	9.84
			近江牡蛎	0.51	8.10
J13	5	0.041	太平洋牡蛎	0.31	7.56
			近江牡蛎	0.45	11.0
	7	0.046	太平洋牡蛎	0.38	8.26
	10	0.062	太平洋牡蛎	0.53	8.55
			近江牡蛎	0.31	5.00
	12	0.051	太平洋牡蛎	0.45	8.82

4.4.2 四十里湾代表性贝类中氨基脲分布状况及生物累积因子

四十里湾所有贝类中氨基脲测定值均小于“山东省水产品质量安全监督抽查”任务中规定的上报值（1.0 μg/kg），如表 4-11 所示（括号内为壳长）。贝类的 *BAF* 值用平均值±标准偏差表示如下：海湾扇贝 *BAF* 值为 8.88±2.53；栉孔扇贝 *BAF* 值为 11.8±2.04；紫贻贝 *BAF* 值为 10.2±0.35；太平洋牡蛎 *BAF* 值为 11.2±1.95；褶牡蛎 *BAF* 值为 12.5±1.79。

表 4-11　2010 年四十里湾海水和贝类中的氨基脲浓度

站位	月份	海水中的浓度（μg/L）	贝类种类	贝类中的浓度（μg/kg）	*BAF*
S1	6	0.032	海湾扇贝	0.25	7.81
	9	0.039	海湾扇贝	0.26	6.67
	10	0.026	栉孔扇贝	0.31	11.9

续表

站位	月份	海水中的浓度（μg/L）	贝类种类	贝类中的浓度（μg/kg）	*BAF*
S5	6	0.021	栉孔扇贝（4.09 cm）	0.29	13.8
	9	0.048	栉孔扇贝（5.98 cm）	0.43	8.96
			海湾扇贝	0.41	8.54
	10	0.051	栉孔扇贝（6.78 cm）	0.63	12.4
			海湾扇贝	0.64	12.5
Y1	6	0.035	紫贻贝	0.35	10.0
			太平洋牡蛎（5.35 cm）	0.36	10.3
			褶牡蛎	0.52	14.9
	9	0.059	紫贻贝	0.62	10.5
			太平洋牡蛎（7.25 cm）	0.67	11.4
	10	0.049	太平洋牡蛎（6.12 cm）	0.46	9.39
			褶牡蛎	0.62	12.7
Y3	6	0.023	太平洋牡蛎	0.32	13.9
	9	0.032	紫贻贝	未检出	空白
			褶牡蛎	0.35	10.9
	10	0.036	紫贻贝	未检出	空白
			褶牡蛎	0.41	11.4

4.4.3 莱州湾西部代表性贝类中氨基脲分布状况及生物累积因子

莱州湾西部所有贝类的氨基脲测定值仍均小于“山东省水产品质量安全监督抽查”任务中规定的上报值（1.0 μg/kg），如表4-12所示（括号内为壳长）。贝类的*BAF*值用平均值±标准偏差表示如下：菲律宾蛤仔*BAF*值为7.52±2.23；青蛤*BAF*值为12.3±4.61；文蛤*BAF*值为10.2±3.27；四角蛤蜊*BAF*值为11.1±3.88；泥螺*BAF*值为6.15±1.31。

表 4-12　2010 年莱州湾西部海水和贝类中的氨基脲浓度

站位	月份	海水中的浓度（μg/L）	贝类种类	贝类中的浓度（μg/kg）	*BAF*
H01	5	0.085	菲律宾蛤仔（3.35 cm）	0.38	4.47
			泥螺	0.43	5.06
	8	0.073	菲律宾蛤仔（4.26 cm）	0.45	6.16
			泥螺	0.39	5.34
	10	0.054	菲律宾蛤仔（4.78 cm）	0.55	10.2
			四角蛤蜊	0.59	16.7
			泥螺	0.46	8.52
H08	5	0.046	文蛤（2.02 cm）	0.39	8.48
			青蛤（2.15 cm）	0.43	9.35
			四角蛤蜊	0.42	9.13
	8	0.041	文蛤（2.55 cm）	0.45	11.0
			青蛤（2.78 cm）	0.50	12.2
			四角蛤蜊	0.48	11.7
	10	0.036	文蛤（3.12 cm）	0.52	14.4
			青蛤（3.53 cm）	0.68	18.9
			四角蛤蜊	0.42	11.7
H09	5	0.042	菲律宾蛤仔	0.36	8.57
			泥螺	0.22	5.24
			四角蛤蜊	0.26	6.19
	8	0.042	文蛤	0.29	6.90
			泥螺	0.28	6.67
	10	0.028	菲律宾蛤仔	0.23	8.21
			青蛤	0.25	8.93
			泥螺	0.17	6.07

4.4.4 贝类中氨基脲分布影响因素分析

4.4.4.1 贝类中氨基脲分布与贝类壳长的关系

对金城湾 J4 站位的两种代表性贝类——海湾扇贝和紫贻贝进行连续采样。对 J4 站位海湾扇贝，分别在 5 月、7 月和 10 月取样，壳长为 3.63 cm、4.72 cm、6.03 cm，体内氨基脲含量分别为 0.54 μg/kg、0.66 μg/kg、0.75 μg/kg，氨基脲含量与壳长的相关系数 *R* 为 0.990 5，呈现良好的正相关，对应的 *BAF* 值为 9.15、12.0、12.1，壳长与 *BAF* 值呈现良好的正相关，相关系数 *R* 为 0.853 8；对 J4 站位紫贻贝，分别在 5 月、7 月和 10 月取样，壳长为 2.95 cm、3.78 cm、5.02 cm，体内氨基脲含量分别为 0.59 μg/kg、0.55 μg/kg、0.65 μg/kg，氨基脲含量与壳长的相关系数 *R* 为 0.683 4，此处虽然呈现正相关，但相关性较差，对应的 *BAF* 值为 9.37、11.5、10.7，壳长与 *BAF* 值相关性更差，相关系数 *R* 为 0.524 4。

对四十里湾代表性贝类进行连续采样。对 S5 站位栉孔扇贝，分别在 6 月、9 月和 10 月取样，壳长为 4.09 cm、5.98 cm、6.78 cm，体内氨基脲含量分别为 0.29 μg/kg、0.43 μg/kg、0.63 μg/kg，氨基脲含量与壳长的相关系数 *R* 为 0.890 9，呈现正相关，对应的 *BAF* 值为 13.8、8.96、12.4，相关系数 *R* 为-0.491 9，此处 *R* 值为负值，呈现出负相关；对 Y1 站位太平洋牡蛎，分别在 6 月、9 月和 10 月取样，壳长为 5.35 cm、7.25 cm、6.12 cm，体内氨基脲含量分别为 0.36 μg/kg、0.67 μg/kg、0.46 μg/kg，氨基脲含量与壳长的相关系数 *R* 为 0.995 5，呈现良好的正相关，对应的 *BAF* 值为 10.3、11.4、9.39，壳长与 *BAF* 值呈现正相关，相关性一般，相关系数 *R* 为 0.634 0。

对莱州湾西部代表性贝类进行连续采样。对 H01 站位菲律宾蛤仔，分别在 5 月、8 月和 10 月取样，壳长为 3.35 cm、4.26 cm、4.78 cm，体内氨基脲含量分别为 0.38 μg/kg、0.45 μg/kg、0.55 μg/kg，氨基脲含量与壳长的相关系数 *R* 为 0.967 0，呈现良好的正相关，对应的 *BAF* 值为 4.47、6.16、10.2，壳长与 *BAF* 值也呈现良好的正相关，相关系数 *R* 为 0.925 2；对 H08 站位青蛤，分别在 5 月、8 月和 10 月取样，壳长为 2.15 cm、2.78 cm、3.53 cm，体内氨基脲含量分别为 0.43 μg/kg、0.50 μg/kg、0.68 μg/kg，氨基脲含量与壳长的相关系数 *R* 为 0.980 3，呈现良好的正相关，对应的 *BAF* 值为 9.35、12.2、18.9，壳长与 *BAF* 值呈现良好的正相关，相关系数 *R* 为 0.983 9；对同样位于 H08 站位文蛤，分别在 5 月、8 月和 10 月取样，壳长为 2.02 cm、2.55 cm、3.12 cm，体内氨基脲含量分别为 0.39 μg/kg、0.45 μg/kg、0.52 μg/kg，氨基脲含量与壳长的相关系数 *R* 为 0.999 5，呈现正相关，对应的*BAF*值为8.48、11.0、14.4，壳长与*BAF*值呈现良好的正相关，相关系数*R*为0.997 5，这也是所有贝类中相关性最好的一种，3种贝类中氨基脲含量与壳长的变化规律相似。

在所研究的月份中，随着时间的延长，氨基脲含量总体趋势是增大的（J4站位紫贻贝、S5站位栉孔扇贝未呈现增长趋势）。随着贝类壳长的增加，贝类累积海洋环境中氨基脲，含量呈现增长趋势，两者呈现正相关关系。

4.4.4.2 滤食过程的影响

当48 h藻类中氨基脲达到最大富集量时，海水和藻类中氨基脲的浓度如表4-13所示。在本实验中，氨基脲在3个湾区优势藻种小新月菱形藻、扁藻和叉鞭金藻中的富集系数为145.3~200.0，最大的生物富集系数（*BCF*）值可达200.0，表明藻类对氨基脲具有较强的富集能力，显著高于氨基脲在贝类中的*BAF*值。小新月菱形藻、扁藻和叉鞭金藻对氨基脲的富集系数因藻品种不同略有差异，但是相差不大，在高浓度组（5.00 μg/L）时相差更小。徐英江等（2011）研究发现：氨基脲在文蛤体内的*BCF*值分别为1.38和2.22；而在本研究中，莱州湾西部海域文蛤的*BAF*值为10.2±3.27，大于实验室测得值。上述两种实验条件的主要差别在于实验室内投喂的硅藻事先检测不含氨基脲。在海洋环境中，藻类可以累积环境中的氨基脲，并且文蛤可以无选择性滤食环境中的藻类，藻类富集环境中氨基脲可能是造成海洋环境中文蛤的*BAF*值大于实验室内*BCF*值的原因。推测作为贝类主要滤食的藻类累积环境中的氨基脲也会影响贝类对氨基脲的累积。

表4-13 氨基脲在不同藻类中的*BCF*值比较

藻种类	1.00 μg/L组			5.00 μg/L组		
	藻中含量（μg/kg）	水中含量（μg/L）	*BCF*	藻中含量（μg/kg）	水中含量（μg/L）	*BCF*
小新月菱形藻	126.7	0.872	145.3	899.4	4.674	192.4
扁藻	144.0	0.856	168.2	832.7	4.279	194.6
叉鞭金藻	151.4	0.837	180.9	903.6	4.518	200.0

4.4.4.3 贝类中氨基脲食用安全风险评价

从表4-14中可以看出，在研究的所有贝类中，氨基脲残留的IFS_C均为10^{-5}级别，远小于1，说明在山东北部的3个典型养殖湾区，氨基脲残留对贝类安全影响的风险极低，且对贝类食用安全没有明显影响。从风险系数的结果来看，氨基脲的风险系数为0.12~0.16，均小于1.5，说明贝类中氨基脲残留均为低度风险。风险系数的分析结果进一步表明贝类在氨基脲残留方面是低风险的，可以放心食用。

表4-14　3个湾区不同贝类中氨基脲残留安全指数和风险系数

地点	贝类名称	最大浓度（μg/kg）	安全指数	超标率（%）	风险系数
金城湾	海湾扇贝 *Argopectens irradias*	0.75	4.12×10^{-5}	30	0.15
	栉孔扇贝 *Chlamys farreri*	0.67	3.68×10^{-5}	30	0.15
	紫贻贝 *Mytilus edulis*	0.65	3.58×10^{-5}	40	0.16
	太平洋牡蛎 *Crassostrea gigas*	0.62	3.41×10^{-5}	20	0.14
	近江牡蛎 *Crassostrea rivularis*	0.59	3.24×10^{-5}	30	0.15
四十里湾	海湾扇贝 *Argopectens irradias*	0.64	3.52×10^{-5}	25	0.14
	栉孔扇贝 *Chlamys farreri*	0.63	3.46×10^{-5}	25	0.14
	紫贻贝 *Mytilus edulis*	0.62	3.41×10^{-5}	12.5	0.13
	太平洋牡蛎 *Crassostrea gigas*	0.67	3.68×10^{-5}	12.5	0.13
	褶牡蛎 *Ostrea plicatula*	0.62	3.41×10^{-5}	37.5	0.16
莱州湾西部	青蛤 *Cyclina sinensis*	0.68	3.74×10^{-5}	25	0.14
	文蛤 *Meretrix meretrix*	0.52	2.86×10^{-5}	25	0.14
	四角蛤蜊 *Mactra veneriformis*	0.59	3.24×10^{-5}	25	0.14
	菲律宾蛤仔 *Ruditapes philippinarum*	0.55	3.02×10^{-5}	25	0.14
	泥螺 *Bullacta exarata*	0.46	2.53×10^{-5}	0	0.12

4.5　本章结论

本研究表明：在山东北部3个典型养殖海湾金城湾、四十里湾和莱州湾西部，氨基脲分布已经呈现一定的浓度水平，浓度均为10^{-11}数量级，沉积物样品中均未检出氨基脲。贝类中检出氨基脲，含量为10^{-10}数量级。氨基脲的分布受多种环境变量的影响，相比较重金属、持久性有机污染的含量，浓度虽然相对较低，但是在所有的站位均有检出，仍然会对海洋生物产生一定的毒副作用。从所研究海域氨基脲时空分布特征，推断所调查湾区氨基脲的主要来源是呋喃西林的违法使用。人类水产养殖活动是环境中氨基脲的主要影响因素，即使在较低的浓度下，氨基脲也会呈现一定的累积效应，进而表现出一定的毒性。氨基脲一旦进入海洋，可能会危害生态系统，最终对人类健康造成威胁。

建议渔业主管部门应加强对禁限用药物的管理，从源头上减少排入海洋中氨基脲的量；而环境保护部门应加强对陆地污水排放和废水处理的监管，特别是养殖场附近养殖废水的处理。氨基脲作为海洋环境中的一种新型污染物，越来越受到人们的重视。本研究有关氨基脲在山东北部 3 个典型养殖海湾的时空分布情况，可为水产品质量安全、海洋生态风险评估和海洋生态系统管理提供科学依据。我们也希望本研究的数据可以为海洋环境管理提供基准值参考，并为黄渤海海域建设“山东半岛蓝色经济区”提供技术支撑。我们也期望氨基脲能够有效地指示海洋环境质量，当然在中国甚至世界上更广泛的海域开展氨基脲分布状况和污染水平的研究也是下一步研究工作所必需的。显而易见，海洋与人类健康的关系十分复杂且日趋紧密。人类直接或间接向海洋中排放化学物质影响海洋环境质量，反过来这些化学物质亦会对人类健康产生重要作用。保护海洋环境面临巨大挑战，我们应尽全力减轻和防止进一步破坏海洋环境，保护当前和未来几代人的饮食安全。

需要注意的是，环境污染物的检出率和浓度水平受环境变化和人类活动的影响显著（Shen et al.，2014；Zhao et al.，2014）。海洋是一个巨大的、复杂的生态系统，影响因素众多，在实际取样监测分析中，我们希望所选取的站位可以有效地代表氨基脲的分布水平和特征，也期望氨基脲能在上述站位呈现相应的变化趋势和较好的变化规律，并能得到完美的解释。海洋环境作为一个复杂的有机体，受外界各种环境因子的影响，很难确保所获取的数据呈现完美的相关性。在海洋这一巨大的生态系统中，任何一个环境因子的改变都可能带来点源或者面源的浓度变化，而这种变化在调查过程中无法预测，更加难以实现实时监测。因此部分月份、部分站位出现了异常值，这些异常值难以解释其原因，或难以根据海洋环境污染物的特性来推测其原因。但是我们经过两年的跟踪监测，推测了氨基脲在海洋中的整体变化趋势及最有可能的来源，希望我们目前的研究成果可以为后来的科研工作者起到一定的帮助或者起到抛砖引玉的作用。

第5章 氨基脲在环境中分布的专项调查

5.1 潮河口邻近海域氨基脲污染现状调查研究

2009年9月，在潮河及邻近海域按照辐射状布点原则设置了3个断面15个站位，站位图如图5-1所示。

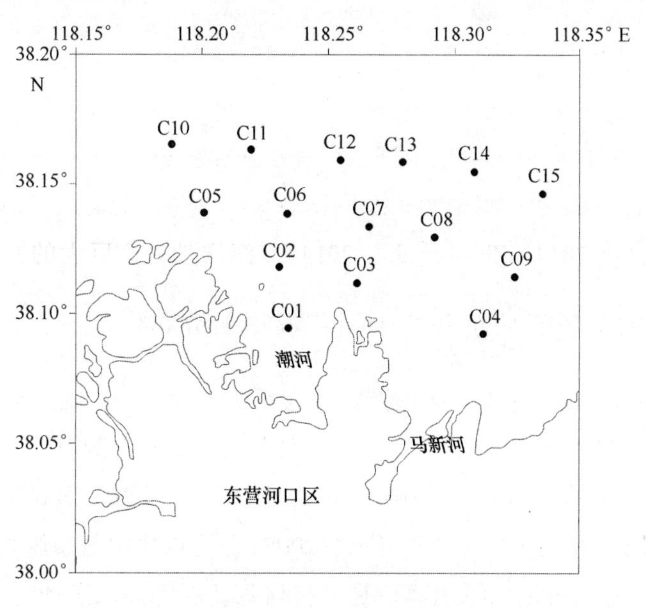

图5-1 取样站位示意图

5.1.1 潮河口邻近海域水体中氨基脲平面分布

潮河口邻近海域水体中氨基脲含量为0.18~70.6 μg/L，平均浓度为14.4 μg/L。氨基脲在潮河口邻近海域分布不均，河道和入海口区浓度较高，远离河道，数值逐渐降低（图5-2）。最高点出现在河道最内处的C01站，最低点出现在离河道最远的C10站，由河道向入海口外氨基脲浓度呈辐射形逐渐降低的趋势（万修全等，2003），这是由于潮河沿岸大量废水排放进入潮河，氨基脲浓度较高，而后受到海水的稀释作用浓度逐渐降低（李培泉等，1990），而C04、C09、C15 3个站点氨基脲的含量突然升高，这一现象可能与潮河东面的马新河同样存在氨基脲污染有关，有待进一步调查研究。

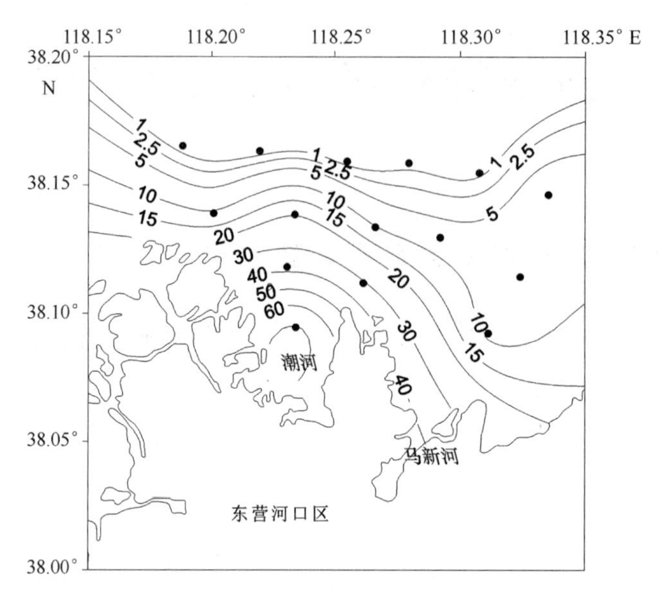

图 5-2　潮河邻近海域水体中氨基脲分布示意图（单位：μg/L）

5.1.2　潮河口邻近海域沉积物中氨基脲平面分布

潮河口邻近海域沉积物中氨基脲含量为 0.26～18.9 μg/kg，平均含量为 2.82 μg/kg。氨基脲在沉积物中分布不均，与其在海水中分布规律基本一致，潮河及入海口处较高，远离潮河含量迅速下降。最高值出现在河道最内处的 C01 站，最低点出现在离河道最远的 C10 站（李正炎等，2008）。沉积物中氨基脲含量较水体中相对较低，这可能有两方面的原因：一是可能与氨基脲的高水溶性有关（马桂霞等，2003）。沉积物可以吸附水中的污染物，而水溶性高的化合物在有机碳上的解吸附能力远大于吸附能力，因而沉积物就很难富集此类物质。二是由于氨基脲在沉积物中的富集是一个长期的过程，加上水体中大量悬浮泥沙的运送移动和沉积，特别是黄河水带来的大量悬浮泥沙沉积，使表层泥样多为最新沉降泥沙，富集水体中氨基脲时间较短（陶贞等，2002.），所以沉积物中的氨基脲含量会低于水体中的含量（图 5-3）。

5.1.3　潮河口邻近海域海洋贝类中氨基脲含量和浓缩系数

本次调查在潮河口和邻近海域共采集了四角蛤（*Mactra veneriforimis*）、青蛤（*Cyclina smensis*）、毛蚶（*Scapharca subcrenata*）、文蛤（*Meretrix meretrix*）、梭鱼

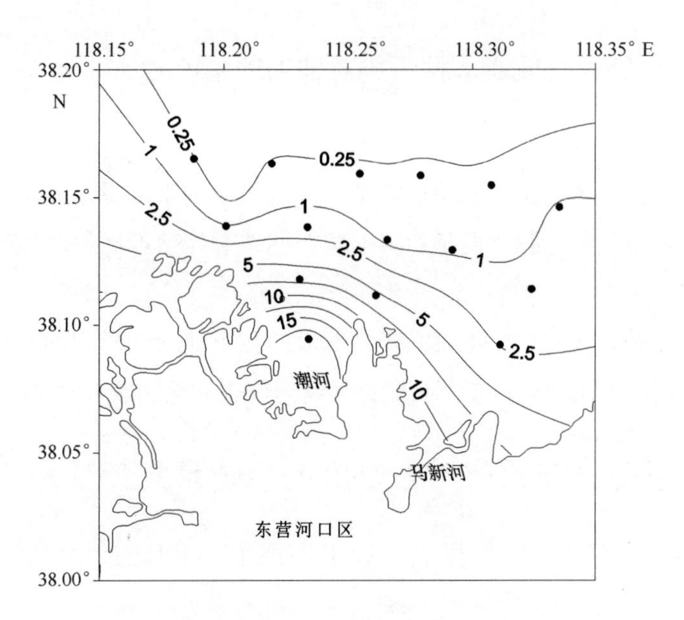

图 5-3 潮河邻近海域沉积物中氨基脲分布示意图（单位：μg/kg）

（*Mugil soiuy*）和鲬（*Platycephalus indicus*）6 种海洋生物，其中四角蛤氨基脲含量最高，为 6.46 μg/kg，青蛤次之，为 5.63 μg/kg，毛蚶和文蛤中含量也比较高，分别为 3.82 μg/kg 和 3.14 μg/kg，梭鱼和鲬含量相对较低，分别为 0.82 μg/kg 和 1.21 μg/kg。通过浓缩系数来看，青蛤浓缩系数相对较高，其他生物浓缩系数均在 0.5 以下。海洋生物体内含量低于表层海水中氨基脲的含量，可能是因为氨基脲在生物体内没有与蛋白结合，这与呋喃西林在贝类体内代谢而成的氨基脲的存在形式（吴永宁等，2007）不一样，具体结论有待进一步研究。

表 5-1 潮河口邻近海域生物体内氨基脲的含量

种类	生物体内氨基脲含量（μg/kg）	水体中氨基脲含量（μg/L）	浓缩系数 *BCF*
四角蛤	6.46±0.03	46.4±0.08	0.139±0.001
毛蚶	3.82±0.05	7.78±0.01	0.491±0.004
青蛤	5.63±0.03	7.78±0.01	0.724±0.004
文蛤	3.14±0.03	7.78±0.01	0.404±0.003
梭鱼	0.82±0.02	6.34±0.02	0.129±0.02
鲬	1.21±0.03	6.34±0.02	0.191±0.004

注：浓缩系数 *BCF*=生物体内氨基脲的浓度/海水中氨基脲的浓度。

5.1.4 潮河口邻近海域氨基脲污染对池塘养殖的危害

潮河口位于东营和滨州分界地带，滩涂面积非常大，近岸池塘养殖业十分发达，主要养殖品种以虾、蟹为主，池塘定期从近岸海水中纳水。许多养殖业户在养殖过程中没有投用呋喃西林药物，但是在国家监督抽查时养殖产品中却经常会检出氨基脲（呋喃西林代谢物），导致产品质量不合格，有些产品甚至被执法部门销毁，给当地养殖企业造成严重损失。本研究随机选取的几个池塘水质中均检出氨基脲，平均含量为 2. 54 μg/L±0. 86 μg/L，可能是从潮河口邻近海域纳水带来的污染。

5.2 四十里湾海洋贝类对氨基脲的生物富集特性

2010 年 5 月、6 月、7 月、8 月、9 月、10 月、11 月连续采集四十里湾海域（马山寨、石沟屯）海水和贻贝 *Mytilus edulis*、海湾扇贝 *Argopectens irradias*、栉孔扇贝 *Chlamys gloriosa* 和牡蛎 *Ostrea gigas thunberg* 等海洋贝类样品，分别对海水中氨基脲含量和生物体中氨基脲含量进行分析测定，对氨基脲的生物富集规律进行了初步研究。

5.2.1 结果与讨论

5.2.1.1 不同海洋贝类对氨基脲富集能力的比较

对马山寨和石沟屯两个取样点的海洋贝类体内氨基脲的含量进行了检测与分析，测定样品分别为马山寨贻贝、马山寨海湾扇贝、石沟屯贻贝、石沟屯栉孔扇贝和石沟屯牡蛎，研究了不同贝类对氨基脲的富集情况。从实验结果来看，实验中所研究贝类对氨基脲具有一定的富集能力，生物富集常用富集因子或浓缩系数来表示。在稳态平衡时，化学物质在生物体内浓度和在水环境中浓度的比例常数即为生物富集因子，用 *BCF* 表示。*BCF* 也可以认为是生物体对化合物的吸收速率与化合物在生物体内净化速率之比。本研究中平均 *BCF* 值大小顺序为马山寨贻贝 6. 28、石沟屯贻贝 7. 01、马山寨海湾扇贝 7. 05、石沟屯栉孔扇贝 8. 54、石沟屯牡蛎 9. 89。氨基脲在不同的生物体中的富集能力不同。一方面可能与暴露时间有关，另一方面可能与海洋贝类本身的富集和消除机理有关。

5.2.1.2 BCF 与研究月份的关系

在所研究的月份中，随着时间的延长，海水中的氨基脲含量逐渐增多，马山寨贻贝、马山寨海湾扇贝、石沟屯贻贝、石沟屯栉孔扇贝和石沟屯牡蛎贝类样品含量也有所增长，但是 *BCF* 值有逐渐减小的趋势。一方面，可能是由于海水中含量增多，生物体对其有一定能力的富集作用，但是可能由于生物体未能对海水中氨基脲进行充分的富集；或受贝类个体大小的影响，导致 *BCF* 值降低。另一方面，若可以简单地认为生物富集是富集和释放速率竞争的结果，那么可能是由于生物体内的释放作用显著于富集作用引起的。

表 5-2　*BCF* 与月份的变化关系

生物体名称	*BCF*						
	5 月	6 月	7 月	8 月	9 月	10 月	11 月
山寨贻贝	9. 57	9. 55	7. 64	6. 53	5. 59	4. 41	2. 50
马山寨海湾扇贝	7. 98	7. 87	7. 84	6. 90	5. 93	5. 60	4. 34
石沟屯贻贝	9. 19	9. 63	7. 86	6. 19	5. 83	5. 85	4. 55
石沟屯栉孔扇贝	9. 63	9. 38	9. 19	8. 57	8. 54	8. 11	6. 36
石沟屯牡蛎	10. 7	10. 4	9. 81	9. 73	9. 58	9. 55	9. 29

5. 2. 1. 3　贝类个体大小与 BCF 的关系

分别取马山寨和石沟屯两个取样点不同大小的贝类样品，若按照个体由小到大：马山寨贻贝平均壳长 1. 45 cm、1. 55 cm、4. 2 cm、4. 75 cm；马山寨海湾扇贝平均壳长 0. 85 cm、2. 50 cm、3. 50 cm、4. 50 cm、5. 50 cm；石沟屯贻贝平均壳长 4. 30 cm、4. 75 cm、5. 40 cm、5. 60 cm、6. 25 cm、6. 80 cm；石沟屯栉孔扇贝平均壳长 7. 65 cm、7. 80 cm、8. 22 cm、8 . 23 cm、8. 52cm、8. 66 cm；石沟屯牡蛎平均壳长 6. 50 cm、11. 5 cm、11. 55 cm、12. 1 cm、12. 46 cm、12. 5 cm。分析富集数据，发现贝类体内的氨基脲含量逐渐增大，*BCF* 值呈逐渐增大趋势。这可能是因为随着贝类个体由小至大，体内吸附的氨基脲含量逐渐增大引起的。

5. 2. 1. 4　贝类体内氨基脲含量随时间的变化规律

随着时间的变化，贝类体内氨基脲含量呈现逐渐增高的趋势。本研究认为在实验中贝类对氨基脲的吸附和解吸附是一个逐渐趋向动态平衡的过程。随着时间的变化，海水中氨基脲含量逐渐增大，由于理化作用，氨基脲的吸附速率明显大于解吸附速率，导致贝类体内的氨基脲含量升高。但是，随着贝类体内氨基脲含量的升高，贝类生理上产生抑制作用，吸附速率减慢或者解吸附速度加快，同时贝类作为活的生物体，本身具有代谢和排泄功能，同时夏季水温高，代谢速度快，以上原因均可导致贝类体内的氨基脲含量增长速度减慢。不过，随着时间的推移，贝类又逐渐适应环境和自身体内较高浓度的氨基脲的存在，吸附速率和解吸附速率均恢复正常，并且吸附速率大于解吸附速率，贝类体内的氨基脲含量升高，经过一段时间后，贝类体内的氨基脲含量与环境中的氨基脲含量又建立了一个新的动态平衡，贝类体内的氨基脲含量保持在某一数值。

5.2.1.5 贝类体内氨基脲含量与海水中氨基脲浓度的关系

在2010年5月、6月、7月、8月、9月、10月、11月期间，随着时间的推移，贝类体内氨基脲残留量与海水中氨基脲浓度的高低呈现出了较好的正相关关系；贝类体内氨基脲含量均高于海水中氨基脲浓度，说明所研究海洋贝类对海水中氨基脲有一定的富集作用。将贝类体内氨基脲残留量与海水中氨基脲浓度进行线性拟合，两者之间呈现较好的正相关系。但是贝类体内氨基脲含量与海水中氨基脲浓度并不是完全呈正比关系，分析原因，可能是由于随着海水中氨基脲浓度的升高，贝类对氨基脲的吸附产生抑制作用，不过随着浓度的进一步升高，理化作用明显强于海洋贝类本身的抑制作用，贝类体内的氨基脲含量仍会随着水体中氨基脲浓度的升高而升高。

5.3 本章结论

氨基脲是新发现的一种新型污染物，其对环境和产品危害有待进一步研究。针对潮河口氨基脲的污染现状，建议有关部门查明氨基脲的污染源，杜绝氨基脲污染，保障潮河口邻近海域养殖企业的合法权益。氨基脲在不同海洋贝类中富集能力不同，在所研究月份中，随着时间的推移，生物体中氨基脲含量有所增长，但 *BCF* 值有逐渐减小的趋势。随着贝类个体由小到大，体内氨基脲含量逐渐增大，*BCF* 值呈逐渐增大趋势。随着时间的推移，海水中的氨基脲含量逐渐增多，贝类体内氨基脲含量呈现逐渐增高的趋势。贝类体内氨基脲含量与海水中氨基脲浓度的高低呈现出了较好的正相关关系，但是并不是完全呈正比关系。贝类体内富集海水中的氨基脲，从而影响贝类产品的质量，并通过食物链对人体健康产生危害。贝类净化技术目前仅仅涉及微生物、细菌方面的净化，还没有考虑到对氨基脲等污染物质的净化，氨基脲对贝类食用安全方面的影响尚待继续探索。

第 6 章　甲壳类动物中氨基脲富集消除规律初探

6.1　文蛤(*Meretrix meretrix*)体内氨基脲含量与环境相关性研究

6.1.1　实验设计及采样程序

文蛤对氨基脲的吸收实验和消除实验均在室内进行，选择经过暂养的健康文蛤，随机分为 5 个组，每组约 120 只文蛤，设 1.0 μg/L、5.0 μg/L 两个浓度组和 1 个对照组，每个浓度组在相同的实验条件下设置 2 个重复组。吸收和消除实验在半静态条件下进行，即每两天换一次相同氨基脲浓度的海水；换水的同时投喂硅藻。吸收实验开始后分别于给药后的 6 h、16 h、24 h、30 h、40 h、48 h、54 h、64 h、72 h、80 h、88 h、96 h、100 h、112 h、120 h 和 144 h 采样，每次采样从各组随机取出 3 只文蛤用于测定体内的氨基脲含量，直至氨基脲在文蛤体内的浓度不再增加，终止吸收实验。随后进行文蛤体内氨基脲的消除实验，换水、喂养方法都与吸收实验相同，分别于停药后 16 h、24 h、40 h、48 h、72 h、96 h、120 h、168 h、192 h、240 h、264 h、312 h、336 h 和 432 h 采样，直至文蛤体内的氨基脲含量降至检出限以下，终止消除实验。实验过程中每天记录水温和各组文蛤的死亡情况。

6.1.2　吸收实验结果

实验过程中仅有个别个体死亡，各组死亡率均不超过 3%。由图 6-1（a）可见，文蛤体内氨基脲的蓄积量随暴露时间的延长而逐渐增加，经 3~5 d 达到平衡，此后继续药浴蓄积量基本上不再增加。在不同浓度的水体中，文蛤体内的蓄积量也不同，在相同的时间内，水体中的氨基脲浓度越高，文蛤体内的蓄积量越大。吸收实验的第 6 天，低浓度和高浓度水体中的文蛤体内蓄积量分别为 1.38 μg/kg 和 10.03 μg/kg。

6.1.3　消除实验结果

实验过程中仅有个别个体死亡，各组死亡率均不超过 3%。随停药时间的延长，文蛤体内的氨基脲残留量降低。低浓度组文蛤体内的氨基脲经 11 d 降至检出限以下。高浓度组文蛤体内的氨基脲经 18 d 降至检出限以下。

6.1.4 氨基脲在文蛤体内的药代动力学研究

根据药物代谢数据处理方法，可得到文蛤对氨基脲的药代动力学参数（表 6-1）。

表 6-1 氨基脲在文蛤体内的主要药动学参数比较

参数	单位	低浓度组	高浓度组
$t_{1/2\alpha}$	h	33. 855	66. 643
$t_{1/2\beta}$	h	152. 973	202. 173
Ka	h^{-1}	0. 025	0. 016
T_{lag}	h	0	12. 595
$AUC_{(0-t)}$	μg /（L · h）	397. 84	2 333. 154
C_{max}	μg/L	1. 38	10. 03
T_{max}	h	168	144
CL/F	L/（h · kg）	0. 002	0. 002

注：$t_{1/2\alpha}$ 为药物的吸收相半衰期；$t_{1/2\beta}$ 为药物的消除相半衰期；Ka 为一级吸收速率常数；T_{lag} 为时滞；$AUC_{(0-t)}$ 为药物浓度-时间曲线下面积；C_{max} 为富集达到平衡后，文蛤体内氨基脲含量；T_{max} 为富集达到平衡的时间；CL/F 为总体清除率。

6.1.5 讨论

文蛤体内的氨基脲含量与水环境密切相关。文蛤能吸收水体中的氨基脲，并在体内少量蓄积。当转入清洁海水中后，经过一定的时间可以消除体内的氨基脲残留。

6.1.5.1 文蛤对水体中氨基脲的吸收

在 1.0 μg/L、5.0 μg/L 浓度的氨基脲海水溶液中，富集系数分别为 1.38 和 2.22；富集能力因水体中氨基脲浓度的不同是有差异的，低浓度富集系数小，高浓度富集系数大；在本实验中达到吸收平衡的时间为 3~5 d。

在水温 13℃±1℃条件下经浸浴方式暴露实验后，文蛤体内氨基脲药动学符合二房室开放模型。氨基脲在文蛤体内的吸收和消除始终处于动态过程。一般用药物的吸收相半衰期（$t1/2\alpha$）说明药物在体内的吸收速度，用消除相半衰期（$t1/2\beta$）说明药物从体内消除的速度。本实验结果表明，在氨基脲浓度为 1.0 μg/L、5.0 μg/L

的海水溶液中，文蛤对 SEM 的 $t1/2\alpha$ 分别为 33. 8 h 和 66. 6 h，说明文蛤对 SEM 的吸收速度较慢。

6. 1. 5. 2 文蛤体内氨基脲的消除

经不同浓度药浴处理后，氨基脲在文蛤体内具有相似的消除规律：初始阶段均具有较高的消除速率，随后消除趋势趋于平缓，并在较长时间内维持一定的质量分数。至实验结束时，低浓度组和高浓度组文蛤体内的氨基脲均低于检出限。

硝基呋喃类代谢物在动物体内消除缓慢，谭志军等（2008）研究了呋喃西林和呋喃唑酮代谢物在大菱鲆组织中的消除规律，发现在水温 17℃±1℃时，经呋喃西林药浴后，大菱鲆肌肉中的 SEM 残留量至第 185 天仍达到 0. 96 μg/kg，说明 SEM 在大菱鲆组织中的消除需要很长时间。本研究的结果与上述研究差别较大。一般认为，低等动物对药物的降解和排泄能力要远弱于高等动物，如鱼可以通过肾脏和呼吸器官等进行扩散和消除（房文红等，2009；郭东方等，2007），哺乳动物可以通过肾脏的主动转运消除。但本实验中文蛤对氨基脲的消除速度却出现了相对较快的现象，可能是因为水体中的氨基脲进入文蛤体内以后没有与蛋白质结合，而 SEM 水溶性较高，所以排泄速度较快。这与呋喃西林在动物体内代谢而成的氨基脲的存在形式（吴永宁等，2007；蒋原等，2008）不同，氨基脲在贝类体内的存在形式还没有具体的结论（徐英江等，2010），有待进一步研究。

呋喃西林为禁用药物（何方洋等，2009），对人体存在致癌、致畸、致突变的危险性，我国监管部门近年来一直对水产品中该药物的使用进行监控（王习达等，2007）。但目前发现导致氨基脲残留的原因可能不仅仅是由于呋喃西林的使用，还可能是因为养殖环境污染以及包装或加工过程中其他污染源造成的（王文枝等，2009；徐英江等，2010）。然而，由于还未发现其他方法或物质作为呋喃西林残留的证据，大多数国家仍然将氨基脲作为主要目标物对呋喃西林进行监控（李春风等，2010）。本研究发现，贝类从养殖环境中吸收的氨基脲可以通过在洁净海水中暂养而消除。本研究所得的药时曲线对贝类氨基脲污染的净化提供了数据支持，实验结果表明对于由于环境污染造成的体内残留为 10 μg/kg 以下的贝类，在洁净海水中净化即可上市销售。贝类属于变温动物，环境温度对其代谢速度影响很大，水温升高能增加贝类代谢活动，有利于有害物质的消除，反之则会延长消除时间，这在实际应用中需加以考虑。

6.2 氨基脲在栉孔扇贝（*Chlamys farreri*）体内生物富集与消除规律研究

6.2.1 实验设计及采样程序

健康栉孔扇贝（*Chlamys farreri*）由泰祥公司提供，贝类壳长约 4 cm。实验前在 1 m^3水族箱内暂养 1 周（经检测不含氨基脲），每天换水 1 次。经挑选洗净后，选个体大小均匀、体重正常个体进行实验。实验容器为长方形玻璃水槽（70 cm×40 cm×50 cm），实验用水为洁净海水（经检测不含氨基脲），连续充氧，保持水中溶解氧大于 5. 0 mg/L。

栉孔扇贝对氨基脲的富集实验和消除实验均在室内进行，选择经过暂养的健康栉孔扇贝，随机分为 10 个组，每组约 120 只栉孔扇贝，设 1. 0 μg/L、5. 0 μg/L 和 20. 0 μg/L 3 个浓度组和 1 个对照组，每个浓度组在相同的实验条件下设置 3 个重复组。富集和消除实验在半静态条件下进行，即每天换一次相同氨基脲浓度的海水；换水的同时投喂硅藻。富集实验开始后分别于曝污后 8 d 内每天进行采样，每次采样从各组随机取出 3 只栉孔扇贝用于测定体内氨基脲含量，第 9 天起进行栉孔扇贝体内氨基脲的消除实验，换水、喂养方法都与富集实验相同，1. 0 μg/L 浓度组于停药后 2 d、4 d、6 d、8 d、10 d 和 12 d 采样，5. 0 μg/L 和 20. 0 μg/L 浓度组分别于停药后 2 d、4 d、6 d、8 d、10 d、12 d、14 d、16 d、18 d、20 d、22 d、25 d、28 d、31 d、34 d、37 d、40 d 和 42 d 采样，消除实验结束。实验过程中每天记录水温和各组栉孔扇贝的死亡情况。

6.2.2 数据分析与讨论

6.2.2.1 栉孔扇贝闭壳肌对氨基脲的富集和消除规律

栉孔扇贝在氨基脲浓度为 1. 0 μg/L、5. 0 μg/L 和 20. 0 μg/L 的海水中培养时，在药浴 8 d 条件下，闭壳肌对氨基脲呈现持续富集，平均富集速度分别为 0. 55 μg/（kg · d）、4. 89 μg/（kg · d）和 8. 49 μg/（kg · d），而且均呈现出前期平均富集速度慢于后期的趋势。到第 8 天投药结束时，栉孔扇贝闭壳肌中的氨基脲含量分别达到 4. 37 μg/kg、39. 11 μg/kg 和 67. 89 μg/kg，相对于曝污浓度分别富集了 4. 37 倍、7. 82 倍和 3. 39 倍。消除实验开始后，栉孔扇贝闭壳肌内的氨基脲含量逐渐降低，到实验结束时，栉孔扇贝闭壳肌中的氨基脲含量分别为 0、0 和 5. 94 μg/kg，在低浓度（1. 0 μg/L、5. 0 μg/L）中，闭壳肌内的氨基脲均已消除完全。其平均消除速度分别为 0.36 μg/（kg·d）、0.93 μg/（kg·d）和 1.48 μg/（kg·d），如图 6-1 所示。

栉孔扇贝闭壳肌对氨基脲有一定的富集性，随着海水中氨基脲浓度的升高，闭壳肌中的氨基脲含量也上升。对不同氨基脲浓度药浴下的栉孔扇贝，停药后氨基脲的消除情况是：平均消除速度呈上升趋势；但不同浓度在消除相同时间后，氨基脲的残留量是逐渐增大的。所以，在氨基脲污染严重的海水中生长的栉孔扇贝，收获后须经较长时间净化才能安全食用。

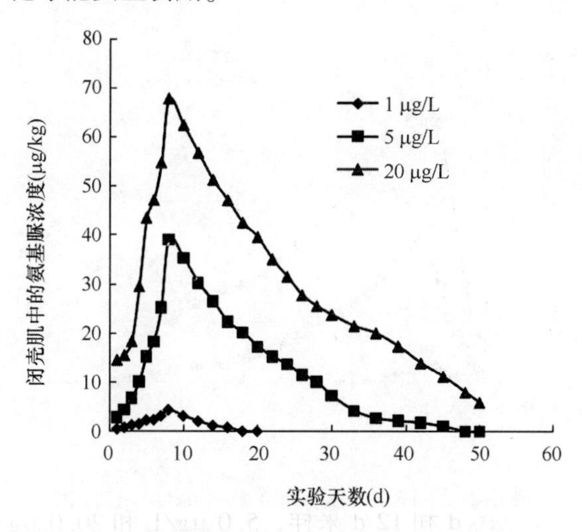

图 6-1　不同氨基脲浓度下栉孔扇贝闭壳肌对氨基脲的富集和消除曲线

6.2.2.2　栉孔扇贝外套膜和鳃对氨基脲的富集和消除规律

栉孔扇贝在氨基脲浓度为 1.0 μg/L、5.0 μg/L 和 20.0 μg/L 的海水中培养时，外套膜和鳃对氨基脲的富集及消除显示出一些类似闭壳肌的趋势，在药浴 8 d 内对氨基脲持续富集，在第 8 天达到富集最高值，分别为 6.03 μg/kg、47.81 μg/kg 和 98.37 μg/kg，相对于曝污浓度分别富集了 6.03 倍、9.56 倍和 4.92 倍；富集平均速度分别为 0.75 μg/（kg·d）、5.98 μg/（kg·d）和 12.30 μg/（kg·d），同样均呈现出前期平均富集速度慢于后期的趋势，并且随海水中的氨基脲浓度增大，趋势越发明显。到消除实验结束时，外套膜和鳃中的氨基脲含量分别为 0、0.47 μg/kg 和 9.87 μg/kg。在氨基脲低浓度（1.0 μg/L）海水中，外套膜和鳃中的氨基脲均已消除完全，在氨基脲浓度为 5.0 μg/L 海水中，外套膜和鳃中氨基脲含量降低至检出限以下；平均消除速度分别为 0.50 μg/（kg·d）、1.13 μg/（kg·d）和 2.11 μg/（kg·d），如图 6-2 所示。

类似闭壳肌，栉孔扇贝外套膜和鳃对氨基脲也具有一定的富集性，同样随着海水中氨基脲浓度的升高，外套膜和鳃中的氨基脲含量也逐渐上升。对于不同氨基脲浓度药浴下的栉孔扇贝，停药后外套膜和鳃中氨基脲的消除情况与闭壳肌中的趋势相似，相同消除时间后，相比较闭壳肌中含量，外套膜和鳃中氨基脲含量比闭壳肌中的含量高。所以若食用栉孔扇贝外套膜和鳃部分，收获后须经更长时间的净化才能安全食用。

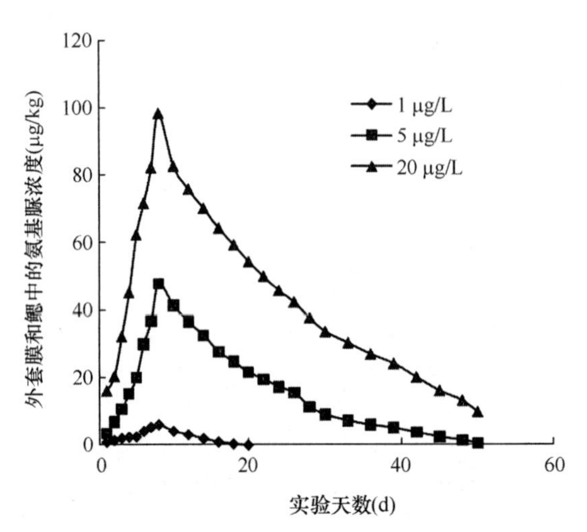

图 6-2　不同氨基脲浓度下栉孔扇贝外套膜和鳃对氨基脲的富集和消除曲线

6.2.2.3　栉孔扇贝消化盲囊对氨基脲的富集和消除规律

相比较氨基脲在闭壳肌及外套膜和鳃中的富集，消化盲囊表现出明显的富集性，特别是在高浓度氨基脲的海水中（20.0 μg/L）。同样在实验投药的第 8 天达到富集最高值，在 1.0 μg/L、5.0 μg/L 和 20.0 μg/L 的海水中分别为 8.77 μg/kg、53.53 μg/kg和 151.42 μg/kg，相对于曝污浓度分别富集了 8.77 倍、10.71 倍和 7.57 倍；富集平均速度分别为 1.10 μg/（kg · d）、6.69 μg/（kg · d）和 18.93 μg/（kg · d），同样均呈现出前期平均富集速度慢于后期的趋势，并且随海水中氨基脲浓度的增大，富集速度增大的趋势越发明显。到消除实验结束时，消化盲囊中的氨基脲含量分别为 0.48 μg/kg、1.02 μg/kg 和 15.81 μg/kg。在低浓度（1.0 μg/L）海水中，消化盲囊内氨基脲含量降至检出限以下；在浓度为 5.0 μg/L 和 20.0 μg/L 海水中，消化盲囊内的氨基脲含量均大于 1.0 μg/kg；平均消除速度分别为 0.69 μg/（kg · d）、1.25 μg/（kg · d）和 3.23 μg/（kg · d），如图 6-3 所示。

随着海水中氨基脲浓度的升高，消化盲囊中的氨基脲含量也上升；这一点与闭

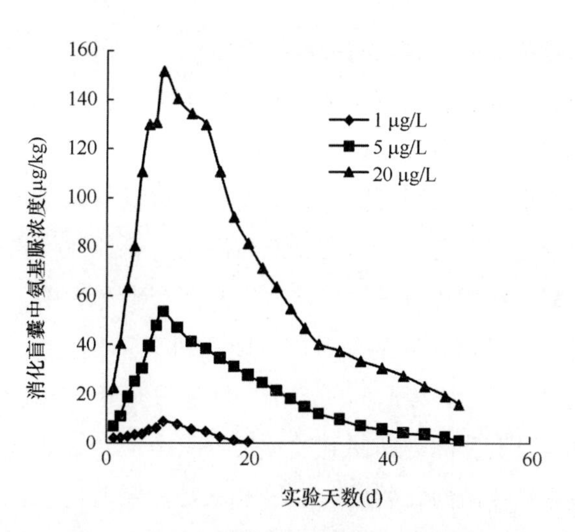

图 6-3　不同氨基脲浓度下栉孔扇贝消化盲囊对氨基脲的富集和消除曲线

壳肌、外套膜和鳃中的变化趋势相同，而且在相同浓度下，消化盲囊中的氨基脲含量是最大的。对于不同氨基脲浓度药浴下的栉孔扇贝，停药后经相同的消除时间后，消化盲囊中的氨基脲含量最高。栉孔扇贝消化盲囊对氨基脲的富集作用要高于外套膜和鳃及闭壳肌，表现在以下几个方面：① 在相同氨基脲浓度的海水中药浴时，消化盲囊的平均富集速度、富集最高值以及富集最大倍数均高于闭壳肌、外套膜和鳃；② 消化盲囊富集速度与消除速度的比值高于栉孔扇贝闭壳肌、外套膜和鳃；③ 在同样氨基脲浓度的海水中培养时，消化盲囊内的氨基脲残留量要远高于闭壳肌、外套膜和鳃中的残留量。

6.2.2.4　氨基脲在栉孔扇贝闭壳肌、外套膜和鳃、消化盲囊中富集消除情况比较

一般认为环境中污染物进入水生动物体内的途径有 3 条，即通过呼吸作用由鳃进入体内；通过食物由消化道进入体内；通过体表渗透进入体内，最终进入血液流经全身，从而在各个部位蓄积。氨基脲通过药浴方式进入栉孔扇贝组织中，但不同组织对其富集能力和消除能力均不相同。消化盲囊，即双壳类的肝脏，在体内主要起着解毒作用。消化盲囊无法通过药浴方式直接从水体中富集氨基脲，可能是水体中的氨基脲通过鳃（少数通过体表）渗透到血液中再经消化盲囊，氨基脲大部分被消化盲囊截留积蓄在其中，因此在所研究的 3 个组织中，消化盲囊富集的最高值最大，富集能力最强，而且表现出最快的平均消除速度。当消化盲囊不能对某浓度的氨基脲进行全部截留时，致使一部分氨基脲通过血液循环而被栉孔扇贝其他组织蓄

积，同时随海水中氨基脲浓度的增加蓄积量增加。

从表 6-2 中可知，栉孔扇贝各组织对氨基脲的富集作用：消化盲囊大于外套膜和鳃大于闭壳肌；且各组织中氨基脲含量与曝污浓度呈现正相关。栉孔扇贝消化盲囊对氨基脲的平均富集速度是闭壳肌的 2 倍左右，对氨基脲富集的最高值及富集最大倍数也是闭壳肌的 2 倍左右；外套膜和鳃与消化盲囊各评价指标相差不大。由此可见，氨基脲主要富集在栉孔扇贝的消化盲囊及外套膜和鳃中，闭壳肌中的含量较少。栉孔扇贝各组织对氨基脲的消除作用：闭壳肌大于外套膜和鳃大于消化盲囊，即便如此，闭壳肌也要经过一段时间的净化，氨基脲含量才能降低至 0.50 μg/kg 以下。但是消化盲囊及外套膜和鳃即使经过较长时间净化，氨基脲残留量仍然相对较高，易对人身体健康产生威胁，所以建议尽量不要食用消化盲囊及外套膜和鳃。从饮食安全角度来讲，食用闭壳肌比食用整体贝肉更安全。无论如何在氨基脲污染较严重的海区养殖的栉孔扇贝，收获前在洁净的海水里养殖并肥育一段时间，对减少氨基脲的污染是很有效的。

表 6-2 栉孔扇贝闭壳肌、外套膜和鳃、消化盲囊对氨基脲的富集及消除情况比较

指标	组织名称								
	闭壳肌			外套膜和鳃			消化盲囊		
SEM 浓度（μg/L）	1.0	5.0	20.0	1.0	5.0	20.0	1.0	5.0	20.0
富集速度［μg/（kg·d）］	0.55	4.89	8.49	0.75	5.98	12.30	1.10	6.69	18.93
富集最高值（μg/kg）	4.37	39.11	67.89	6.03	47.81	98.37	8.77	53.53	151.42
富集最大倍数	4.37	7.82	3.39	6.03	9.56	4.92	8.77	10.71	7.57
消除速度［μg/（kg·d）］	0.36	0.93	1.48	0.50	1.13	2.11	0.69	1.25	3.23
残留量（μg/kg）	0	0	5.94	0	0.47	9.87	0.48	1.02	15.81
富集消除比	1.53	5.26	5.74	1.50	5.29	5.83	1.59	5.35	5.86

6.2.3 富集动力学参数测定结果

采用 DAS 2.0 药物代谢动力学参数计算程序，处理曝污后栉孔扇贝体内的氨基脲含量—时间数据，计算有关氨基脲在栉孔扇贝体内的动力学参数。结果如表 6-3 所示。

表 6-3　栉孔扇贝闭壳肌、外套膜和鳃、消化盲囊对氨基脲的药物代谢动力学参数

组织	C_W (μg/L)	$t1/2\alpha$ (h)	$t1/2\beta$ (h)	Ka (1/h)	Tlag (h)	$AUC_{(0-t)}$ [μg/(L·h)]	C_{max} (μg/kg)	T_{max} (h)	CL/F [L/(h·kg)]
闭壳肌	1.0	70.161	79.304	2.947	0	735.401	4.37	192	0.001
	5.0	56.57	159.961	0.019	0	14 273.578	39.11	192	0
	20.0	54.149	310.346	0.176	0	35 205.608	67.89	192	0.001
外套膜和鳃	1.0	45.163	71.866	0.02	0	1 223.1	6.03	192	0.001
	5.0	185.137	195.945	0.013	0	18 454.189	47.81	192	0
	20.0	249.568	25 580.069	0.01	0	50 500.432	98.37	192	0
消化盲囊	1.0	88.664	88.882	0.009	0	1 903.786	8.77	192	0
	5.0	130.453	160.197	0.006	0	23 469.047	53.53	192	0
	20.0	140.075	17 125.069	0.007	0	77 889.412	151.42	192	0

注：$t1/2\alpha$ 为药物的吸收相半衰期；$t1/2\beta$ 为药物的消除相半衰期；Ka 为一级吸收速率常数；Tlag 为时滞；AUC 为药物浓度—时间曲线下面积；C_{max} 为富集达到平衡后，体内氨基脲含量；T_{max} 为富集达到平衡的时间；CL/F 为总体清除率。

AUC（药物浓度—时间曲线下面积）反映药物进入体内药量的多少，是衡量药物在所研究生物体各组织器官吸收的重要指标。在相同曝污剂量下（以 20.0 μg/L 为例），各组织中 AUC 由高到低依次为：消化盲囊［77 889.412 μg/（L·h）］大于外套膜和鳃［50 500.432 μg/（L·h）］大于闭壳肌［35 205.608 μg/（L·h）］；各组织的 *AUC* 相差很远，说明组织不同，对药物的蓄积能力有所差别。栉孔扇贝的消化盲囊对药物有较强的蓄积能力，吸收后的药物较大部分蓄积在消化盲囊，而后释放和分布到其他组织。

*t*1/2β（药物的消除相半衰期）指药物浓度消除到一半所用的时间，描述所研究生物体对药物的消除快慢，是决定药物消除速度与程度的重要指标。在氨基脲浓度为 5.0 μg/L 和 20.0 μg/L 的海水中 *t*1/2β 大小依次为闭壳肌小于消化盲囊小于外套膜和鳃，这可能是由于闭壳肌中富集浓度最低、消化盲囊具有最高的消除速率造成的。而在氨基脲浓度为 1.0 μg/L 的海水中，*t*1/2β 大小依次为外套膜和鳃小于闭壳肌小于消化盲囊，原因可能是由于在低浓度条件下，外套膜和鳃与环境交换频繁，在消除前期排出速率很快，因此易于消除造成的。

富集结束进入消除实验后，栉孔扇贝各组织中的氨基脲含量迅速下降，在所研究的 3 个浓度条件下，在消除 8 d（1.0 μg/L）、14 d（5.0 μg/L）和 16 d（20.0 μg/L）后，各组织中的氨基脲含量均下降了 50%以上；说明栉孔扇贝对氨基脲具有较强的排出能力。但随后氨基脲的排出速度降低。比较富集和消除实验结束时各组织中的氨基脲含量发现，特别是在高浓度条件下（20.0 μg/L），至消除实验结束时，消化盲囊残留量（15.81 μg/kg）显著高于闭壳肌（5.94 μg/kg）、外套膜和鳃（9.87 μg/kg）。这可能与组织具有较强的富集能力，或该组织中蛋白与氨基脲结合程度紧密有关。

目前水产品残留限量标准对呋喃西林代谢物氨基脲残留限量做出了要求，规定氨基脲在水产品中不得检出。但因受实验条件和本实验室内栉孔扇贝生长状况的影响，在消除实验结束后仍有部分组织中的含量超过这一标准，因此需要在已知实验数据的基础上推导消除期。在 1.0 μg/L 浓度连续药浴 8 d 后，经 12 d 消除实验后，仅消化盲囊中有氨基脲存在（0.48 μg/kg），但仍然低于检出限，参考消化盲囊消除数据，因此将消除期定为 15 d；在 5.0 μg/L 浓度下，经 42 d 消除实验后，闭壳肌中未检出，外套膜和鳃中含量（0.47 μg/kg）低于检出限，消化盲囊中含量为 1.02 μg/kg，参照相应组织在 1.0 μg/L 浓度条件下的消除规律，特别是消除实验后期的实验数据，因此将消除期定为 50 d；在 20.0 μg/L 浓度下，经 42 d 消除实验后，闭壳肌（5.94 μg/kg）、外套膜和鳃（9.87 μg/kg）及消化盲囊（15.81 μg/kg）中均有氨基脲存在，且远高于规定值，各组织消除率逐渐降低，依次为 91.3%、

90.0%、89.6%；同样参照各组织在5.0 μg/L浓度条件下的消除规律及后期消除实验数据，将消除期定为70 d。一般来说，在药代动力学的众多影响因素中，水温是影响最大的。在一定温度范围内，药物的代谢强度与水温呈正相关。通常水温每升高1℃，药物的代谢和消除速度提高10%，因此水温高时栉孔扇贝的消除期可适当缩短；而水温较低时应适当延长其消除期。

6.2.4 结论

在整个富集消除实验中，氨基脲在海水中的浓度基本保持恒定。利用药代动力学软件DAS2.0处理数据可知，在不同浓度药浴下，氨基脲在各组织中的最高富集浓度由大到小排列依次为消化盲囊、外套膜和鳃、闭壳肌；消化盲囊、外套膜和鳃对氨基脲的富集能力较强，而闭壳肌富集能力相对较弱；各组织对氨基脲的消除能力也不同，各组织消除半衰期随药浴浓度的增大而延长。影响水生生物药代动力学残留的因素很多，如贝类种类、曝污剂量、曝污途径、温度、盐度、pH值等，因此应慎重应用消除期。在本实验条件下，在氨基脲浓度为1.0 μg/L、5.0 μg/L和20.0 μg/L的海水中连续曝污8 d后，建议其消除期分别定为15 d、50 d和70 d；并且水温高时可适当缩短消除期，水温低时可适当延长消除期。同时消除期是根据药物允许残留量及不同食用组织中消除速度来确定的。人们在食用贝类时，若有意识地将非食用组织去除，可大大减少残留药物的摄入量，对保证食用者的健康具有实际意义。

第7章　甲壳类动物中氨基脲的产生机理及前体生物标示物识别研究

一直以来，兽药呋喃西林是氨基脲的主要来源。从2003年开始，不断在食物和生物体内发现非呋喃西林代谢产生的氨基脲，统称为非呋喃西林源氨基脲（Stalder et al.，2004；Pereira et al.，2004；Hoenicke et al.，2004；de la Calle et al.，2005；Cooper et al.，2007；Bendall et al.，2009）。近年来，在甲壳类动物中发现了非呋喃西林源氨基脲，Saari等（2004）、Van Poucke等（2011）、McCracken等（2013）分别从野生淡水螯虾、罗氏沼虾、孟加拉淡水虾中检出氨基脲，进一步证实了甲壳类水产动物体中氨基脲作为内源性物质存在，呋喃西林并非是氨基脲的唯一来源。由于氨基脲是水产品中呋喃西林检测的标示残留物，且目前的检测方法尚无法区分呋喃西林代谢产生的氨基脲和其他途径形成的氨基脲，因此给呋喃西林药物检测带来了严重的假阳性问题，导致监管机构不能对呋喃西林滥用进行有效监管。因此只有掌握甲壳类水产品中非呋喃西林源氨基脲的产生机理，掌握其转化途径和规律，建立特异性的识别检测方法，才能从源头有效识别非呋喃西林源氨基脲并排除呋喃西林假阳性干扰，从而解决这一行业难题。

开展水产品中非呋喃西林源氨基脲的产生机理研究有着重要的意义。一方面可掌握非呋喃西林氨基脲的产生原因、存在状态和转化过程，有助于水产品加工企业对氨基脲进行质量安全控制和开发消除技术；另一方面可获得特异性非呋喃西林氨基脲前体并将其作为生物标示物，来区分非呋喃西林氨基脲与呋喃西林源氨基脲，从而解决甲壳类呋喃西林假阳性问题。

7.1　甲壳类动物中非呋喃西林SEM的来源和产生条件研究

7.1.1　研究内容

利用建立的UPLC-MS/MS检测方法对未使用呋喃西林药物的甲壳类动物进行氨基脲筛选检测，获得非呋喃西林源氨基脲的水产品样本和产生条件。具体内容包括：分别对未使用呋喃西林药物的养殖对虾、海捕虾、养殖梭子蟹、养殖青蟹和海捕梭子蟹等样品进行检测，同时对经次氯酸处理、高温处理、裹粉处理的加工产品进行氨基脲检测，获得非呋喃西林源氨基脲的样品及特定产生条件，并进行相关性分析。

7.1.2 研究方法

7.1.2.1 实验材料

虾类包括葛氏长臂虾、哈氏仿对虾、大管臂虾、口虾蛄、南美白对虾；蟹类包括三疣梭子蟹、细点圆趾蟹、红星梭子蟹、花蟹，采集于舟山海域，同时取当地海域水样。罗氏沼虾，小龙虾和日本沼虾购自江苏水产养殖基地，同时取养殖水样。上述水产品在养殖过程中均未使用呋喃西林。将所有样品清洗干净，每个品种除整体作为实验样品外，另将内脏、肌肉、壳分别制样，获得一个品种的4份供实验样品，-10℃保存。

7.1.2.2 加热处理方法

称取虾、蟹样品的壳和肌肉样品各3份，每份10 g，用烘箱分别在40℃、50℃、60℃、70℃、80℃和90℃温度下加热处理3 h。将热处理后的样品于干燥皿中放至室温，然后按照前处理方法处理，用UPLC-MS/MS进行测定。

7.1.2.3 次氯酸处理方法

称取南美白对虾、哈氏仿对虾和三疣梭子蟹肌肉组织样品各3份，每份5 g，分别加入不同浓度的次氯酸钠溶液（分别含0.1%、0.2%、0.5%、1%、3%、6%和12%的活性氯）10 mL，然后在室温下振荡反应5 h。将次氯酸溶液弃去，取反应后的肌肉样品按照前处理方法处理后，用UPLC-MS/MS进行测定。

7.1.2.4 裹粉处理方法

将300 g面粉（空白组：未添加增白剂的；控制组：添加5 g/kg增白剂，即含有50 mg/kg ADC）与250 g水混合制成大块的湿面团。称取虾、蟹肌肉组织样品各3份，每份2 g，分别包裹入3 g面团，在180℃的温度下烘烤半小时，放置于室温后按照前处理方法处理后，用UPLC-MS/MS进行测定。

7.1.3 研究结果

7.1.3.1 甲壳类水产品中氨基脲的自然分布

通过对甲壳类水产品的整体、肌肉、外壳和内脏分别进行氨基脲测定，获得甲壳类水产品中非呋喃西林源氨基脲的存在和分布如表 7-1 所示。结果表明海水甲壳类水产品的肌肉中均不含氨基脲，而淡水甲壳类水产品则均含有少量（2.12~17.9 μg/kg）的氨基脲。整体样本含有氨基脲的口虾蛄、葛氏长臂虾、细点圆趾蟹、红星梭子蟹、三疣梭子蟹、南美白对虾等海水虾蟹类产品均在外壳和内脏中发现氨基脲，其含量分布呈现出外壳大于整体大于内脏的趋势，因此可以推断海水甲壳类水产品的氨基脲来源于外壳和内脏。Van Poucke 等（2011）研究发现罗氏沼虾的氨基脲可能来源于外壳。目前尚未见甲壳类水产品内脏中存在氨基脲的报道。虽然内脏仅占体重的一小部分，但本实验的阳性样品内脏中均有氨基脲检出，证实内脏是虾蟹类水产品中氨基脲的来源之一。这一发现为研究甲壳类水产品中天然氨基脲的来源和产生途径提供了新的证据。

表 7-1 甲壳类水产品中氨基脲的含量和分布（*X*±SD，*n*=6）

样品	测定值（μg/kg）			
	肌肉	内脏	整体	壳
日本沼虾 *Macrobrachium nipponense*	17.9±0.38	—	21.36±5.25	26.62±4.46
罗氏沼虾 *Macrobrachium rosenbergii*	2.12±0.07	—	17.2±4.62	24.73±3.10
小龙虾 *Procambarus clarkii*	2.2±0.35	—	9.49±0.66	13.84±2.7
南美白对虾 *Penaeus vannamei Boone*	N.D.	1.22±0.49	1.26±0.67	2.39±0.37
哈氏仿对虾 *Parapenaeopsis hardwickii*	N.D.	N.D.	N.D.	N.D.
葛氏长臂虾 *Palaemon gravieri*	N.D.	0.409±0.03	0.81±0.16	1.31±0.23
大管臂虾 *Solenocera melantho*	N.D.	N.D.	N.D.	N.D.
口虾蛄 *Oratosquilla oratoria*	N.D.	0.386	0.62±0.13	1.43±0.02

续表

样品	测定值（μg/kg）			
	肌肉	内脏	整体	壳
细点圆趾蟹 *Ovalipes punctatus*	N. D.	0. 464±0. 01	0. 41±0. 09	0. 65±0. 39
红星梭子蟹 *Portunus sanguinolentus*	N. D.	0. 352±0. 08	0. 57±0. 23	2. 56±0. 33
三疣梭子蟹 *Portunus trituberculatus*	N. D.	0. 72±0. 014	0. 97±0. 36	2. 44±0. 18
锈斑蟳 *Charybdis feriatus*	N. D.	N. D.	N. D.	1. 13±0. 22
水样 1（海水）	0. 008 6±0. 001 4			
水样 2（淡水）	0. 162±0. 044			

分析数据发现：并非所有的海产品中都含有氨基脲，同属于中国东海的哈氏仿对虾和锈斑蟳各个组织中均未发现氨基脲，说明氨基脲的存在可能与样品品种存在一定的关系。与海水中的甲壳类水产品不同，3 种淡水虾类肌肉中均发现了氨基脲。McCracken 等（2005）研究发现淡水虾肌肉中的氨基脲可能是由虾壳迁移而来。本研究亦推断其肌肉中相对较低含量的氨基脲并非自身含有，而是由氨基脲含量较高的虾壳迁移而来。为验证甲壳类水产品中天然氨基脲是否来源于环境，本实验对甲壳类水产品所在的环境水样进行了检测，结果发现环境水体中的确含有微量氨基脲，且淡水中的氨基脲含量要高于海水，这与淡水甲壳类和海水甲壳类产品中氨基脲的含量分布相一致。根据上述结果可推测甲壳类水产品中的氨基脲可能是由水体环境中富集、迁移而来。Xu 等（2010）研究发现水域水体含有微量的氨基脲（0. 18～70. 6 ng/mL），同时生物体内含有少量氨基脲（0. 82～6. 46 ng/g），该发现也佐证了氨基脲从环境向生物体内迁移这一推论。

7. 1. 3. 2 加热产生非呋喃西林源氨基脲

Gaterman R 等（2004）研究发现食品在加热处理后会产生 SEM，热处理也是水产品加工中常用的加工手段之一。为探索热处理与甲壳类水产品中氨基脲是否存在联系，以南美白对虾和三疣梭子蟹为对象开展了相关研究。通过检测加热前后的肌肉组织发现，阴性肌肉组织加热后未检出氨基脲，而阳性肌肉样品中氨基脲的含量也没有因加热而变化。对南美白对虾和三疣梭子蟹的壳进行加热处理，均发现了一定量的 SEM，含量分布如图 7-1 所示。与未经热处理的壳相比，加热后氨基脲含量随着温度的逐渐升高均明显升高，虾壳和蟹壳未呈现 SEM 含量随温度升高而增加的线性关系，而是呈现高斯分布状态。在 40℃时，三疣梭子蟹壳中 SEM 达到最高值 15.48 μg/kg，南美白对虾在 50℃时达到最高值。SEM 在加热处理甲壳类产品中的高斯分布现象尚未见报道。Hoenicke 等（2004）在加热的带壳北海虾中也检测出了少量 SEM，但并没有进一步分析 SEM 的分布或来源，也未对加热处理和 SEM 含量的关系进行研究。本研究确证了虾中的 SEM 来自加热处理的虾壳。从实验结果可以推测虾蟹类壳中的 SEM 以结合形式存在，随着温度的升高而逐渐释放，而虾肉中则不含结合态 SEM，不会因加热而产生 SEM。

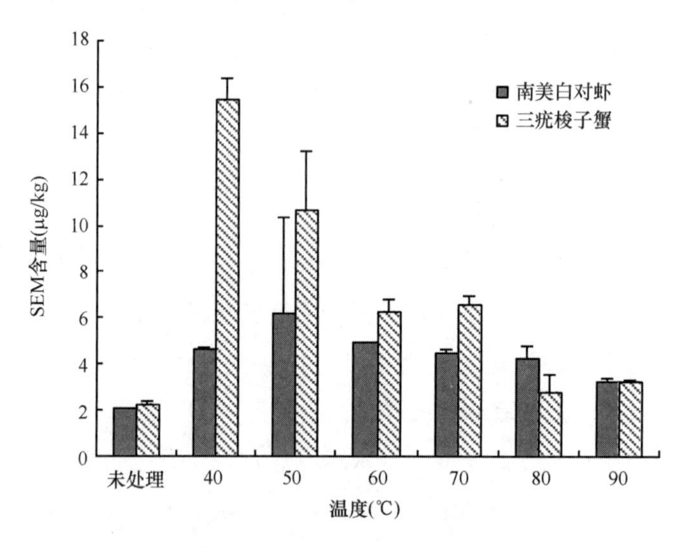

图 7-1　不同温度下虾、蟹壳中氨基脲含量的变化

7.1.3.3　用次氯酸盐处理甲壳类水产品会产生氨基脲

次氯酸盐是常用的消毒剂，广泛用于食品包括水产品车间的卫生处理和消毒。Hoenicke 等（2004）研究发现虾类产品经次氯酸盐处理后会产生 SEM，但 McCracken 等（2005）报道使用次氯酸盐处理对北海虾中的氨基脲水平影响不大。为明确甲壳类水产品经次氯酸盐处理是否会产生 SEM，本实验以南美白对虾、哈氏仿对虾和三疣梭子蟹的肌肉组织为研究对象，就次氯酸盐与 SEM 之间的相关性开展详细研究。

不同浓度次氯酸钠处理过的南美白对虾、哈氏仿对虾和三疣梭子蟹，其肌肉组织中 SEM 含量的变化和趋势如图 7-2 所示。研究发现，未用次氯酸处理时，3 种甲壳类肌肉组织中未检出 SEM，当加入不同浓度的次氯酸以后，均检出 SEM。研究还发现，随着次氯酸钠浓度的增大，活性氯浓度的增高，SEM的含量逐渐升高；在6%活性氯浓度下，哈氏仿对虾和南美白对虾的SEM含量达到最高，分别为196.4 μg/kg和39.9 μg/kg。在12%活性氯浓度下，SEM的含量略微下降。随着活性氯浓度的增大，三疣梭子蟹肌肉组织中SEM的含量升高，在12%活性氯浓度时达到最高值110.8 μg/kg。研究结果表明：甲壳类的肌肉组织会与次氯酸反应产生氨基脲，含量因品种的不同而有明显差异。前期研究表明：精氨酸、肌酸酐等在次氯酸盐作用下可以转化成SEM，而虾、蟹等甲壳类的肌肉中含有大量的氨基酸，也就解释了甲壳类肌肉经次氯酸处理会产生SEM而壳却不会产生。

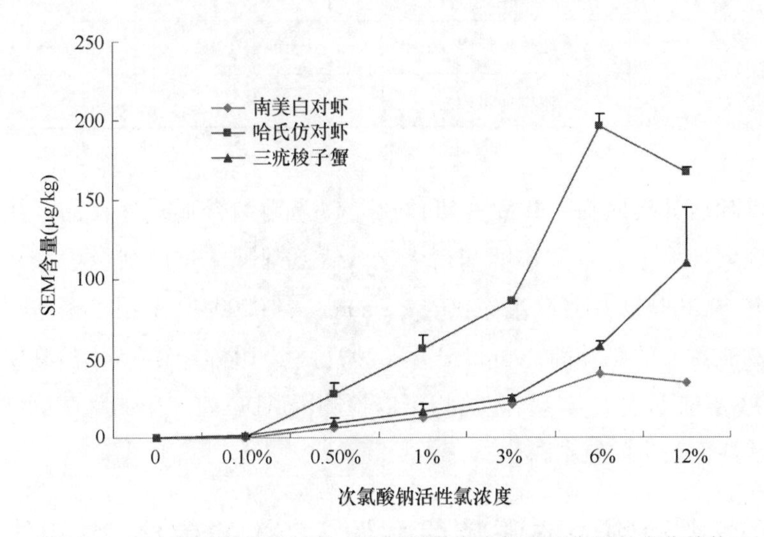

图7-2 经次氯酸钠处理过的3种虾蟹肌肉内氨基脲含量的变化趋势

7.1.3.4 偶氮甲酰胺面粉裹粉对虾蟹肌肉中氨基脲检测结果的影响

根据表7-2发现，南美白对虾和三疣梭子蟹的肌肉在加入ADC前后，氨基脲的含量发生了变化：未加入ADC时，面粉或者裹粉后的虾蟹类中均未检出SEM；加入ADC后，面粉中和面团中均未检出SEM，但对面粉和面团进行加热处理后可检出SEM，含量分别为0.814 μg/kg和0.623 μg/kg；对于裹虾和裹蟹，均有不同程度的SEM检出（以未加热前的物质质量为被除数）。SEM可由ADC在加热条件下产生，这一发现与之前报道的研究结果（EFSA，2005）一致。

在加热的裹虾和裹蟹中检出SEM，来源为面粉中的ADC。研究表明：ADC分解产生非挥发性残留物，主要是联二脲（Hydrazodicarbonamide，HDC）和脲唑（urazole），二者在加热作用下生成氨基脲。

表 7-2　裹粉处理虾、蟹肌肉中氨基脲检测结果的对比

	组次	无 ADC 添加	ADC 添加
SEM 含量（μg/kg）	面粉	N. D.	N. D.
	加热面粉	N. D.	0. 814 ± 0. 13
	面团	N. D.	N. D.
	加热面团	N. D.	0. 623 ± 0. 371
	裹虾肉	N. D.	N. D.
	裹蟹肉	N. D.	N. D.
	加热裹虾肉	0. 155 ± 0. 04	0. 587 ± 0. 124
	加热裹蟹肉	N. D.	0. 42 ± 0. 121

作为呋喃西林代谢物，SEM 在机体内是以蛋白结合形式存在的，在检测过程中，需要在酸环境下进行酸水解和衍生化，使氨基脲从蛋白结合中分离出来。而 ADC 产生的 SEM 是以游离形式存在的。Stadler 等（2004）采用了未酸化直接检测的方法检测瓶盖中的氨基脲；Mulder 等（2007）以 UPLC-MS/MS 检测尿素来判断 SEM 是否由 ADC 引起的。这些方法均可以检测因 ADC 而产生的氨基脲，以区别因呋喃西林代谢而产生的氨基脲。

7. 2　甲壳类动物中非呋喃西林源 SEM 的前体/中间体的识别研究

7. 2. 1　研究内容

以含脲基团化合物为目标，利用质谱对 SEM 产生源进行逆向追踪识别，对含非呋喃西林源 SEM 的甲壳类样品进行化学分离提取，获得结合态 SEM、自由态 SEM 及含脲基团的化合物，对富集纯化的高浓度样品进行质谱扫描和测定，获得含脲基团的化合物（精氨酸、组氨酸、瓜氨酸、肌酸酐、偶氮甲酰胺）等 SEM 前体和中间体。

通过对虾类给药呋喃西林，研究呋喃西林源 SEM 的前体和中间体。对虾类给药后的代谢物进行富集提取，净化后利用质谱进行扫描，筛查除 SEM 以外的其他特异性化学物质，通过相关性分析判断是否为 SEM 的前体或中间体。

7.2.2 研究方法

7.2.2.1 实验材料

精氨酸、组氨酸、瓜氨酸、肌酸酐、偶氮甲酰胺，均购自国药试剂公司，分析纯。南美白对虾购买于舟山临城集贸市场，样品为鲜活样品，平均每只 20 g，经检测为 SEM 阴性样品。

7.2.2.2 实验方法

实验前检测对虾不含 SEM，实验期间水温为 28℃±2℃，pH 值为 7.8~8.6，盐度（比重）为 20，连续充气，每天换新鲜海水 1/3，早晚投喂 1 次饲料。实验分两组进行，第 1 组用含呋喃西林的饲料连续投喂 5 d，每天投喂剂量为 30 mg/kg；第 2 组用不含呋喃西林的饲料投喂，作为空白对照组。投药前禁食 1 d，投药后随机采集 25 尾对虾，将肌肉组织切碎，匀浆后置于不同的离心管中，用 Q-TOF 和 UPLC-MS/MS 方法检测 SEM 共生性化学物质。同时取第 2 组对虾中各组织样品作为对照测定。

7.2.2.3 研究结果

通过质谱确证，精氨酸、组氨酸、瓜氨酸、肌醇、尿素、肌酸酐都是 SEM 的前体或中间体。鉴于这些物质在水产品中普遍存在，作为标示物识别非呋喃西林源氨基脲没有特异性。

通过甲壳类水产品给药发现：呋喃西林（NFZ）代谢后会产生一系列化合物，包括类似呋喃西林结构的 3 种中间体、氰基代谢物、5-硝基-2-糠醛，以及其他蛋白质、DNA 结合物（图 7-3）。由于 5-硝基-2-糠醛在自然界并不存在，因此可以作为特异性生物标示物，识别呋喃西林源氨基脲和非呋喃西林氨基脲。

1）非呋喃西林源 SEM 的前体/中间体

研究发现，SEM 的来源有以下几个途径：① 水产品（南美白虾等）肌肉组织经次氯酸钠处理后分解出游离的氨基酸，部分氨基酸（精氨酸、组氨酸、瓜氨酸等）通过自身分解能产生 SEM；② 氨基酸进一步代谢产生尿素和氨，氨与次氯酸钠作用产生氯胺，氯胺与尿素在一定条件下生成 SEM；③ 氯胺与氨作用生成联氨，同时带酰胺基团物质与次氯酸钠作用能生成异氰酸盐，联胺与异氰酸盐反应也能产生 SEM。通过质谱确证，精氨酸、组氨酸、瓜氨酸、肌醇、尿素、肌酸酐都是 SEM 的

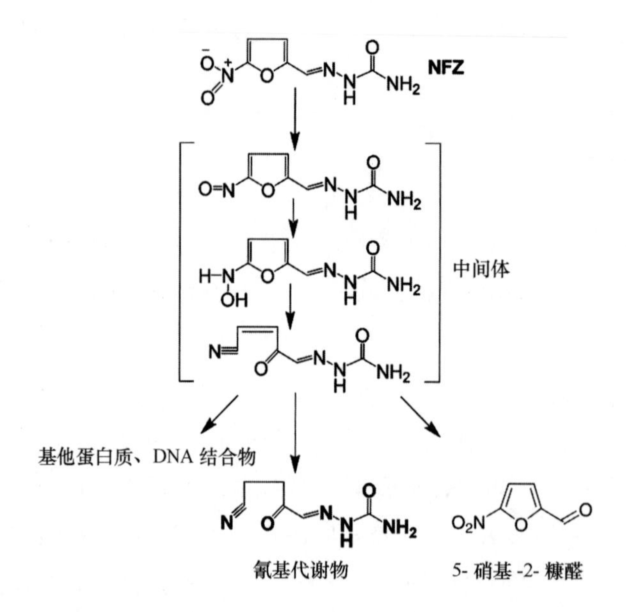

图 7-3　呋喃西林代谢过程及中间体和前体的结构

前体或中间体。非呋喃西林源氨基脲的中间体和前体的结构和来源如图 7-4 所示。鉴于这些物质在水产品中普遍存在，作为标示物识别非呋喃西林源氨基脲没有特异性。

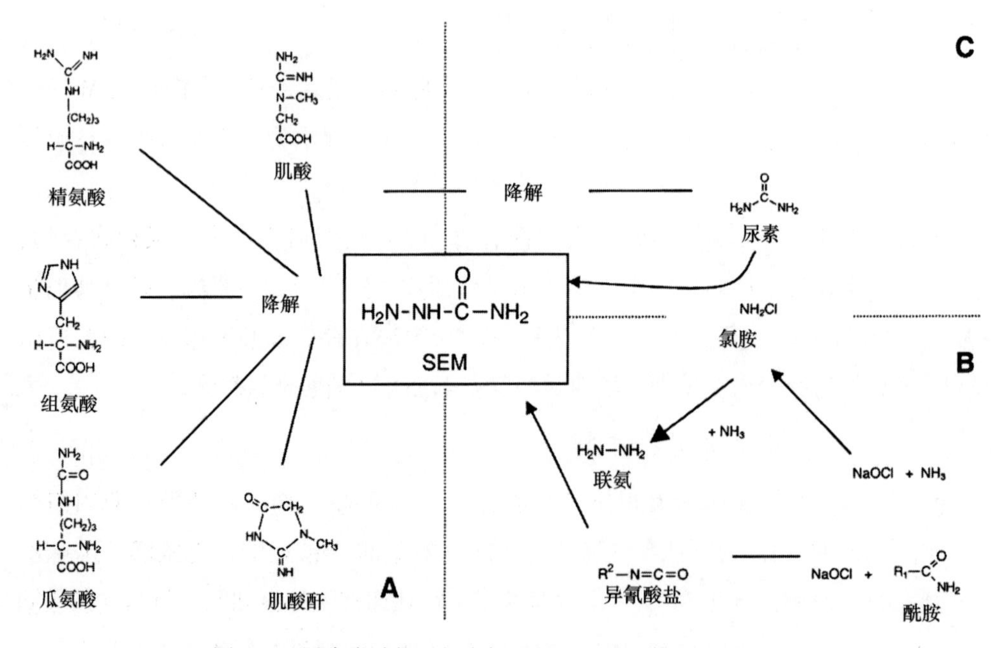

图 7-4　甲壳类动物组织中氨基脲生成的前体/中间体途径

2）呋喃西林源 SEM 的前体/中间体

通过梭子蟹给药发现，呋喃西林代谢相对复杂，代谢后会产生一系列化合物，包括类似呋喃西林结构的 3 种中间体、氰基代谢物、5-硝基-2-糠醛，以及其他蛋白质、DNA 结合物。呋喃西林代谢过程、中间体和前体的结构如图 7-3 所示。其中氰基代谢物质谱电离效果较好，质谱母离子为 $m/z=169$，可以用于检测（图 7-5）。但由于很难分离到纯品，作为呋喃西林源 SEM 的特异性标示物普遍推广的可能性很小。由于 5-硝基-2-糠醛的结构问题，难以直接电离，其质谱响应非常弱，只能达到 mg/kg 级别，作为呋喃西林源 SEM 特异性标示物的灵敏度不够，但其有商品化的标准品，因此可以考虑参考 SEM 的检测方法，将其进行衍生化以提高灵敏度，用作区别呋喃西林源 SEM 和非呋喃西林源 SEM 的特异性标示物。

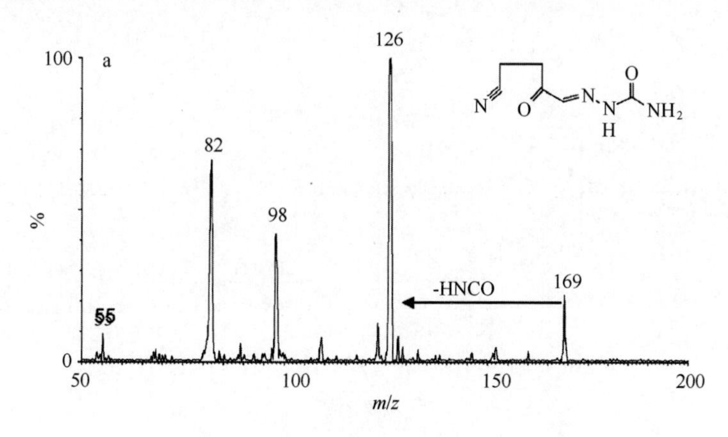

图 7-5　呋喃西林的氰基代谢物的质谱图

7.3　甲壳类动物中非呋喃西林氨基脲产生的化学反应模拟和验证

7.3.1　研究内容

模拟生物体条件，将高浓度前体标准品在实验获得的条件下进行化学反应，利用 UPLC-MS/MS 对反应中间体/终产物进行分析检测。参考氨基脲的衍生化过程进行建模验证，将实验数据进行模拟和推导，验证实际样品中的反应过程，获得非呋喃西林源 SEM 的产生证据。

7.3.2　研究方法

实验方法：取 100 μL 磷酸盐缓冲液（0.5 mol/L，pH 值 7.4）置于 2 mL 试管

中，加入 25 μL 60 mmol/L $MgCl_2$，50 μL 1 mmol/L 的呋喃西林，最后加入 50 μL 50 mg/mL的生物微粒体。溶液混匀后加入 50 μL 10 mmol/L 的 NADPH，用纯净水定容至 500 μL，37℃水浴反应 2 h。反应结束后，10 000 r/min 离心 5 min，上清液用 UPLC-MS/MS 测定。

7.3.3 研究结果

平行 3 次的化学模拟实验发现：呋喃西林经反应后的产物经 2-NBA 和 DNPH 反应后，均含有 5-硝基-2-糠醛和 SEM，证明了 5-硝基-2-糠醛是呋喃西林的一种代谢物，其与 SEM 共同存在于呋喃西林代谢物中。SEM 和 5-硝基-2-糠醛的模拟反应推导过程如图 7-6 所示，模拟实验后检测的 5-硝基-2-糠醛衍生物质谱图如图 7-7 所示。

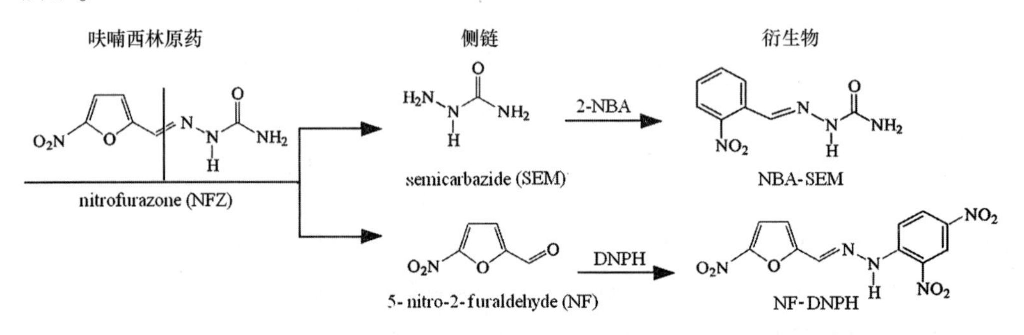

图 7-6 SEM 和 5-硝基-2-糠醛的化学模拟反应后推导过程

7.4 甲壳类动物中 SEM 产生过程中特异性生物标示物的筛选

7.4.1 研究内容

在前三部分研究的基础上，通过对潜在生物标示物 5-硝基-2-糠醛进行研究，将获得的数据与前述非呋喃西林源 SEM 转化产生的前体氰基代谢物相比较，筛选特异性生物标示物。通过优化色谱方法获得合适的色谱洗脱程序，利用衍生化提高质谱响应程度并优化质谱条件，建立 5-硝基-2-糠醛的 UPLC-MS/MS 识别检测方法，通过系统的方法学实验，验证方法灵敏度、精密度和重现性。最终建立以 5-硝基-2-糠醛为特异性生物标示物的检测方法，以区分水产品及加工制品中非呋喃西林源 SEM 和呋喃西林源 SEM。

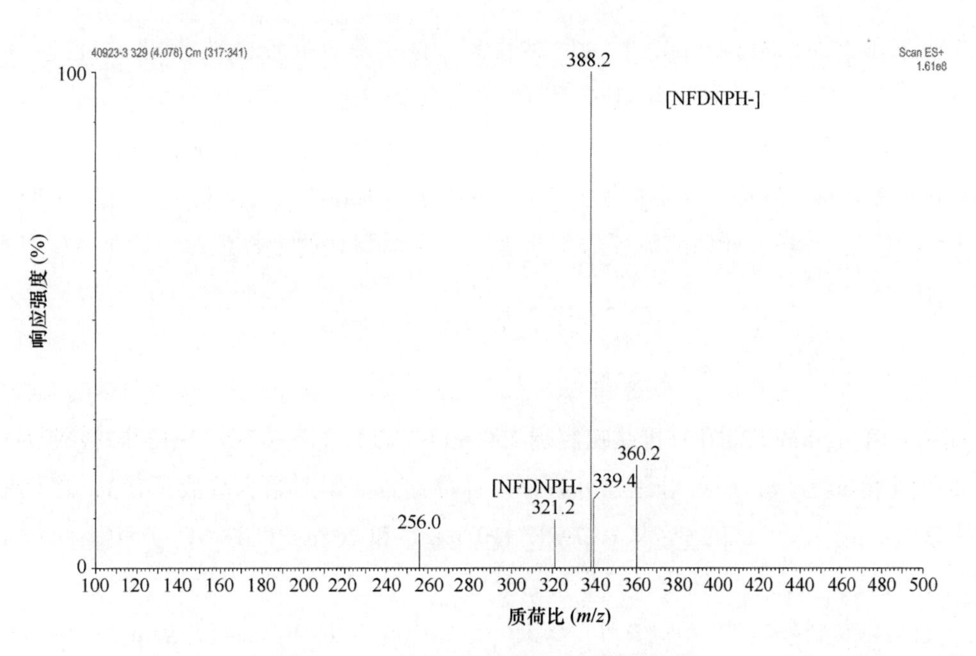

图 7-7 5-硝基-2-糠醛衍生后质谱扫描

7.4.2 研究方法

7.4.2.1 实验材料

5-硝基-2-糠醛标准品（CAS：698-63-5，分子量 141.08，纯度>97%），日本东京化工集团；呋喃西林标准品（纯度>98.5%）、氨基脲 SEM，SEM 同位素内标（$^{13}C^{15}N_3$-SEM · HCl）、2-硝基苯甲醛，德国 Dr. Ehrenstorfer 公司；乙酸铵、2，4-二硝基苯肼、磷酸氢二钾、硫酸、盐酸、甲酸均为分析纯，购自中国国药集团；甲醇、乙醇、乙酸乙酯、正己烷，德国默克公司；对虾、梭子蟹等实验动物均源于中国东海，购于舟山水产市场。600 分析/半制备高效液相色谱仪配备紫外检测器，美国 Waters 公司；Quattro Premier XE™ Micromass ©M 超高效液相色谱-串联质谱仪（UPLC-MS/MS），美国 Waters 公司。

7.4.2.2 合成 5-硝基-2-糠醛衍生物（NF-DNPH）

由于没有现成的 5-硝基-2-糠醛衍生物标准品可购买，因此首次合成了 NF-DNPH。具体方法如下：将 100 mg 5-硝基-2-糠醛溶于 10 mL 乙腈，30 min 内滴加至酸化 2，4-二硝基苯肼中（酸化 DNPH 制法：将 150 mg DNPH 溶于 20 mL 12 mol/L的浓盐酸中）。混合物避光振荡过夜，将得到的红棕色沉淀用盐酸洗涤，经甲醇-乙腈重结晶后得到纯度约 90%的粗品。将制备的粗品溶解至 20 mL 乙腈/水（9/1）中，超声后过 0. 2 μm 滤膜后用半制备色谱净化。

色谱条件如下：流动相：乙腈/水（9/1）；柱温：40℃。检测器波长 360 nm。流出端收集 14~16 min 的流出物。将所有的收集物用旋转蒸发仪蒸干。经过 HPLC-TUV 的检测，NF-DNPH 的纯度大于 99%。将衍生物存放于棕色瓶，置于 4℃ 中冰箱中保存。

7. 4. 2. 3　制备标准溶液

将 10 mg NF-DNPH 标准品定容于 250 mL 乙腈水溶液（7/3）中，制备成 NF-DNPH 标准储备液，在 4 °C 下避光存储。标准储备液用乙腈水溶液（7/3）逐级稀释为 0. 4 μg/L、1. 0 μg/L、4. 0 μg/L、10 μg/L 和 20 μg/L 的 NF-DNPH 标准工作液。

2，4-二硝基苯肼（DNPH-I）溶液：精确称取药品 250 mg 于 250 mL 棕色容量瓶中，先用 5 mL 乙醇溶解，再加入 2. 5 mL 盐酸，后用乙醇定容至 250 mL，配制成浓度为 1 mg/mL 的使用液，在 4℃ 下避光保存。

SEM 同位素内标溶液分别配制为 0. 5μg/L、1μg/L、2 μg/L、5 μg/L、20 μg/L 和 100 μg/L；取 75 mg 2-硝基苯甲醛标准品用 10 mL 二甲基亚砜溶解，得衍生化试剂。

7. 4. 2. 4　样品前处理方法

取 1. 0 g± 0. 1 g 虾或蟹肉，加入 10 mL 0. 2 mol/L 盐酸溶液，再加入 100 μL 1. 0 mg/L DNPH 溶液，旋涡混合 1 min，超声振荡 30 min，用 0. 1 mol/L 磷酸氢二钾调节 pH 值至 7. 5。加入 8 mL 乙酸乙酯，旋涡混合后 5 000 r/min 离心 5 min，取上层提取溶液于 40 °C 旋转蒸发至干。向离心管中加入乙腈水溶液（7/3）1 mL 超声溶解 1 min，溶液过 PTFE 膜后上机测定。

7. 4. 2. 5　仪器方法

色谱条件如下：

色谱柱：ACQUITY UPLC BEH C18 柱（2. 1mm i. d. ×50 mm，粒径 1. 7 μm）；柱温：40℃；样品温度：10℃；进样量：10 μL；流速：0. 2 mL/min；流动相 A 为含 2 mM乙酸铵和 0. 1%甲酸的水溶液，B 为乙腈，以 70% A 和 30% B 等度洗脱。

质谱条件如下：

离子源：电喷雾离子源，正离子扫描；检测方式：多反应监测（MRM）；毛细管电压：3.5 kV；离子源温度：120℃；脱溶剂气温度：380℃；锥孔气流量：50 L/h；脱溶剂气流量：600 L/h；锥孔电压和碰撞能量等多反应监测实验条件如表7-3所示。

表 7-3　质谱多反应监测实验条件

分析物	母离子（m/z）	子离子（m/z）	锥孔电压（V）	碰撞能量（eV）
NF-DNPH	320.2	273.3*	30	15
		161.2		28
NBA-SEM	208.8	192.0*	40	17
		165.8		30
NBA-$^{13}C^{15}N_3$-SEM	212.0	168.0*	40	17
		168.0		30

注：* 为定量子离子。

7.4.3　实验结果

7.4.3.1　利用特异性生物标示物5-硝基-2-糠醛建立UPLC-MS/MS检测方法

以5-硝基-2-糠醛为特异性生物标示物，研究开发了一种用于确证蟹、虾等甲壳类动物中呋喃西林和非呋喃西林源SEM的检测方法。该方法以5-硝基-2-糠醛为特异性生物标示物，利用2，4-二硝基苯肼反应生成NF-DNPH衍生物，通过UPLC-MSMS仪器方法测定。检测结果只含有SEM、不含5-硝基-2-糠醛的样品，则为非呋喃西林源氨基脲；检测结果同时含有5-硝基-2-糠醛和SEM的样品，则为呋喃西林源氨基脲。方法在0.4~20 ng/g线性范围内，回收率为90.6%~104.7%，相对标准偏差小于5%。方法检出限为0.1 ng/g，定量限为0.2 ng/g，可满足欧盟1.0 ng/g的限量标准。本研究开发的确证方法可以有效解决甲壳类水产品非呋喃西林源氨基脲造成的假阳性问题，为水产品呋喃西林和氨基脲的检测提供了一种有效方法。

7.4.3.2　5-硝基-2-糠醛和SEM两种生物标示物的比较

自2001年以来，SEM作为标示物广泛用于检测非法添加的呋喃西林。使用液相色谱—三重四级杆质谱技术，可以实现欧盟的1 ng/g的限量标准。然而内源存在的SEM，会导致假阳性，一直困扰着水产品的呋喃西林检测。

本研究利用5-硝基-2-糠醛作为标示物来区分呋喃西林源氨基脲和非呋喃西林

源氨基脲。通过 7.4.2（2）的合成方法，制备了 NF-DNPH 衍生物，作为分析的定量标准品，其结构的核磁共振图谱如图 7-8 所示。具体的检测方法如 7.4.2（4）方法描述，衍生化过程如图 7-9 所示。研究结果表明：基于 5-硝基-2-糠醛为特异性标示物的制备方法更为简洁。在质谱分析之前，样品制备时间更短，并且 5-硝基-2-糠醛法色谱分离所需要的时间比 SEM 法要短。

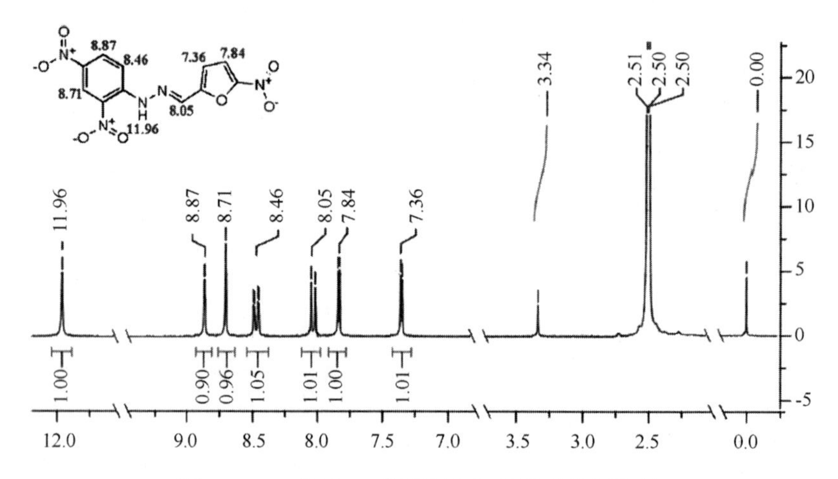

图 7-8　5-硝基-2-糠醛衍生物的核磁共振图谱

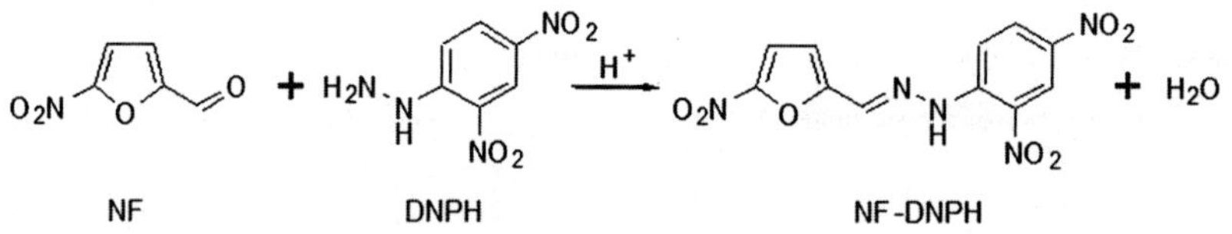

O_2N + H_2N NO_2 NO_2 $\xrightarrow{H^+}$ O_2N NO_2 NO_2 + H_2O

NF　　DNPH　　NF-DNPH

图 7-9　5-硝基-2-糠醛的衍生化过程

7.4.3.3　方法稳定性和特异性

质谱离子流如图 7-10 所示，目标物峰形对称，且无干扰。2 个月内，将 NF-DNPH 标准溶液每隔 2 周分析 1 次，色谱峰面积的相对标准偏差小于 5%，表明 NF-DNPH 衍生物具备足够的稳定性，可以存放数月。通过分析不同种类空白样品（鱼、蟹和虾）的方式考察衍生物的特异性。结果显示，目标物附近未发现基质效应的干扰作用。

7.4.3.4　方法的线性、回收率和精密度

将 7 个不同浓度的标准溶液各分析 3 次，建立标准曲线，NF-DNPH 采用外标法定量，NBA-SEM 采用 $^{13}C^{15}N$-SEM 内标法定量。在上述优化的色谱—质谱条件下，

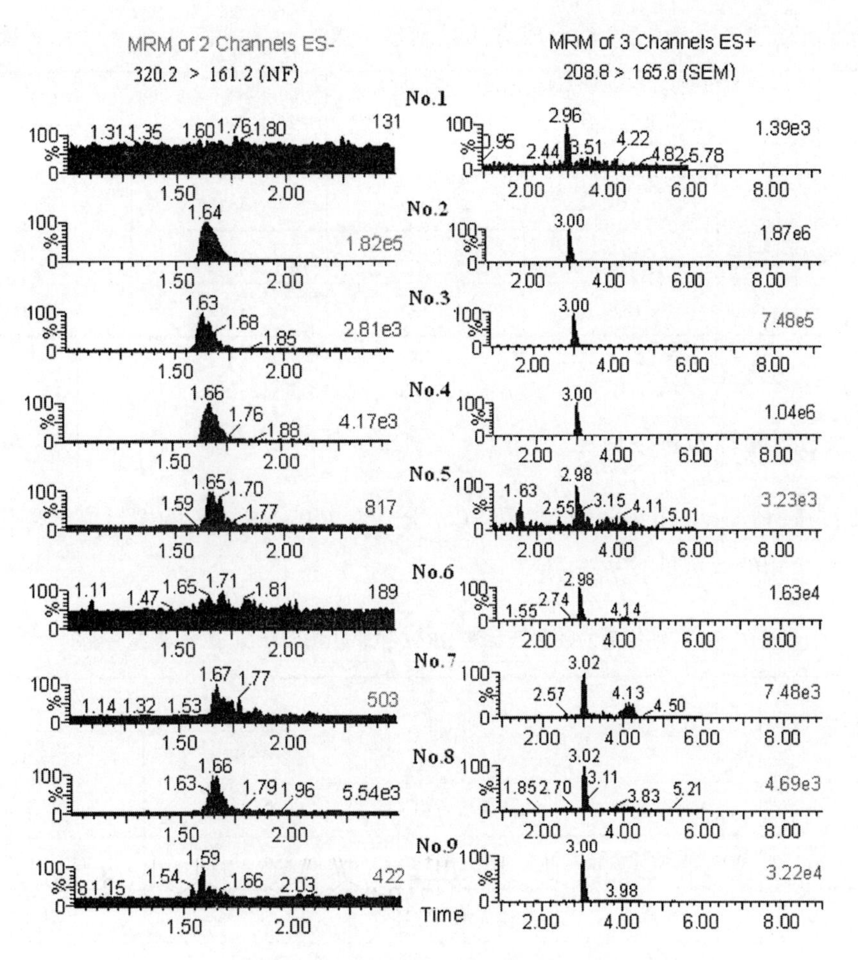

图 7-10　NF-DNPH 和 SEM 的 UPLC-MS/MS 检测质谱离子流

NF-DNPH 在 0.4～20 μg/L 的浓度范围内，NBA-SEM 在 0.5～20 μg/L 的浓度范围内线性良好，线性相关系数分别为 0.993 和 0.995。方法在 0.4～20 ng/g 线性范围内回收率为 90.6%～104.7%，相对标准偏差小于 5%。方法的线性、回收率和精密度如表 7-4 所示。

表 7-4　方法的回收率和精密度

生物标示物	加标水平	回收率（n=6,%）	精密度 RSD（n=6,%）	
			天内	天间
NF	LQC	104.7	3.92	4.63
	MQC	98.5	2.37	3.12
	HQC	90.6	4.03	3.87

续表

生物标示物	加标水平	回收率（n=6,%）	精密度 RSD（n=6,%）	
			天内	天间
SEM	LQC	102.5	3.85	3.56
	MQC	101.3	2.56	3.08
	HQC	103.5	3.96	4.08

7.4.3.5　实际样品的分析

如图 7-4 所示，组织中的 NF 和 SEM 分别在 ESI-MS-MS 的多反应监测模式下检测。衍生物的含量见表 7-5。

表 7-5　实际样品的呋喃西林源 SEM 和非呋喃西林源 SEM 测定分析

编号	样品类型	描述	残留标示物（ng/g）	
			5-NF	SEM
1	梭子蟹整体	系统空白	N. D.	N. D.
2	梭子蟹整体加标	回收率实验	85%~95%	95%~105%
3	蟹肉	添加呋喃西林	1.73	51.6
4	蟹肉	添加呋喃西林	2.24	62.2
5	梭子蟹整体	添加呋喃西林	0.55	0.46
6	蟹壳	野生海捕梭子蟹	N. D.	6.95
7	蟹肉	添加呋喃西林	0.53	2.83
8	整虾	添加呋喃西林	7.13	1.85
9	虾壳	市场购买虾	0.13	4.84

表 7-5 中，2 号样品和 3 号样品的检测值表明，对于违法添加呋喃西林的样品，上述两种方法同等适用。尽管对于同一阳性样品，NF-DNPH 的含量要显著低于 NBA-SEM，但这个问题可以通过增加样品量和减小浓缩体积来解决。8 号样品中的 NF 含量甚至高于 SEM。研究结果表明 SEM 确实存在天然内源性产生的现象，与文献报道相一致。本研究的方法可以克服以 SEM 为生物标示物导致的假阳性问题。通过系统的方法学实验表明本方法可以作为监测呋喃西林违法添加的一

种确证方法。

7.5 本章结论

7.5.1 掌握了甲壳类动物中非呋喃西林 SEM 的来源和分布

研究表明，海水甲壳类动物中的肌肉中均不含氨基脲，而淡水甲壳类动物均含有少量的氨基脲。口虾蛄、葛氏长臂虾、细点圆趾蟹、红星梭子蟹、三疣梭子蟹、南美白对虾等海水虾蟹样品在外壳和内脏中均发现氨基脲，含量分布呈现出外壳大于整体大于内脏的趋势。虽然甲壳类动物中内脏仅占体重的一小部分，但也是虾蟹类水产品中氨基脲的来源之一。通过实验数据推测甲壳类水产品中的 SEM 是从水体环境中富集迁移而来的。

7.5.2 探明了甲壳类动物中非呋喃西林 SEM 的产生机理和条件

甲壳类水产品中非呋喃西林 SEM 的产生途径有 4 种：① 自然存在的内源性非呋喃西林 SEM。推断甲壳类动物中的 SEM 可能是从水体环境中富集迁移而来。② 加热产生非呋喃西林源氨基脲。虾蟹类壳中的 SEM 以结合形式存在，随着温度升高而逐渐释放，呈高斯分布；虾肉中不含结合态 SEM，不会因加热而产生的 SEM。③ 次氯酸盐处理甲壳类动物产生氨基脲。甲壳类肌肉组织会与次氯酸反应产生氨基脲，精氨酸、肌酸酐等在次氯酸盐的作用下可以转化成 SEM，甲壳类动物的壳则不能产生 SEM。④ 偶氮甲酰胺面粉裹粉甲壳类水产品会产生 SEM。研究结果表明其来源为面粉中的 ADC（偶氮甲酰胺），ADC 分解产生一些非挥发性残留物，主要是联二脲（Hydrazodicarbonamide，HDC）和脲唑（urazole），二者在加热作用下生成氨基脲。

7.5.3 通过前体/中间体筛选获得特异性的生物标示物 5-硝基-2-糠醛

研究发现，精氨酸、组氨酸、瓜氨酸、肌醇、尿素、肌酸酐都是 SEM 的前体或中间体。鉴于这些物质在水产品中普遍存在，因此没有特异性。通过对甲壳类动物给药发现，呋喃西林代谢后会产生一系列化合物，包括类似呋喃西林结构的 3 种中间体、氰基代谢物、5-硝基-2-糠醛，以及其他蛋白质、DNA 结合物。由于 5-硝基-2-糠醛在自然界并不存在，因此可以作为特异性生物标示物，用作识别呋喃西林源氨基脲和非呋喃西林氨基脲。

7.5.4 利用特异性生物标示物5-硝基-2-糠醛建立UPLC-MS/MS检测方法

以5-硝基-2-糠醛为特异性生物标示物，研究开发了一种用于确证蟹、虾等甲壳类动物中呋喃西林和非呋喃西林源SEM的检测方法。该方法以5-硝基-2-糠醛为特异性生物标示物，利用2，4-二硝基苯肼反应生成NF-DNPH衍生物，通过UPLC-MSMS仪器方法测定。检测结果只含有SEM，而不含5-硝基-2-糠醛的样品，为非呋喃西林源氨基脲；检测结果同时含有5-硝基-2-糠醛和SEM的样品，为呋喃西林源氨基脲。方法在0.4~20 ng/g线性范围内回收率为90.6%~104.7%，相对标准偏差小于5%。方法检出限为0.1 ng/g，定量限为0.2 ng/g，可满足欧盟1.0 ng/g的限量标准。本研究开发的确证方法可有效解决甲壳类动物中非呋喃西林源氨基脲造成的假阳性问题，为水产品中呋喃西林和氨基脲的确证提供一种有效方法。

第8章　氨基脲对刺参的生物毒性及残留研究

8.1　引言

海参是我国重要的经济养殖海珍品，是水产品中单一经济总量最大的养殖品种。山东省是我国海参养殖量最大的省份，占全国的60%以上。刺参（*Apostichopus japonicus*）是海参的一种，是20多种食用海参中质量最好的，主要产于山东半岛和辽东半岛。在所检测的水产品中，刺参中氨基脲的检出率是最高的，刺参养殖产业曾因氨基脲残留问题遭受了巨大的经济损失。因此本章以刺参为研究生物，进行氨基脲对刺参的生物毒性及低浓度残留研究。

本章推导了氨基脲对刺参的半数致死浓度 LC_{50} 值，研究了在1/5 LC_{50}、1/25 LC_{50}和1/50 LC_{50}三个浓度水平下，氨基脲对刺参呼吸树、肠道和肌肉组织结构的影响。以超氧化物歧化酶（SOD）、过氧化氢酶（CAT）和谷胱甘肽过氧化物酶（GSH-Px）为参照指标，研究了氨基脲对刺参不同组织抗氧化能力的影响。鉴于氨基脲具有一定的神经毒性作用，研究了氨基脲对刺参不同组织乙酰胆碱酯酶（AChE）活性的影响。室内模拟实验往往是在高浓度、急性暴露条件下，而实际情况大多为慢性低浓度水平暴露，因此研究了在低浓度水平下，氨基脲在刺参中的残留分布规律。

8.2　氨基脲对刺参的急性毒性行为

8.2.1　半数致死浓度 LC_{50} 的实验方法

半数致死浓度实验所用的刺参为山东省蓬莱安源水产有限公司人工繁育的刺参，平均体长为5.00 cm±0.70 cm，体质量为12.0 g±0.50 g，选择活性好的刺参于实验室养殖水槽中暂养3 d，然后将其分至水盆中，每盆3.0 L海水，投入10只刺参，水温18.0~20.0℃，连续充氧，海水盐度为30~32，日换水1次，每天换水量为1/3~1/2，每个浓度设置2个平行。设置5个浓度组，即0.050 g/L、0.50 g/L、

1.00 g/L、2.00 g/L 和 5.00 g/L（以盐酸氨基脲计），观察 96 h、1.00 g/L 浓度以下没有死亡，5.00 g/L 浓度组全部死亡。在预实验中的最高全活浓度和最低全致死浓度之间，设置 5 个浓度，最终确定正式实验时氨基脲浓度为（以盐酸氨基脲计）：2.50 g/L、3.00 g/L、3.50 g/L、4.00 g/L 和 4.50 g/L，当浓度范围确定后，此浓度梯度重复 1 次。

8.2.2 急性毒性反应及死亡率

预实验时低浓度组（0.050 g/L 和 0.50 g/L）刺参活动状况、体表表现与对照组基本相似，附于池壁，身体拉长，肉刺尖挺，体表呈褐色或绿褐色；较高浓度组（1.00 g/L 和 2.00 g/L）入试液后落于池底，身体扭动翻滚，身体及口触手充分拉伸，表现出焦躁不安症状；最高浓度组（5.00 g/L）身体蜷缩成球，肉刺变得圆钝，内脏被吐出，随时间延长皮肤溃烂，直至死亡。正式实验死亡率见表 8-1。

表 8-1　刺参急性毒性实验死亡率

氨基脲浓度	0	2.50 g/L	3.00 g/L	3.50 g/L	4.00 g/L	4.50 g/L
24 h 死亡率（%）	0	0	0	0	0	0
48 h 死亡率（%）	0	0	0	0	0	5
72 h 死亡率（%）	0	0	0	5	10	20
96 h 死亡率（%）	0	5	20	30	50	85

8.2.3 半数致死浓度 LC_{50} 的推导

数据分析采用 SPSS 17.0 统计软件进行处理，见表 8-2。目前计算 LC_{50} 多采用 Probit 法，该方法最早由 Bliss 提出（Abousetta et al.，1986），后经 Finney 改进（Finney，1971）。LC_{50} 计算方法是基于质反应的特点设计和推导的。通过数据分析，发现氨基脲浓度和刺参死亡率并不呈现明显的直线相关，即死亡率并未随着实验浓度的升高呈现规律性增加，但死亡率与氨基脲浓度的对数值呈现一定的直线关系。采用概率单位法，得到 96 h LC_{50} 为 3.72 g/L（以盐酸氨基脲计），95%置信区间为 3.44~4.02 g/L，浓度对数—概率单位直线回归方程为 $y=0.264x+0.438$（相关系数 R 为 0.996 5）。

表 8-2 氨基脲在刺参中概率及置信限度

概率	VAR00001 的 95%置信限度			Log（VAR00001）95%置信限度[a]		
	估计	下限	上限	估计	下限	上限
0. 100	2. 866	2. 369	3. 158	0. 457	0. 374	0. 499
0. 200	3. 135	2. 718	3. 399	0. 496	0. 434	0. 531
0. 300	3. 344	2. 988	3. 601	0. 524	0. 475	0. 556
0. 400	3. 534	3. 223	3. 802	0. 548	0. 508	0. 580
0. 500	3. 721	3. 437	4. 025	0. 570	0. 536	0. 604
0. 600	3. 918	3. 641	4. 291	0. 593	0. 561	0. 632
0. 700	4. 141	3. 847	4. 626	0. 617	0. 585	0. 665
0. 800	4. 417	4. 076	5. 084	0. 645	0. 610	0. 706
0. 900	4. 832	4. 388	5. 832	0. 684	0. 642	0. 765

注：a 表示底数为 10。

8. 3 氨基脲胁迫刺参组织结构的影响

8. 3. 1 试剂与设备

波恩氏液由 75. 0 mL 苦味酸饱和溶液、25. 0 mL 甲醛溶液（40%）和 5. 00 mL 冰乙酸混合而成，现用现配；苦味酸购自汕头市西陇化工厂；切片石蜡购自上海市华灵康复器械厂。无水乙醇、二甲苯、甲醛、冰醋酸等为分析纯，购自国药集团化学试剂有限公司。

全自动组织脱水机（TP1020，徕卡，德国）；显微镜（DM500，徕卡，德国）；石蜡包埋机（Histocentre 2，珊顿，英国）；旋转式切片机（202 型，上海医疗器械四厂）；全自动染色机（ST5010，徕卡，德国）；展片机（ZPJ-1，天津天利航空机电有限公司）。

8. 3. 2 实验方法

实验用刺参同样为山东省蓬莱安源水产有限公司人工繁育的刺参。选择平均体长为 12. 6 cm±0. 70 cm，体重为 25. 0 g±3. 10 g，活性好的刺参于实验室养殖水槽（40 L）中暂养 3 d，后续实验均在养殖水槽中进行，水温 16. 0~18. 0℃，盐度为

30~32，日换水 1 次，每天换水量 1/3~1/2，连续充氧，实验前 24 h 禁食。采用毒性实验方法，用氨基脲试液处理刺参，实验设置 3 个浓度组，即高浓度 1/5 LC_{50}、中浓度 1/25 LC_{50}和低浓度 1/50 LC_{50}，每个浓度组设置 3 个平行，在实验的第 1 天、第 2 天、第 3 天、第 4 天、第 7 天、第 10 天、第 14 天、第 21 天和第 28 天取样。将刺参固定、切片，光学显微镜下观察组织结构变化。具体操作如下：分别将刺参的不同组织直接整体投入 10 倍以上体积的波恩氏液固定 24 h，后移于 70%酒精保存备用。固定后的组织全自动脱水机脱水、透明、浸蜡，包埋机石蜡包埋，修块后手动切片，60℃烤片，自动染色机 H-E 染色，中性树胶封片，光学显微镜系统观察并拍照。

8.3.3 氨基脲胁迫对刺参组织形态的影响

8.3.3.1 氨基脲胁迫对呼吸树组织形态的影响

刺参呼吸树组织学观察见图 8-1，呼吸树呈树枝状漂浮于体腔中。呼吸树分左右两支，左支比较粗大，延伸到咽部附近，并与上升小肠的背血窦网状结构交织在一起。根部位于排泄腔的上端。呼吸树的细小分枝末端呈小囊状，由数层扁平上皮构成。管壁可分为黏膜层、黏膜下层、肌肉层和上皮层 4 层。呼吸树除黏膜层表皮细胞外，其余各层结构与肠道相似。对照组上皮细胞排列紧密，肌肉层肌纤维界限清晰，排列紧密；黏膜下层和浆膜层结缔组织胶原纤维排列疏松，条理清晰，中央腔明显［图 8-1（a）］。

在氨基脲 3 个浓度组处理下，1/5 LC_{50}组第 4 天时，呼吸树体腔上层变薄，部分破裂，血腔增厚，结缔组织轻微加厚，肌纤维无明显变化［图 8-1（b）］。1/25 LC_{50}组第 10 天时，呼吸树血腔增厚，内皮细胞变薄，中央腔变小［图 8-1（c）］，第 28 天时，肌层纤维依旧无明显变化，内皮细胞空胞化的数量增加，上皮层加厚，细胞分泌物增多［图 8-1（d）］。1/50 LC_{50}组第 14 天时，呼吸树肌层纤维未见异常［图 8-1（e）］，结缔组织加厚程度不变，体腔上皮细胞排列混乱，内皮细胞数量增加，开始明显的空胞化，中央腔无明显变化［图 8-1（f）］。

8.3.3.2 氨基脲胁迫对肠道组织形态的影响

刺参肠道组织学观察见图 8-2，对照组肠壁比较透明，由内向外共分 4 层，分别为黏膜层、黏膜下层，肌肉层和浆膜层。黏膜层为单层或假复层黏膜上皮，由柱状细胞或立方细胞和黏液细胞组成。黏膜下层为疏松的结缔组织组成，肌层分内纵外环两层，外膜由扁平细胞及其下薄层的结缔组织组成。

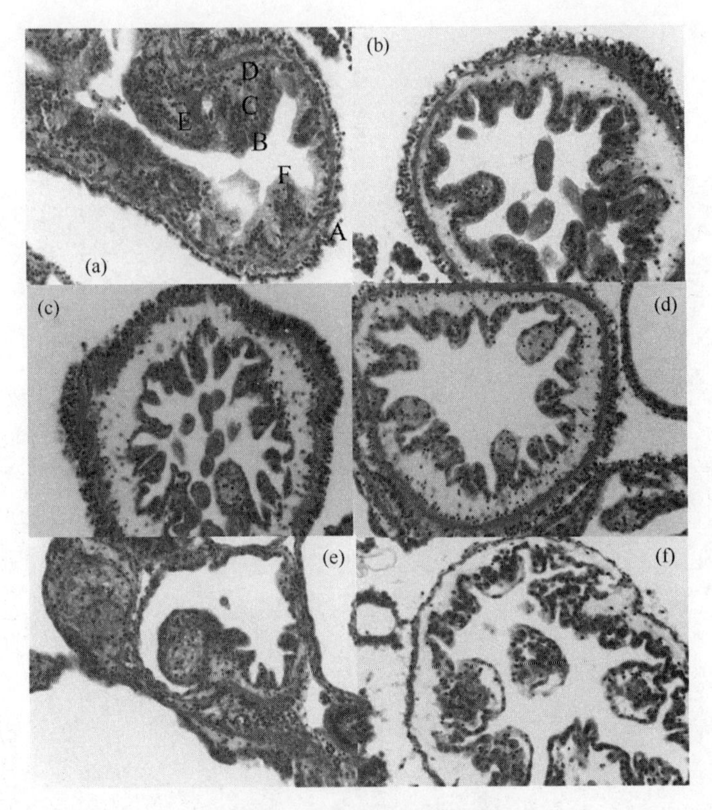

图 8-1　呼吸树组织学观察

（a）对照组，×400（A：体腔上层；B：内皮细胞；C：血腔；D：肌层；E：细胞分泌物；F：中央腔）；（b）1/5 LC_{50}组第 4 天，×400；（c）1/25 LC_{50}组第 10 天，×400；（d）1/25 LC_{50}组第 28 天，×400；（e）1/50 LC_{50}组第 14 天，×400；（f）1/5 LC_{50}组第 14 天，×400

在氨基脲 3 个浓度组处理下，1/5 LC_{50}组第 2 天，肠道浆膜层结缔组织变薄，部分解体，肌层纤维未见明显扭曲，黏膜下层结缔组织较薄，部分呈空泡状，间皮细胞轻微肿胀，褶皱仍存在［图 8-2（b）］；第 14 天，浆膜层变薄，部分解体，纹状缘呈不规则状，肌纤维部分断裂，黏膜层结缔组织变薄，褶皱不明显，大部分细胞解体［图 8-2（c）］；第 28 天肠结构基本解体。1/25 LC_{50}组第 6 天，浆膜层结缔组织变薄，上皮细胞肿胀，但未见解体，黏膜层结缔组织变薄，褶皱不明显，未见细胞解体［图 8-2（d）］；第 14 天，浆膜层结缔组织变薄或解体，肌层排列紊乱，黏膜层结缔组织变薄，褶皱不明显［图 8-2（e）］。1/50 LC_{50}组第 6 天，黏膜下层结缔组织变薄，部分呈空泡透明状［图 8-2（f）］；第 7 天，黏膜层纹状缘肿胀，黏膜下层结缔组织变薄，肌纤维轻微扭曲，部分断裂［图 8-2（g）］；第 14 天，部分上皮细胞解体，黏膜下层结缔组织变薄，结缔组织呈空泡透明状［图 8-2（h）］。

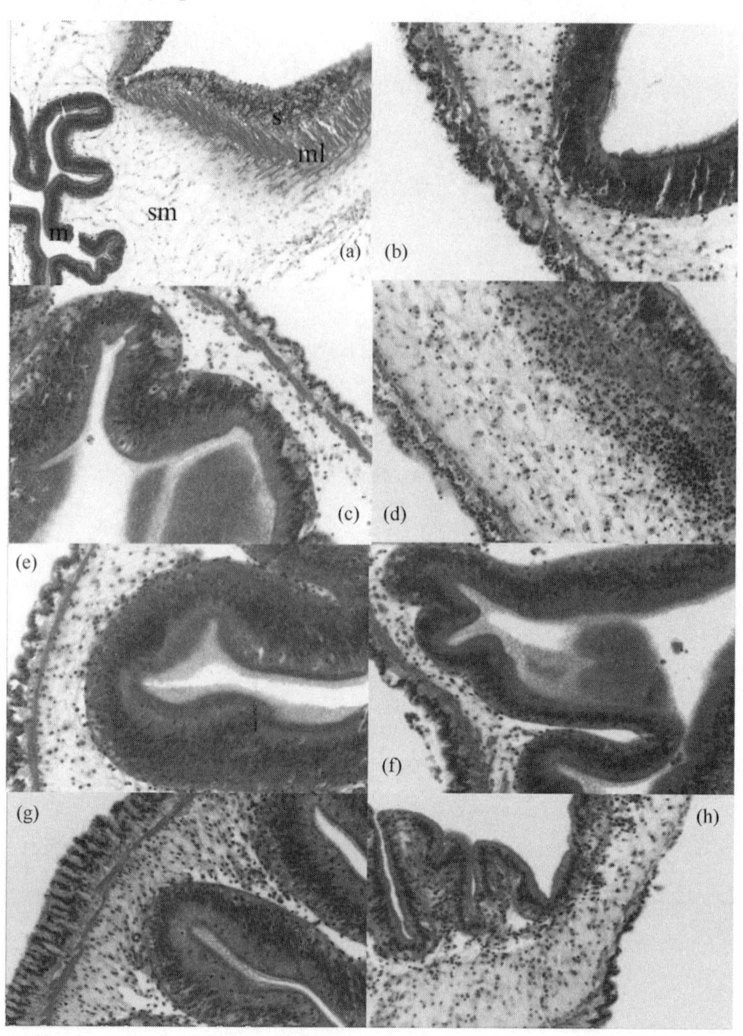

图 8-2 肠道组织学观察

（a）对照组肠道，×400（s：浆膜层；ml：肌层；sm：内结缔组织层即黏膜下层；m：肠腔上皮即黏膜层）；（b）1/5 LC_{50}组第 2 天，×400；（c）1/5 LC_{50}组第 14 天，×400；（d）1/25 LC_{50}组第 6 天，×400；（e）1/25 LC_{50}组第 14 天，×400；（f）1/50 LC_{50}组第 6 天，×400；（g）1/50 LC_{50}组第 7 天，×400；（h）1/50 LC_{50}组第 14 天，×400

8.3.3.3 氨基脲胁迫对肌肉组织形态的影响

刺参纵肌组织学观察见图 8-3，空白组肌肉切片，纵肌最外层上皮细胞排列均匀，边缘较完整，平滑肌细胞排列紧密［图 8-3（a）］。

在氨基脲3个浓度组处理下，1/5 LC_{50}组第5天，示体腔上皮细胞排列散乱，出现断裂空斑，平滑肌扭曲变形［图8-3（b）］；第7天，肌肉组织切片中示体腔上皮层加厚，平滑肌紊乱程度加剧，出现明显的扭曲，排列趋于无序化［图8-3（c）］；第14天，肌肉组织与第7天相比，未见明显差异［图8-3（d）］，第28天，肌肉组织的示体腔上皮细胞层继续变薄［图8-3（e）］。1/25 LC_{50}组第5天，肌肉组织平滑肌开始出现轻微紊乱［图8-3（f）］。1/50 LC_{50}组第7天，肌肉组织平滑肌轻微紊乱，其他与对照组无明显差异［图8-3（g）］，第14天，除平滑肌无序化更严重外，未见其他变化［图8-3（h）］。

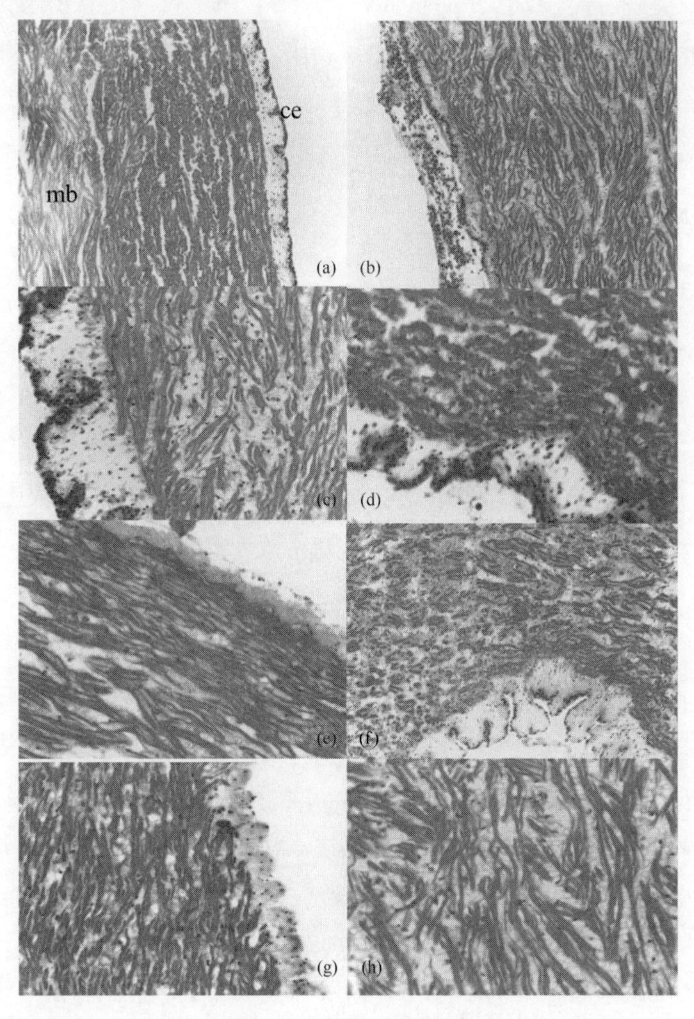

图8-3　纵肌组织学观察

（a）对照组纵肌，×200（ce：示体腔上皮；mb：肌肉束）；（b）1/5 LC_{50}组第5天，×200；（c）1/5 LC_{50}组第7天，×200；（d）1/5 LC_{50}组第14天，×200；（e）1/5 LC_{50}组第28天，×200；（f）1/25 LC_{50}组第5天，×200；（g）1/50 LC_{50}组第7天，×400；（h）1/50 LC_{50}组第14天，×400

8.4 氨基脲对刺参不同组织的氧化胁迫和神经毒性

8.4.1 试剂与设备

超净工作台（SW-CJ-2FD，上海苏净实业有限公司）；台式离心机（Biofuge Strato，Sorvall，美国）；电子天平（PL4002，梅特勒—托利多，瑞士）；恒温水浴锅（CHB-100，杭州博日科技有限公司）；液氮生物容器（YDS-10，乐山东亚机电工贸有限公司）；移液枪（ADJ，Eppendorf，德国）；酶标仪（Bio-RAD，上海美谷分子仪器有限公司）；紫外分光光度计（TU-1810，北京普新通用仪器有限公司）；制冰机（FM40，上海岩征实验仪器有限公司）；手提式高速分散器匀浆机（PB100，苏州华美辰仪器设备有限公司）。

8.4.2 实验方法

实验用刺参同样为山东省蓬莱安源水产有限公司人工繁育的刺参。选择平均体长为12.6 cm±0.70 cm，体重为25.0 g±3.10 g，活性好的刺参于实验室养殖水槽（40 L）中暂养3 d，后续实验均在养殖水槽中进行，水温为16.0~18.0℃，盐度为30~32，日换水1次，每天换水量1/3~1/2，连续充氧，实验前24 h禁食。采用毒性实验方法，用氨基脲试液处理刺参，实验设置3个浓度组，即高浓度1/5 LC_{50}组、中浓度1/25 LC_{50}组和低浓度1/50 LC_{50}组，每个浓度组设置3个平行，在实验的第1天、第2天、第3天、第4天、第7天、第10天、第14天、第21天和第28天取样。测定酶活性的组织样品置于2.0 mL冻存管中，立即放入液氮中保存，然后放在-80℃冰箱中冷冻保存。取组织0.20 g，按照1∶4（肌肉）和1∶9（呼吸树和消化道）的比例加入0.75%的生理盐水，手提式高速分散器冰浴匀浆，并将制备好的匀浆组织液离心10 min（4℃，12 000 r/min），取上清液，用于测定SOD、CAT、GSH-Px和AChE酶活力。酶活性测定采用南京建成生物工程研究所的试剂盒。

8.4.2.1 氨基脲对刺参不同组织中SOD活性的影响

图8-4表示高中低3个不同浓度下氨基脲（1/5 LC_{50}、1/25 LC_{50}和1/50 LC_{50}）对刺参呼吸树、肠道和肌肉中SOD活性的影响。总体变化趋势如下：随着时间的延长，刺参各组织中SOD活性均呈现先增加后降低的趋势，10 d时，各组织中SOD活性均达到最高。3个浓度组相比，中浓度1/25 LC_{50}组活性最高，其次是高浓度1/5 LC_{50}组，最后是低浓度1/50 LC_{50}组。与对照组相比，1/5 LC_{50}组和1/25 LC_{50}组活性

诱导值较大，1/50 LC_{50}组较小，相比对照组略有升高。中浓度 1/25 LC_{50}组呼吸树、肠道和肌肉中最大 SOD 活性值分别是对照组的 1.785 倍、1.674 倍和 2.503 倍，分别诱导了 78.5%、67.4%和 150.3%。对不同组织来说，在同一取样时间点，SOD 活性均呈现呼吸树大于肠道、大于肌肉的变化趋势，呼吸树和肠道中 SOD 酶活力高于肌肉。随着时间的延长，最后逐渐与对照组持平，推测可能与刺参免疫疲劳有关。

1/50 LC_{50}组刺参肌肉、呼吸树和肠道中 SOD 活性与对照组差异不显著（$P>0.05$），表明低浓度氨基脲对 SOD 活性影响不大，但是低浓度水平氨基脲长时间作用，依然可以对刺参产生一定的氧化胁迫，诱导机体产生 SOD 抗氧化酶。1/25 LC_{50}组刺参呼吸树、肠道和肌肉中 SOD 活性最高。而最高剂量组即 1/5 LC_{50}，SOD 活性开始升高，第 10 天达到最大值后再降低，但仍高于对照组和低浓度组，低于中浓度组，推测 1/5 LC_{50}剂量的氨基脲可能对刺参各组织造成了一定程度的氧化应激损伤，具体表现在第 21 天后，1/5 LC_{50}组个别刺参表现出类似中毒的现象，部分个体死亡，推测氨基脲被刺参吸收，经过一定时间的累积后，对刺参产生了毒性作用。

8.4.2.2 氨基脲对刺参不同组织 CAT 活性的影响

图 8-5 表示高中低 3 个不同氨基脲浓度（1/5 LC_{50}、1/25 LC_{50}和 1/50 LC_{50}）对刺参呼吸树、肠道和肌肉中 CAT 活性的影响。总体变化趋势如下：随着时间的延长，刺参 3 种组织中 CAT 活性均呈现先增加后降低的趋势，7 d 时，各组织中 CAT 活性均达到最高。中浓度 1/25 LC_{50}组活性最高，达到最大诱导，其次是高浓度 1/5 LC_{50}组，最后是低浓度 1/50 LC_{50}组。中浓度 1/25 LC_{50}组呼吸树、肠道和肌肉中最大 CAT 活性是对照组的 1.873 倍、1.962 倍和 2.036 倍，分别诱导了 87.3%、96.2%和 103.6%。对于不同组织来说，在同一取样时间点，CAT 活性均呈现肠道大于呼吸树、大于肌肉的变化趋势，最高活性在肠道组织中，这一点与 SOD 酶变化趋势不同。随着时间的延长，最后与对照组持平，推测可能与刺参免疫疲劳有关。

1/50 LC_{50}组刺参肌肉、呼吸树和肠道中 CAT 活性与对照组差异不显著（$P>0.05$），表明低浓度氨基脲对 CAT 活性影响不大，但是低浓度水平氨基脲长时间作用依然可以对刺参产生一定的氧化胁迫，诱导机体产生 CAT 抗氧化酶。最高剂量组 1/5 LC_{50}，CAT 活性开始升高，第 7 天达到最大值后再降低，但仍高于对照组和低浓度组，低于中浓度组，推测 1/5 LC_{50}剂量的氨基脲可能对刺参各组织造成了一定程度的氧化应激损伤，具体表现在第 21 天后，1/5 LC_{50}组个别刺参表现出类似中毒的现象，甚至有个体死亡，推测原因与 SOD 一样。

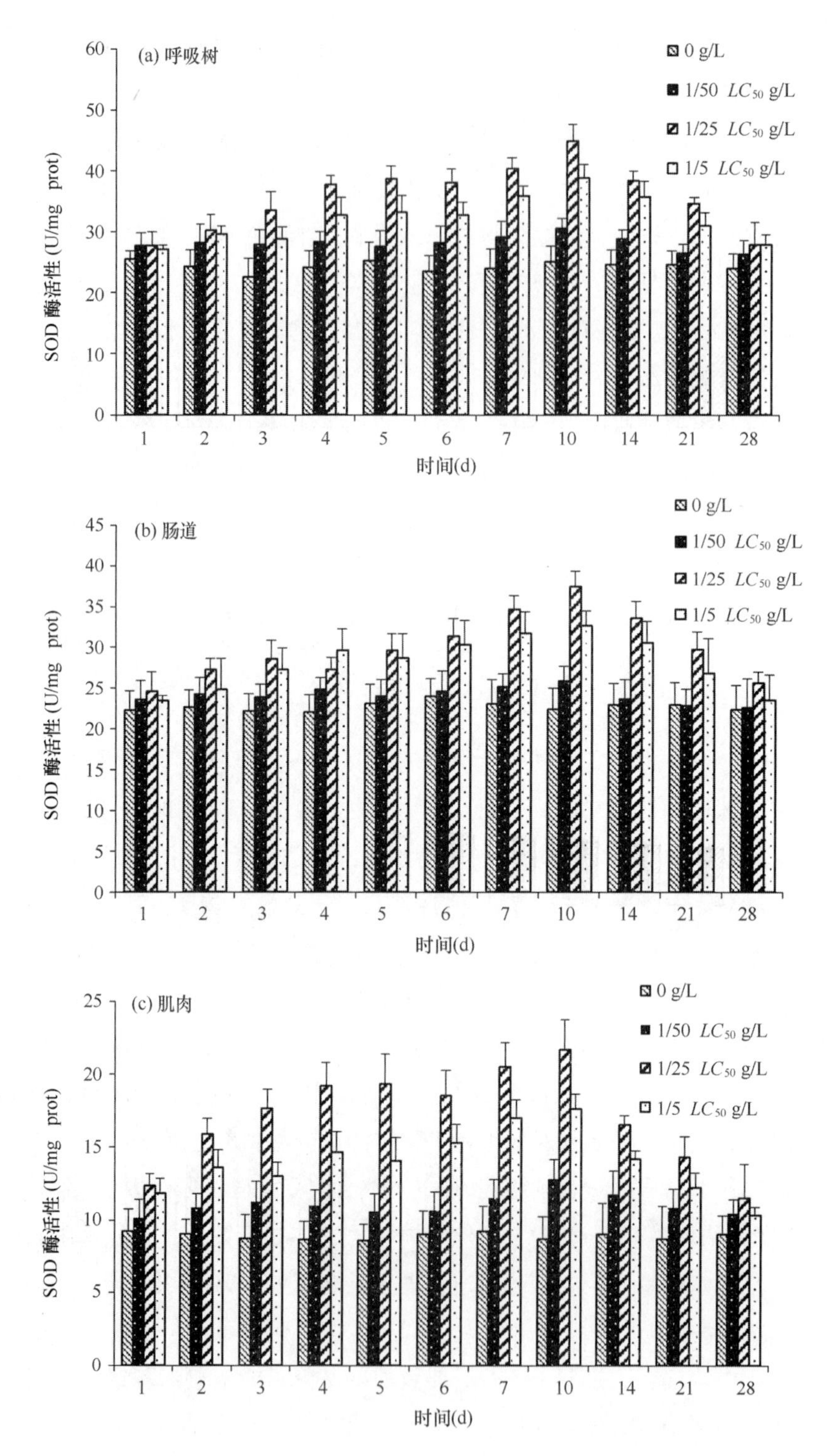

图 8-4 刺参呼吸树、肠道和肌肉中的 SOD 酶活性

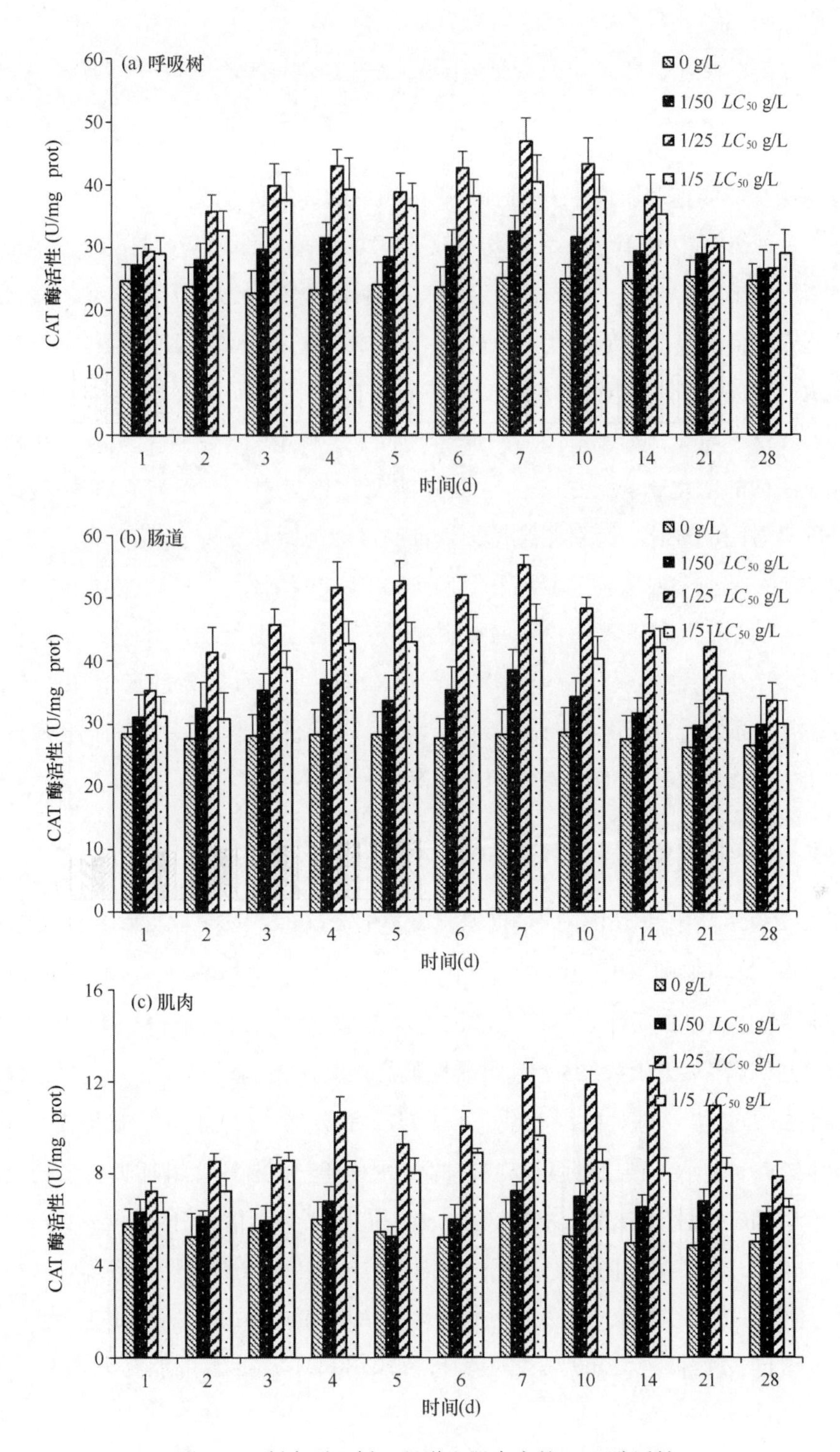

图 8-5　刺参呼吸树、肠道和肌肉中的 CAT 酶活性

8.4.2.3 氨基脲对刺参不同组织 GSH-Px 活性的影响

图 8.6 表示高、中、低 3 个不同氨基脲浓度（1/5 LC_{50}、1/25 LC_{50}和 1/50 LC_{50}）对刺参呼吸树、肠道和肌肉中 GSH-Px 活性的影响。总体变化趋势如下：随着时间的延长，3 种组织中 GSH-Px 活性均呈现先增加后降低的趋势，4 d 时，各组织中 GSH-Px活性均达到最高。中浓度 1/25 LC_{50}组活性最大，达到最大诱导，其次是高浓度 1/5 LC_{50}组，最后是低浓度 1/50 LC_{50}组。中浓度 1/25 LC_{50}组呼吸树、肠道和肌肉中最大 GSH-Px 值是对照组的 2.825 倍、2.325 倍和 3.521 倍，分别诱导了 182.5%、132.5%和 252.1%。在同一取样时间点，GSH-Px 活性均呈现呼吸树大于肠道大于肌肉的变化趋势，这一点与 SOD 酶变化趋势相同，而与 CAT 酶变化趋势不同。随着时间的延长，与对照组持平，推测可能与刺参免疫疲劳有关。

1/50 LC_{50}组刺参呼吸树、肠道和肌肉中 GSH-Px 活性与对照组差异不显著（$P>0.05$），表明低浓度氨基脲对 GSH-Px 活性影响不大，但低浓度水平长时间作用依然会对刺参产生一定的氧化胁迫，诱导产生 GSH-Px。而最高剂量组即 1/5 LC_{50}，GSH-Px 活性开始升高，第 10 天达到最大值后再降低，但仍高于对照组和低浓度组，低于中浓度组，推测原因与 SOD 和 CAT 一样。

8.4.2.4 氨基脲对刺参不同组织 AChE 活性的影响

图 8-7 表示高中低 3 个不同浓度氨基脲（1/5 LC_{50}、1/25 LC_{50}和 1/50 LC_{50}）对刺参呼吸树、肠道和肌肉中 AChE 活性的影响。总体变化趋势如下：随着时间的延长，3 种组织中 AChE 活性均呈现先增加后降低的趋势，5 d 时，各组织中的 AChE 活性均达到最高。中浓度 1/25 LC_{50}组活性最高，其次是高浓度 1/5 LC_{50}组，最后是低浓度 1/50 LC_{50}组。与对照组相比，1/5 LC_{50}和 1/25 LC_{50}组升高幅度较大，1/50 LC_{50}组升高幅度较小，相比对照组略有升高。中浓度 1/25 LC_{50}组呼吸树、肠道和肌肉中最大 AChE 是对照组的 7.857 倍、6.245 倍和 2.862 倍，分别诱导了 685.7%、524.5%和 186.2%。对不同组织来说，在同一取样点，AChE 活性均呈现呼吸树大于肠道大于肌肉的变化趋势，这一点与抗氧化酶 SOD 和 GSH-Px 趋势相同，与 CAT 不同。随着时间的延长，AChE 活性逐渐与对照组持平，推测可能与刺参免疫疲劳有关。

1/50 LC_{50}组刺参呼吸树、肠道和肌肉中 AChE 活性与对照组差异不显著（$P>0.05$），表明低浓度氨基脲对 AChE 活性影响不大，但低浓度水平氨基脲长时间作用下，依然可以对刺参神经传导产生胁迫，诱导机体产生 AChE。最高剂量组 1/5

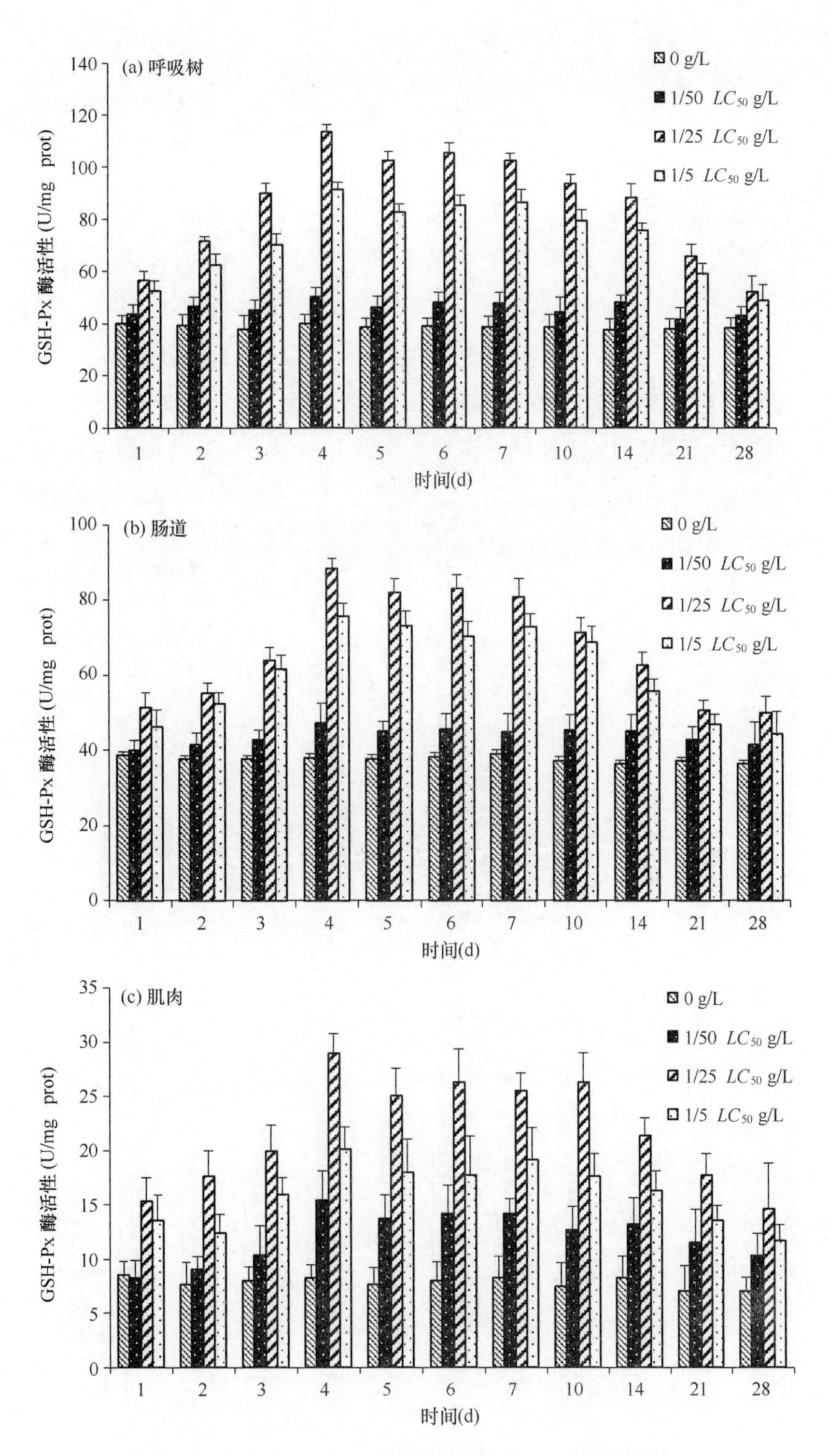

图 8-6　刺参呼吸树、肠道和肌肉中的 GSH-Px 酶活性

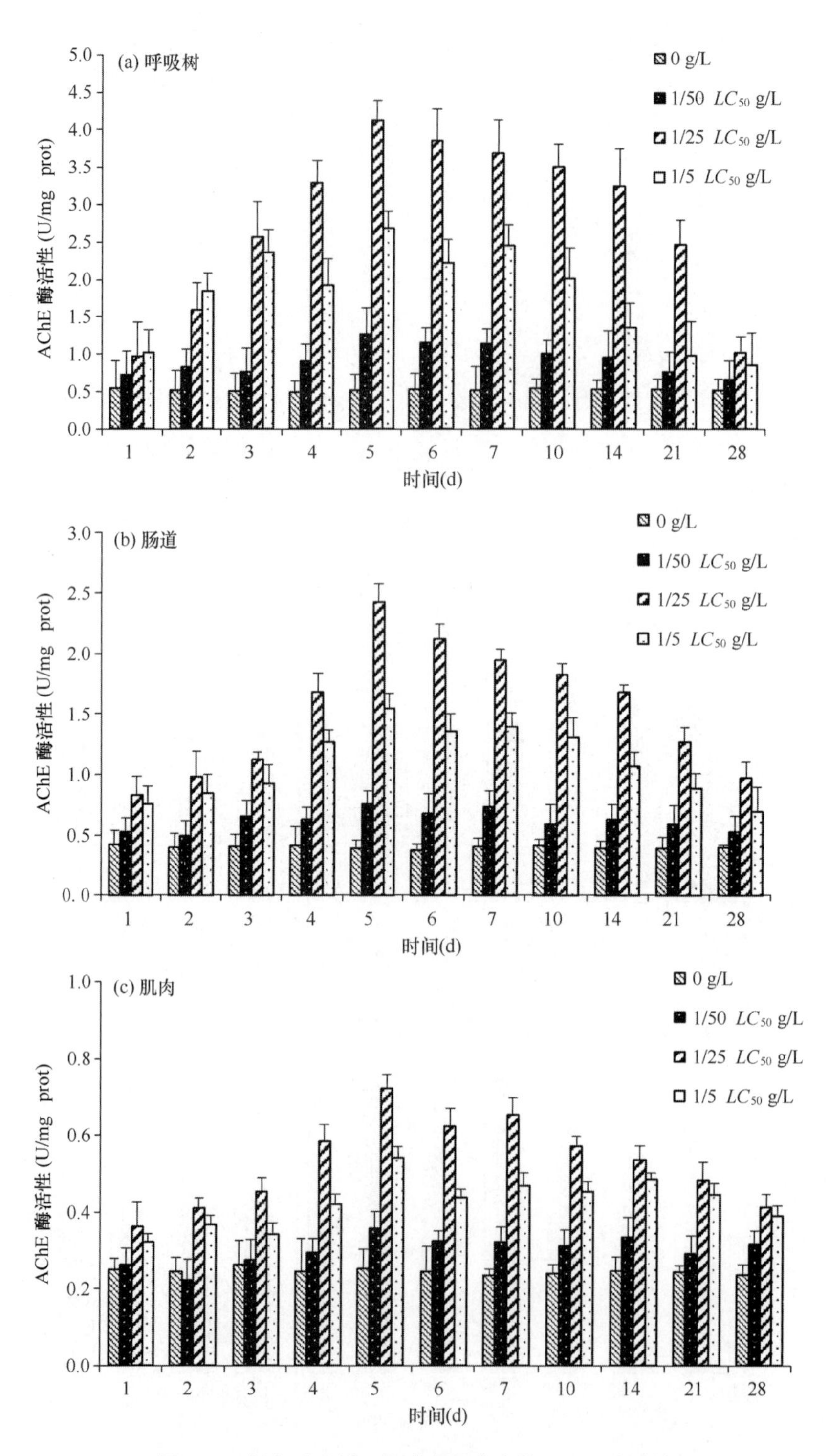

图 8-7 刺参呼吸树、肠道和肌肉中的 AChE 酶活性

LC_{50}，AChE 活性开始升高，第 5 天达到最大值后再降低，但仍高于对照组和低浓度

组，低于中浓度组，说明 1/5 LC_{50}剂量的氨基脲可能对刺参各组织神经传导造成了一定程度的损伤，具体表现在第 21 天后，1/5 LC_{50}组个别刺参表现出类似中毒的现象，部分个体死亡，推测原因与抗氧化酶一致。

8.5 本章结论

本研究中，根据氨基脲在海参中的LC_{50}值，属于低毒性，但仍可以对海参的呼吸树、肠道和肌肉等组织结构产生一定影响，同时对海参体内的抗氧化酶和神经传导关键性酶表现出先诱导后抑制的现象。山东北部 3 个典型养殖海湾氨基脲浓度大都在 10^{-11}级，与本实验的作用浓度相差甚远。海洋环境污染物即使在较低浓度下，也会稳定存在较长时间，如同本研究的氨基脲一样。因此低浓度氨基脲对生态环境潜在的影响应该引起足够的重视。今后应积极加强氨基脲对水生生物的毒性研究，明确氨基脲在水生动物体内的蓄积效应及对生态系统高营养级生物产生的毒性和危害。对环境污染物的生态风险评价以及致毒机理的研究是环境科学和生命科学的热点领域，但是氨基脲在上述方面的具体内容还不完善，特别是缺乏一些基础数据。

目前已有大量科研工作者通过毒理实验揭示了某些污染物对典型生物的影响，例如通过研究某些持久性有机污染物在受试动物体内的分布和代谢过程，建立了一系列模型。需要注意的是，室内模拟实验结果与实际情况存在着一定差距，室内模拟实验往往是在高浓度、急性暴露条件下，而实际情况大多为慢性低浓度水平暴露；再者实验室内无法模拟食物链的传递情况，造成两种实验条件下受试生物的饮食结构不尽相同；最后受试生物对污染物的吸收、富集、代谢过程和结果因生物种类和个体的不同而存在着差异，导致了研究结果的重现性难度大。

第9章 低浓度氨基脲在刺参中的残留分布规律研究

我国及山东省水产品中作为呋喃西林标示性代谢物的氨基脲检出率高已是不争的事实，氨基脲也是近几年监管部门对水产苗种和水产品开展监督抽查和例行监测的必检项目，氨基脲残留必然对我国水产品质量安全及人类健康产生不利影响。在养殖、运输及销售等诸多环节使用呋喃西林，是造成氨基脲药物残留的主要原因。除残留量较高值是因为使用了禁用药呋喃西林外，仍有部分残留值为 0.50 μg/kg（农业部 783 号公告-1-2006 水产品中硝基呋喃类代谢物残留量的测定液相色谱-串联质谱法规定的定量限）至 1.00 μg/kg（农质安发〔2007〕6 号和农办质〔2012〕8 号规定氨基脲不得检出，规定的上报值大于 1.00 μg/kg），实际调研发现未使用呋喃西林等药物，而此类水产品以海参等名贵品种居多。笔者在工作中发现，作为呋喃西林标示性代谢物的氨基脲在山东省海参这一水产品种中的检出率是最高的。海参是水产品中单一经济总量最大的养殖品种，是我国重要的经济养殖海珍品。山东省是我国海参养殖最大的省份（总量达 6×10^4 t，占全国的 60%以上），经济价值极高，海参养殖产业曾因氨基脲残留问题遭受了巨大的经济损失。因为在山东省的水产品监督抽查中，若氨基脲上报值大于 1.00 μg/kg，除须将该养殖池塘的海参全部销毁外，养殖单位的法人代表还要面临罚款及行政拘留等处罚。

我国已于 2002 年将呋喃西林等硝基呋喃类药物列入《食用动物禁用的兽药及其他化合物清单》，虽然呋喃西林已经禁用近 20 年，但是由于其廉价且效果较好等原因，仍然存在违法使用现象。氨基脲化学性质稳定，在环境中能够存在较长时间，故养殖场排放的含有呋喃西林或氨基脲的废水仍能通过陆地径流等方式进入海洋环境中。环境中氨基脲的来源也有多种途径，不同途径产生的氨基脲进入环境，成为环境中的一种新型污染物，污染水生生物赖以生存的环境，最终在其体内蓄积，亦会使得海参等水产品中检出氨基脲，严重影响养殖海参的质量安全。目前仍缺乏不同来源，即药源（呋喃西林源）和非药源（非呋喃西林源，除去呋喃西林外的其他来源）导致的低浓度氨基脲在海参体内分布和残留消除规律等基础数据。因此有必要掌握不同来源引起的海参中低浓度氨基脲残留的特征，理清海参中低浓度氨基脲残留的变化趋势，最大程度上避免位于 1.00 μg/kg 上报值附近引起的损失，以便从源头上对其进行控制并有效地指导海参养殖和监管。

9.1 实验设计

9.1.1 预实验情况

2015年底进行了预实验，海参由山东省黄河三角洲海洋渔业科研推广中心提供。选择平均体质量约为20.0 g的海参，水温变化范围为20.2~23.6℃；溶解氧保持为6.0~8.5 mg/L，24 h持续充气；pH值为7.8~8.2，盐度为30~32，每天定时测定上述参数。每两天换水1次，清理海参的残料和粪便。于水槽中暂养10 d后随机分组用于实验。实验前检测海参体内及所用海水均无氨基脲残留，观察海参的生长及健康情况。

实验设置呋呋喃西林给药组和氨基脲直接曝污组各5组，每组设置3个平行，并设置一个空白对照组。两种情况下的染毒浓度设置5个浓度梯度，分别为0.05 μg/L、0.10 μg/L、0.25 μg/L、0.50 μg/L和1.00 μg/L。每只养殖箱放入个头相近、健康状况良好的海参，染毒方式为直接泼洒到水体中，分别于染毒后连续取样，时间点按照具体实验情况设定。随机抽取3只海参，用蒸馏水冲洗体表海水及附着物，解剖分离体壁及内脏组织，然后充分匀浆、备用。通过对呋喃西林给药组和氨基脲直接曝污组5个浓度的实验数据分析汇总，并对其相应浓度条件下产生的最大浓度值进行拟合推导，经校正及确认实验后，最终得出导致海参体壁内氨基脲残留量为1.00 μg/kg时，水体中呋喃西林及氨基脲的最低染毒浓度值分别为0.20 μg/L和0.15 μg/L。

9.1.2 正式实验方案

9.1.2.1 实验动物及环境参数

海参由山东省黄河三角洲海洋渔业科研推广中心提供，本实验在推广中心养殖基地进行，实验前将海参暂养在有循环海水的工厂化养殖池内，并检测海参体内及所用海水均无氨基脲残留。选择平均体质量约为25.0 g±2.35 g的海参，随机分组。池塘中放入个头相近、健康状况良好的海参用于本实验，池塘水深为1.0 m，体积1 000 m^3，水温变化范围为21.6~28.2℃（夏眠时温度29.2~33.2℃），溶解氧保持为6.0~8.5 mg/L，pH值为7.8~8.2，盐度为30~32，如图9-1所示。

图 9-1　养殖环境及实验用海参

9.1.2.2　实验给药方法

结合实际用药情况，称取一定量的呋喃西林后用水溶解配制成悬浊液，浓度为 0.20 μg/L；称取一定量的氨基脲盐酸化物用水溶解配制成氨基脲水溶液，浓度为 0.15 μg/L（配制时应按照质量分数进行转化）；用药方式为将呋喃西林悬浊液和氨基脲水溶液直接泼洒到池塘中；泼洒时尽量从池塘的多个点洒入，同时亦可在池塘的海水入口处洒入，以此缩短呋喃西林和氨基脲在池塘中达到平衡的时间。

9.1.2.3　取样方法

分别于染毒后连续取样，染毒一段时间后，按比例定期更换洁净海水。鉴于海参实际养殖情况，若将池塘中全部海水一次性排出后再将其加满，所用时间长，按照池塘体积和加水流量计算，大约需要 12 h，且一次性更换大量海水不利于海参的生长。因此每次更换一半海水，同时对海水及沉积物中呋喃西林和氨基脲的浓度进行测定，直至其在海水和沉积物中均未检出。消除实验的取样时间点按照具体实验情况及前期分析数据设定并适时调整。本实验于染毒后的 4 h、8 h、12 h、24 h、36 h、48 h、60 h、72 h（3 d）、96 h（4 d）、144 h（6 d）、192 h（8 d）、240 h（10 d）、288 h（12 d）、336 h（14 d）、384 h（16 d）、480 h（20 d）、576 h（24 d）、672 h（28 d）、768 h（32 d）、864 h（36 d）、960 h（40 d）、1 152 h（48 d）、1 344 h（56 d）、1 536 h（64 d）、1 728 h（72 d）、1 920 h（80 d）、2 160 h（90 d）、2 400 h（100 d）、2 640 h（110 d）、2 880 h（120 d）、3 360 h

(140 d)、3 840 h (160 d)、4 320 h (180 d) 时间点取样。随机抽取 10～16 只海参，冲洗体表海水及附着物，解剖分离体壁及内脏组织，充分匀浆、备用。

9.1.2.4 数据测定及分析处理

每个时间点的浓度值取测量值的平均值，采用 DAS 2.0 计算程序，计算不同处理方式下海参体内的氨基脲含量—时间数据，得出不同条件下氨基脲的代谢动力学参数。对实验数据汇总分析后，揭示不同来源的低浓度水平氨基脲在海参体内的组织分布及消除规律。

9.2 氨基脲曝污下（非药源氨基脲）海参体壁和内脏中的分布规律

以 0.15 μg/L 的氨基脲对海参进行染毒，染毒时间为 3 d，测定海参体壁及内脏中氨基脲的残留量，直至海参体壁中氨基脲达到最大残留量值 1.00 μg/kg±0.04 μg/kg（内脏部分数据作为参考）。在整个富集实验过程中，氨基脲在水体中的浓度基本保持恒定，浓度值为 0.15 μg/L±0.01 μg/L（$n=3$）。富集实验结束后，定期更换一半洁净海水，同时对海水及沉积物中药物含量进行监测，发现分别在消除实验开始后的第 9 天和第 2 天未检出药物。

9.2.1 氨基脲曝污下海参体壁中的分布和消除

氨基脲曝污下海参体壁的含量变化见图 9-2，由图看出，1 d 后氨基脲在海参体壁的含量为 0.57 μg/kg，之后含量逐渐上升，到第 3 天时，含量达到最大值，为 1.00 μg/kg。富集实验共持续 3 d，按天计算平均富集速率，分别为 0.57 μg/（kg · d)、0.24 μg/（kg · d）和 0.19 μg/（kg · d)，呈现前期平均富集速率快于后期的趋势。变化趋势与呋喃西林一致，同样可能与海参摄食习性及应激反应有关。

消除实验开始后，体壁氨基脲含量逐渐降低，前期下降趋势相对较快，到达一定程度后缓慢降低，在低浓度水平维持较长时间。第 40 天后含量降为 0.48 μg/kg，低于 0.50 μg/kg；140 d 时，氨基脲在海参体壁内未检出。整个消除过程中，平均消除速率为 0.007 3 μg/（kg · d)；跟踪监测至 180 d 时，氨基脲在海参体壁内仍未检出。停药后氨基脲的消除情况是：平均消除速率呈下降趋势，且在后期趋于稳定。在氨基脲污染的海域中生长的海参，需经较长时间净化才能安全食用。

9.2.2 氨基脲曝污下海参内脏中的分布和消除

类似体壁，氨基脲在内脏呈现一定的蓄积，如图 9-3 所示，且在相同条件下，

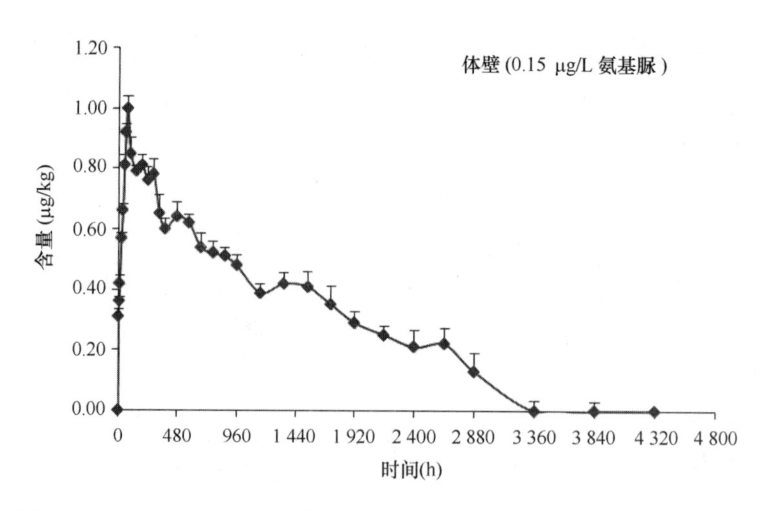

图 9-2　氨基脲曝污下海参体壁中的药-时曲线（曝污浓度为 0.15 μg/L）

内脏中氨基脲的浓度要高于体壁中的浓度。相比较体壁最大残留量值 1.00 μg/kg，内脏中氨基脲含量为 1.91 μg/kg，同样是内脏富集能力更强；由图可以看出，1 d 后内脏的氨基脲含量为 1.15 μg/kg，之后含量逐渐上升，2 d 后内脏的氨基脲含量为 1.65 μg/kg，到 3 d 时，含量达到最大 1.91 μg/kg。富集实验共持续 3 d，按天计算平均富集速率，分别为 1.15 μg/（kg · d）、0.50 μg/（kg · d）和 0.26 μg/（kg · d），前期平均富集速率快于后期。在染毒开始后，随着体内氨基脲含量的增多，蓄积速率也是逐渐减慢。第 90 天后氨基脲含量降为 0.46 μg/kg，低于 0.50 μg/kg；160 d 降至未检出。整个消除过程中，平均消除速率为 0.012 μg/（kg · d）；内脏的富集和消除速率相对较快，但由最大浓度值降至未检出时所需的时间更长。说明海参内脏蓄积能力较强，而体壁蓄积能力相对较弱。本实验同样可为海参质量安全风险评估提供参考。

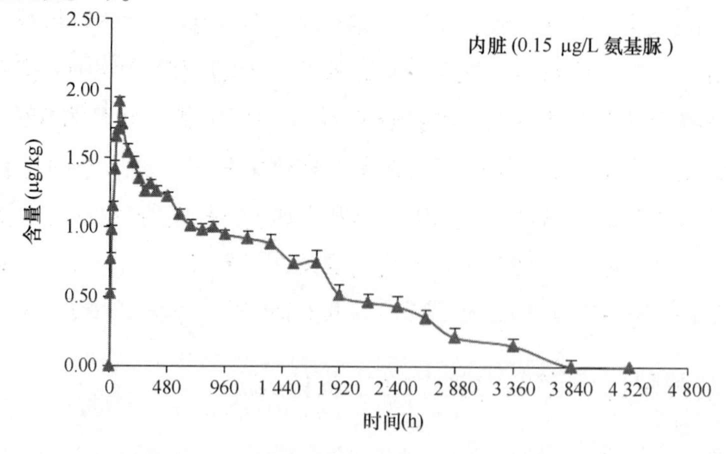

图 9-3　氨基脲曝污下海参内脏中的药-时曲线（曝污浓度为 0.15 μg/L）

9.2.3 动力学参数推导

氨基脲染毒进入海参体内后，海参体内的代谢过程经药代动力学软件 DAS 2.0 分析，同样符合二室模型，主要参数见表 9-1。

表 9-1 氨基脲曝污下的主要动力学参数（曝污浓度为 0.15 μg/L）

动力学参数	英文缩写	体壁	内脏	单位
药-时曲线下总面积（0-t）	$AUC_{(0-t)}$	1 181.8	2 297.4	μg/（L·h）
药-时曲线下总面积（0-∞）	$AUC_{(0-\infty)}$	1 364.9	2 463.3	μg/（L·h）
分布半衰期	$t1/2\alpha$	41.3	36.9	h
消除半衰期	$t1/2\beta$	1 045.7	1 235.7	h
表观分布容积	$V1/F$	0.174	0.088	L/kg
一级吸收速度常数	Ka	0.040	0.052	h^{-1}
吸收半衰期	$t1/2Ka$	17.3	13.4	h^{-1}
速率常数（中央室消除）	$K10$	0.001	0.001	h^{-1}
速率常数（中央室至周边室）	$K12$	0	0	h^{-1}
速率常数（周边室至中央室）	$K21$	0	0.001	h
时滞	$Tlag$	0	0	h

9.3 呋喃西林染毒下氨基脲在海参体壁和内脏中的分布规律

以 0.20 μg/L 的呋喃西林理论浓度对海参进行染毒，染毒时间为 3 d，测定海参体壁及内脏中氨基脲的残留量，直至海参体壁中氨基脲达到最大残留量 1.00 μg/kg ±0.03 μg/kg（$n=3$）表示（内脏数据作为参考）。富集实验结束后，定期更换一半洁净海水，同时对海水及沉积物中呋喃西林浓度进行监测，结果显示海水及沉积物分别在消除实验开始后的第 6 天和第 3 天未检出呋喃西林。

9.3.1 呋喃西林源氨基脲在海参体壁中的分布和消除

呋喃西林源氨基脲在海参体壁的含量变化见图 9-4，由图可以看出，1 d 后体壁的氨基脲含量为 0.52 μg/kg，之后含量逐渐上升，到 3 d 时，含量达到最大 1.00 μg/kg。富集实验共持续 3 d，按天计算平均富集速率，分别为 0.52 μg/（kg·d）、0.26 μg/（kg·d）和 0.22 μg/（kg·d），前期平均富集速率快于后期。在染毒开始后，随着体内氨基脲含量的增多，蓄积速率减慢，推测可能与海参的摄食习性及海参体内的应激反应有关。

消除实验开始后，海参体壁内氨基脲含量逐渐降低，在消除前期，氨基脲下降趋势较快，到达一定程度后逐渐减缓，并在低浓度残留水平维持较长时间。第 56 天后氨基脲含量降为 0.46 μg/kg，低于 0.50 μg/kg；第 160 天时未检出。整个消除过程中，平均消除速率为 0.006 4 μg/（kg·d）；跟踪监测至 180 d 时，氨基脲在海参体壁内仍未检出。停药后氨基脲的消除情况是：平均消除速率呈下降趋势，且在后期趋于稳定。所以在实际养殖过程中，投喂过呋喃西林药物的海参，停药后需经较长时间的净化才能食用。

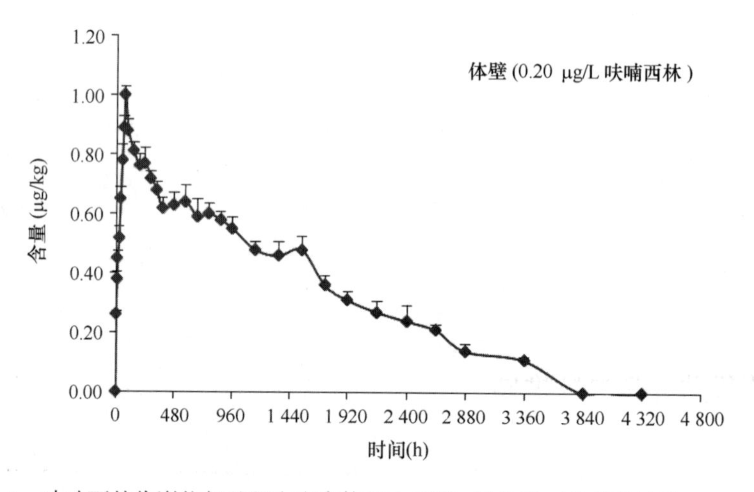

图 9-4　呋喃西林代谢物氨基脲在海参体壁中的药-时曲线（染毒浓度为 0.20 μg/L）

9.3.2　呋喃西林源氨基脲在海参内脏中的分布和消除

类似体壁，氨基脲在海参内脏呈现一定的蓄积，如图 9-5 所示，且在相同条件下，内脏中氨基脲的浓度要高于体壁中的浓度，主要因为内脏是主要蓄积组织。相比较体壁最大残留量 1.00 μg/kg，内脏中该值更高，为 1.85 μg/kg，表明内脏富集能力更强，这与文献报道结果一致（Jia et al.，2017）；由图 9-5 可以看出，1 d 后内脏的氨基脲含量为 1.22 μg/kg，之后含量逐渐上升，2 d 后内脏的氨基脲含量为 1.61 μg/kg，到 3d 时，含量达到最大 1.85 μg/kg。富集实验共持续 3 d，按天计算平均富集速率，分别为 1.22 μg/（kg·d）、0.39 μg/（kg·d）和 0.24 μg/（kg·d），前期平均富集速率快于后期。在染毒开始后，随着体内氨基脲含量的增多，蓄积速率也是逐渐减慢。第 110 天后氨基脲含量降为 0.45 μg/kg，低于 0.50 μg/kg；在 180 d 降至未检出。整个消除过程中，平均消除速率为 0.010 μg/

(kg·d);即使内脏的富集和消除速率相对较快,相比较体壁,其由最大残留量值降至未检出时所需的时间更长。本实验同时对内脏中氨基脲的残留量进行分析测定,但在海参食用时,此部分是去除的,因此对海参质量安全进行食用性安全评价时,本部分数据可作参考。

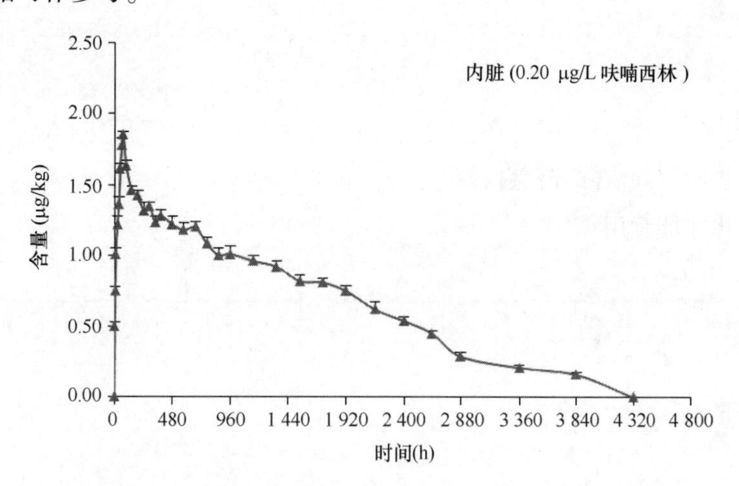

图 9-5 呋喃西林代谢物氨基脲在海参内脏中的药-时曲线(染毒浓度为 0.20 μg/L)

9.3.3 药代动力学参数推导

海参经呋喃西林染毒后,其代谢产物氨基脲在海参体内的代谢过程经动力学软件 DAS 2.0 分析,取海参体壁氨基脲浓度—时间数据,用对数图进行初步判断,可见 $\lg C$ 与 t 呈双指数函数特征,初步判断该药在海参体内不是一室模型,可能为二室模型或三室模型;相比较三室模型,二室模型与所测数据有更好的拟合度,因此本研究采用二室模型,主要参数见表 9-2。应注意的是:因本数据处理软件并非针对水生生物,在某些参数设置时无法根据水生生物自身的特点进行修改,因此部分参数存在一定的局限性。

表 9-2 呋喃西林源氨基脲的主要动力学参数(呋喃西林染毒浓度为 0.20 μg/L)

动力学参数	英文缩写	体壁	内脏	单位
药-时曲线下总面积(0-t)	$AUC_{(0-t)}$	1 364.9	2 620.1	μg/(L·h)
药-时曲线下总面积(0-∞)	$AUC_{(0-\infty)}$	1 576.7	2 843.5	μg/(L·h)
分布半衰期	$t1/2\alpha$	44.1	38.7	h
消除半衰期	$t1/2\beta$	1 224.2	1 439.9	h

续表

动力学参数	英文缩写	体壁	内脏	单位
表观分布容积	$V1/F$	0.148	0.119	L/kg
一级吸收速度常数	Ka	0.021	0.058	h^{-1}
吸收半衰期	$t1/2Ka$	32.5	12.1	h^{-1}
速率常数（中央室消除）	$K10$	0.001	0.001	h^{-1}
速率常数（中央室至周边室）	$K12$	0.006	0	h^{-1}
速率常数（周边室至中央室）	$K21$	0.009	0.001	h
时滞	Tlag	0	0	h

9.4 数据分析与讨论

9.4.1 药时曲线下面积（*AUC*）

药时曲线下面积（*AUC*）反映氨基脲进入海参体内量的多少，是表示不同组织吸收氨基脲的一个重要指标。吸收后的母体呋喃西林在海参体内数小时内代谢为氨基脲，其以蛋白结合物的形式在海参体内可残留较长时间。本实验条件下，分别染毒氨基脲和呋喃西林时，刺参体壁的 $AUC_{(0-\infty)}$ 分别为 1 364.9 μg/（L·h）和 1 576.7 μg/（L·h），说明氨基脲无论来自于环境污染还是呋喃西林代谢，都有一定的量进入刺参体壁，推测此数值的大小与染毒方式、染毒浓度和研究对象有关系。体壁和内脏 $AUC_{(0-\infty)}$ 比较，非药源氨基脲体壁［1 364.9 μg/（L·h）］小于内脏［2 463.3 μg/（L·h）］，药源氨基脲体壁［1 576.7 μg/（L·h）］小于内脏［2 843.5 μg/（L·h）］；体壁和内脏 AUC 存在一定差距，体壁均小于内脏，说明组织不同，氨基脲的蓄积能力有所差别，内脏中蓄积能力相对较强。

9.4.2 消除半衰期（$t1/2\beta$）

消除半衰期（$t1/2\beta$）是衡量药物在生物体内消除速率的尺度。呋喃西林被水生生物吸收，并在数小时内被代谢为氨基脲。前人研究表明：呋喃西林代谢物氨基脲在海参苗种体内的消除半衰期为 682.42 h（此实验条件下是将海参整体匀浆后分析测定），两种来源氨基脲在刺参体壁的半衰期分别为 1 045.7 h 和 1 224.2 h，内脏的半衰期分别为 1 235.7 h 和 1 439.9 h，体壁小于内脏，非药源小于药源。上述数据差异可能与海参生长期及环境条件有关，同时本实验部分时间段处于海参夏眠期内，因此半衰期相对较长；呋喃西林源氨基脲的半衰期大于环境来源氨基脲的半衰期，总体来说，上述数据说明氨基脲在海参体内的消除速度缓慢，一旦进入海参体内，就较难消除。推测与氨基脲分解和排泄的酶活性、环境温度和生活习性（如夏眠）等有关，具体机理须进一步研究。

9.4.3 消除期

消除期要根据污染物的允许残留量及消除速度来确定。依据农质安发〔2007〕6号和农办质〔2012〕8号，氨基脲不得检出。海参的生长周期一般为2年，本实验所用为海参成参，跟踪测定6个月后未检出氨基脲。相比较数值较大者，本实验分析数据较小，系统误差和偶然误差对测定结果的影响相对较大，因此部分数据出现上下波动现象。因此在测定过程中通过多次测量取其平均值，同时尽可能保持仪器分析条件稳定后再进样等方式，尽量降低系统误差和偶然误差对数据的影响。但本实验的数据及变化趋势仍然可为低浓度氨基脲在海参体内的分布及消除提供数据支持与参考。

9.4.4 表观分布容积（*V1/F*）

表观分布容积（*V1/F*）没有具体的生理意义，单从数值上看，如果此值越小，表明氨基脲与该组织的结合程度越高。非药源氨基脲，体壁和内脏的 *V1/F* 分别为 0.174 和 0.088；药源氨基脲，体壁和内脏的 *V1/F* 分别为 0.148 和 0.119。两种方式下，内脏中的 *V1/F* 值均小于体壁，说明无论何种方式产生的氨基脲残留，其与内脏组织的结合程度均大于体壁。

9.4.5 药代动力学参数影响因素

影响水生生物代谢动力学参数的因素众多，最显著的是温度。早在1990年就有科学家发现，水温在升高1℃的条件下，水生生物体内药物的代谢速率和消除速率一般提高10%（Harry and Ran，1990）。但是这一点对海参并非完全成立，因为在温度较高的夏季，海参一般处于夏眠期，休眠期间代谢率低。诸如其他条件，如染毒方式（口服、药浴或者注射）、环境因子（水的盐度及 pH 值）、取样方式及取样组织等都会对结果产生一定影响。

9.5 本章结论

通过比较室外池塘与室内实验的数据，并结合室外池塘实验初步结果，在上述基础上修正理论浓度，获得导致海参体内最大残留量值为 1.00 μg/kg 时环境中对应的呋喃西林和氨基脲的浓度，分别为 0.20 μg/L 和 0.15 μg/L（染毒时间为 72 h，水温变化范围为 21.6~28.2℃，夏眠时温度为 29.2~33.2℃）。通过对实验数据分析汇总，得出了不同染毒条件下海参体内氨基脲的组织分布及消除规律。呋喃西林源氨基脲，第 160 天时海参体壁未检出氨基脲，其平均消除速率为 0.006 4 μg/（kg·d）；氨基脲曝污下，第 140 天时，氨基脲在海参体壁内未检出，其平均消除速率为 0.007 3 μg/（kg·d）；上述两种途径下跟踪监测至 180 d 时，氨基脲在海参体壁内仍未检出；同时对内脏中氨基脲的残留量进行分析测定，发现内脏的富集和消除速率相对较快，但由于内脏中氨基脲残留量大于体壁，所以降至未检出所需的时间更长。数据表明投喂过呋喃西林的海参或在氨基脲呈现一定浓度水平的海域中生长的海参，需要经较长时间的净化才能食用。

海参作为一种营养价值高的保健品，社会关注度较高，药物残留易引发食品安全事件。因此进行氨基脲残留对海参质量安全的风险评估具有较大的现实意义。相关部门应加大对硝基呋喃类药物的管理和治理力度，从源头上对其进行控制，从根本上避免呋喃西林来源的氨基脲残留；同时鉴于环境中其他途径产生的氨基脲亦会导致水产品中检出，建议不要仅仅依据海参体内检出氨基脲作为海参养殖业户非法使用呋喃西林的依据。呋喃西林在水生生物体内代谢，除了产生标示残留物氨基脲外，也会产生诸如氰基代谢物、5-硝基-2-糠醛、与 DNA 结合物等其他化合物。因此我们应该选取呋喃西林另一种特异性标示残留物，而这种物质在环境中并不存在，以此来区分氨基脲到底来自药源还是非药源；如若选取的特异性标示残留物分子量较小，可采用衍生的方法增大分子量，进而减少背景噪声，提高 HPLC-MS/MS 测定方法的灵敏度。此项技术的建立可以明确水产品中氨基脲的来源问题，减少渔民由于氨基脲超过规定值带来的经济损失，指导监管部门合理执法，引导健康养殖，促进渔业产业健康发展。同时建议加强海洋环境中氨基脲的跟踪监测，在氨基脲呈现一定浓度水平的海域建立氨基脲的消除期，指导海参养殖业户安全生产，促进我国海参养殖产业的健康可持续发展。

第10章　结论与展望

10.1　主要结论

本研究以氨基脲为研究对象，建立了海水、沉积物和海洋生物体中氨基脲测定的液相色谱—串联质谱法，开展了氨基脲在海洋环境中的时空分布研究，并探讨了其分布特征及影响因素。从急性毒性实验、组织结构影响、氧化胁迫及神经毒性方面研究了氨基脲对刺参的生物毒性，同时对刺参中低浓度氨基脲残留分布和消除特征进行了研究，得出的主要结论如下。

（1）建立了海水、沉积物和海洋生物体中氨基脲测定的液相色谱—串联质谱法。海水样品衍生后用HLB固相萃取柱进行富集净化，具有较好的回收率。沉积物和海洋生物体样品衍生后用乙酸乙酯提取两次可达到较好的回收率，通过正己烷液液萃取可达到较好的净化效果。经液相色谱—串联质谱仪分离检测后，根据保留时间和离子丰度比对氨基脲进行定性，内标法定量，海水、沉积物和海洋生物体样品（贝类和刺参）的基质效应可以忽略不计。海水中检测限为0.010 μg/L，沉积物和生物体中检测限为0.50 μg/kg，上述3类样品的回收率为83.9%～105.0%、86.2%～106.0%和85.6%～96.4%，批内相对标准偏差为4.59%～7.65%，批间相对标准偏差为4.08%～8.97%，液相色谱—串联质谱法可满足对上述3类样品的高效分离及准确定性、定量，起草的两项海洋行业标准已经完成报批稿。

（2）3个典型养殖海湾金城湾、四十里湾和莱州湾西部海水中氨基脲浓度总体分布趋势为：在靠近河流入湾口出现高值区，在湾的中部或湾外氨基脲的浓度相对较低。典型站位的浓度峰值出现在育苗期（3月和4月）和水产动物疾病多发的高温期（8月和9月），呈现双峰型的变化规律，推测可能仍然存在呋喃西林非法使用的现象，建议在双峰期内加大水产品的检测频次与执法力度。同时研究了水产养殖活动、径流输入、海水中自然降解等因素对海水中氨基脲分布规律的影响。相比较其他影响因素，推测水产养殖活动对海水中氨基脲的分布起主导作用。

（3）在金城湾、四十里湾和莱州湾西部所测沉积物样品中均未检出氨基脲。氨基脲水溶性高，更易以溶解态存在于海水中，不易从水相迁移至沉积物相并在沉积物中附着。海水中较低的氨基脲浓度也可能导致沉积物中吸附的量更少。所研究湾区沉积物中较低的有机碳百分含量（0.202 9~0.230 6）也导致氨基脲不易在沉积物上吸附和分配。两相分配实验表明：沉积物对氨基脲的吸附以表面吸附为主，分配作用较弱，但是较低的有机碳含量使得沉积物不易通过表面吸附作用积聚氨基脲。推测上述行为使得沉积物中氨基脲均未检出。

（4）金城湾、四十里湾和莱州湾西部贝类体内氨基脲的测定值均小于“山东省水产品质量安全监督抽查”任务中规定的上报值（1.00 μg/kg）。不同贝类累积氨基脲能力不同，*BAF* 值为 4.47~18.9。贝类中氨基脲浓度与壳长呈现正相关关系。氨基脲在 3 个湾区优势藻种小新月菱形藻、扁藻和叉鞭金藻中的富集系数为 145.3~200.0，表明藻类可以富集环境中的氨基脲，推测贝类可能通过滤食藻类累积氨基脲。

（5）氨基脲在环境中分布的专项调查结果表明：氨基脲在潮河口和四十里湾均呈现一定的浓度水平；贝类能够富集海水中氨基脲，从而影响贝类产品的质量，最终通过食物链对人体健康产生危害，进一步证实了呋喃西林并非是氨基脲的唯一来源。通过前体/中间体筛选获得特异性的生物标示物 5-硝基-2-糠醛，建立了其测定的液相色谱-串联质谱法，通过研究甲壳类水产品中非呋喃西林源氨基脲的产生机理，掌握了氨基脲的转化途径和规律，建立了特异性的识别检测方法，能够从源头上有效识别非呋喃西林源氨基脲并排除呋喃西林假阳性干扰。

（6）根据急性毒性实验，推导了氨基脲在刺参中的 LC_{50} 值，96 h LC_{50} 为 3.72 g/L（以盐酸氨基脲计），95%置信区间为 3.43~4.02 g/L。氨基脲在 3 个浓度水平下（1/5 LC_{50}、1/25 LC_{50} 和 1/50 LC_{50}）均对刺参呼吸树、肠道和肌肉的组织结构产生一定影响，在 1/5 LC_{50} 组，呼吸树病变严重，肠道组织基本解体，平滑肌病变紊乱；在 1/25 LC_{50} 组和 1/50 LC_{50} 组，呼吸树、肠道和肌肉组织均呈现病变缓慢且逐步积累的现象。刺参对氨基脲的毒性作用表现为毒物兴奋效应，酶活性显示先升高后降低的趋势，即先诱导后抑制。1/5 LC_{50} 组刺参中毒反应最为明显。3 个浓度组相比，中浓度 1/25 LC_{50} 组 SOD、CAT、GSH-Px 和 AChE 酶活性最高，其次是高浓度 1/5 LC_{50} 组，最后是低浓度 1/50 LC_{50} 组，最终均趋于对照组水平。

（7）分析了低浓度氨基脲在刺参中的残留分布特征，理清了刺参中残留变化趋势。非药源氨基脲，第 140 天时刺参体壁内未检出，平均消除速率为 0.007 3 μg/(kg·d)；药源氨基脲，第 160 天时刺参体壁未检出，平均消除速率为 0.006 4 μg/(kg·d)；上述两种途径下跟踪监测至 180 d 时，氨基脲在刺参体壁内仍未检出。两种来源氨基脲在刺参体壁的半衰期分别为 1 045.7 h 和 1 224.2 h，药源大于非药源。内脏的富集和消除速率相对较快，但内脏中氨基脲残留量大于体壁，所以降至未检出所需的时间更长。数据表明：投喂过呋喃西林或暴露在一定氨基脲浓度水平下的刺参，需经较长时间的净化后才能降至未检出。

10.2 展望

（1）经过两年的跟踪监测，系统分析了氨基脲在山东北部3个典型养殖海湾的时空分布特征及影响因素，分析了氨基脲在海洋中的整体变化趋势，发现典型站位的浓度峰值出现在育苗期和水产动物疾病多发的高温期，呈现双峰型的变化特点。研究内容可为水产养殖及海洋环境监测提供科学支持。

（2）经过短期暴露和长期暴露实验，认识了刺参在氨基脲暴露下的生物毒性效应及消除分布规律，理清了不同来源导致的低浓度残留分布和消除特征，本研究可为刺参的健康养殖提供参考，同时也可为海产品的质量安全、科学合理化监管执法提供理论指导。

（3）目前像重金属等研究比较透彻的环境污染物都已建立了海洋环境中的背景值，这些背景值适用于各个海区，把实时监测值与基准值或背景值相比较，可以判断该海域特定污染物的污染水平。污染背景调查工作量巨大，目前在我国也仅仅开展过两次，想要摸清某种目标物在海洋环境中的分布及背景值非一朝一夕能够完成。氨基脲是否有必要建立背景值及如何建立仍需要进一步研究。

（4）选取呋喃西林另一种特异性标示残留物，来区分低浓度氨基脲残留到底来自呋喃西林代谢还是环境污染；若该标示残留物分子量较小，可采用衍生的方法增大分子量，进而减少背景噪声，提高 HPLC-MS/MS 测定方法的灵敏度。但是特异性标示物的确定仍需开展大量的室内模拟实验，而且消除期的长短也是评判能否作为特异性标示物的重要依据。

参考文献

白红妍，韩彬，郑立，等. 2012. 桑沟湾水体中有机磷农药残留组成与分布［J］. 岩矿测试，31（4）：632-637.

邓旭修，黄会，徐英江，等 . 2014. 渤海南部辛基酚和双酚 A 污染状况研究［J］. 海洋通报，(2)：222-227.

高昊东，邓忠伟，孙万龙，等 . 2011. 烟台四十里湾赤潮发生与生态环境污染研究［J］. 中国环境监测，27（2）：50-55.

何光好 . 2005. 我国农药污染的现状与对策［J］. 现代农业科技，(6)：57-57.

何秀婷，王奇，聂湘平，等 . 2014. 广东典型海水养殖区沉积物及鱼体中磺胺类药物的残留及其对人体的健康风险评价［J］. 环境科学，35（7）：2 728-2 735.

胡琴，李强，黄必桂，等 . 2017. 黄河口附近海域表层沉积物重金属污染状况及年际变化分析［J］. 渔业科学进展，38（2）：16-23.

胡晴晖 . 2014. 湄洲湾海域环境雌激素的污染特征及生态风险评估［J］. 海洋环境科学，(5)：745-751.

胡彦兵 . 2013. 烟台金城湾养殖区六六六、滴滴涕、有机锡生态风险评价模型的构建与应用［D］. 青岛：中国海洋大学 .

江锦花 . 2007. 台州湾近海海水中多环芳烃的浓度水平及源解析［J］. 环境化学，26（4）：551-552.

姜福欣，刘征涛，冯流 . 2006. 黄河河口区域有机污染物的特征分析［J］. 环境科学研究，19（2）：6-10.

孔祥迪，陈超，李炎璐，等 . 2014. Cu^{2+}、Zn^{2+}、Pb^{2+}对七带石斑鱼（*Epinephelus septemfasciatus*）胚胎和初孵仔鱼的毒性效应［J］. 渔业科学进展，35（5）：115-121.

郎印海，贾永刚，刘宗峰，等 . 2008. 黄河口水中多环芳烃（PAHs）的季节分布特征及来源分析［J］. 中国海洋大学学报，38（4）：640-643.

黎平，刁晓平，赵春风，等 . 2015. 洋浦湾表层海水中多环芳烃的分布特征及来源分析［J］. 环境科学与技术，38（1）：127-133.

李春风，康海宁，岳振峰，等 . 2010. 食品中氨基脲来源的研究进展［J］. 中国兽医杂志，46（2）：88-89.

李秀芬，朱金兆，顾晓君，等 . 2010. 农业面源污染现状与防治进展［J］. 中国人口资源与环境，20（4）：81-84.

李壹，曲凌云，朱鹏飞，等．2016. 山东地区海水养殖区常见抗生素耐药菌及耐药基因分布特征［J］．海洋环境科学，35（1）：55-62.

李永祺. 2012. 中国区域海洋学——海洋环境生态学［M］. 北京：海洋出版社.

李永玉，洪华生，王新红，等．2005. 厦门海域有机磷农药污染现状与来源分析［J］．环境科学学报，25（8）：1 071-1 077.

李玥．2013. 农药灭多威降解机理的直接动力学研究［D］．哈尔滨：哈尔滨理工大学．

连子如，祁玉鹏，王江涛．2012. 分子印迹固相萃取联用高效液相色谱测定胶州湾海水中的磺胺嘧啶［C］//中国海洋湖沼学会水环境分会中国环境科学学会海洋环境保护专业委员会2012年学术年会论文摘要集．

梁惜梅，施震，黄小平．2013. 珠江口典型水产养殖区抗生素的污染特征［J］．生态环境学报，（2）：304-310.

刘珂，张道来，刘娜，等．2017. 胶州湾海岸带表层沉积物中典型喹诺酮类抗生素污染特征研究［J］．海洋环境科学，36（5）：655-661.

刘艺凯，钟广财，唐建辉，等．2013. 胶州湾、套子湾及四十里湾表层沉积物中有机氯农药的含量和分布特征［J］．环境科学，34（1）：129-136.

刘宗峰．2008. 黄河口表层沉积物多环芳烃污染源解析研究［J］．环境科学研究，5（21）：79-84.

罗先香，田静，杨建强，等．2011. 黄河口潮间带表层沉积物重金属和营养元素的分布特征［J］．生态环境学报，20（5）：892-897.

马桂霞，张同来，张建国，等．2003. 盐酸氨基脲的分子结构及热分解特性［J］．火炸药学报，26（2）：58-61.

倪永付，朱莉萍，王勇．2012. 微山湖小青虾各部分呋喃西林代谢物含量测定［J］．食品与发酵科技，8（1）：86-88.

任传博，田秀慧，张华威，等．2013. 固相萃取-超高效液相色谱-串联质谱法测定海水中13种三嗪类除草剂残留量［J］．质谱学报，34（6）：353-361.

任珂君，刘玉，徐健荣，等．2016. 广东一饮用水源地河流沉积物及鱼体中氟喹诺酮类（FQs）抗生素残留特征研究［J］．环境科学学报，36（3）：760-766.

日本厚生劳动省．2007. 食安输发第0523001号通知关于日本调整水产品中恩诺沙星残留限量标准的通知［Z］．东京：厚生劳动省．

束放，王强，韩梅．2014. 2013年我国农药生产与使用概况［J］．中国植保导刊，34（12）：49-52.

孙妮，黄蔚霞，于红兵．2015. 湛江港海区沉积物和海洋生物中重金属的富集特征分析与评价［J］. 海洋环境科学，34（5）：669-672.

孙培艳，李正炎，王鑫平，等．2007. 黄河入海口壬基酚污染分布特征［J］．海岸工程，3：17-22.

孙振兴，张梅珍，徐炳庆，等．2009. 重金属毒性对刺参幼参SOD活性的影响［J］．海洋科学，33

（2）：27-31.

谭培功，赵仕兰，曾宪杰，等 . 2006. 莱州湾海域水体中有机氯农药和多氯联苯的浓度水平和分布特征［J］. 中国海洋大学学报，36（3）：439-446.

汤爱坤 . 2011. 调水调沙前后黄河口重金属的变化及其影响因素［D］. 青岛：中国海洋大学 .

陶贞，高全洲，谢美琪，等 . 2002. 水文过程对河流悬移质化学组成的影响——以珠江流域为例［J］. 海洋与湖沼，33（6）：569-576.

王陵 . 2006. 海洋环境中典型有机磷污染物分析及其生态效应研究［D］. 青岛：中国海洋大学，103.

王江涛，谭丽菊，张文浩，等 . 2010. 青岛近海沉积物中多环芳烃、多氯联苯和有机氯农药的含量和分布特征［J］. 环境科学，31（11）：2 713-2 722.

王敏，俞慎，洪有为，等 . 2011. 5 种典型滨海养殖水体中多种类抗生素的残留特性［J］. 生态环境学报，20（5）：934-939.

王强，王旭峰，赵东豪，等 . 2016. 超高效液相色谱法测定水体和沉积物中 4 种硝基呋喃类抗生素［J］. 食品科学，37（16）：249-253.

吴志刚. 2014. 水体中典型喹诺酮类抗生素生态毒性效应研究［D］. 河北：河北科技大学.

奚旦立，孙裕生，等 . 1996. 环境监测（修订版）［M］. 北京：高等教育出版社 .

邢丽红，李兆新，王英姿 . 2012. 呋喃西林在海参体内的代谢消除规律研究［J］. 中国渔业质量与标准，2（4）：44-49.

徐维海，张干，邹世春，等 . 2006. 香港维多利亚港和珠江广州河段水体中抗生素的含量特征及其季节变化［J］. 环境科学，27（12）：2 458-2 462.

徐亚岩，宋金明，李学刚，等 . 2012. 渤海湾表层沉积物各形态重金属的分布特征与生态风险评价［J］. 环境科学，33（3）：732-740.

徐英江，刘慧慧，任传博，等 . 2014. 莱州湾海域表层海水中三嗪类除草剂的分布特征［J］. 渔业科学进展，35（3）：34-39.

徐英江，孙玉增，宋秀凯，等 . 2010. 潮河口邻近海域氨基脲污染现状调查研究［J］. 海洋与湖沼，41（4）：538-542.

徐英江，田秀慧，张秀珍，等 . 2011. 文蛤（*Meretrix meretrix*）体内氨基脲含量与环境相关性研究［J］. 海洋与湖沼，42（4）：587-591.

薛保铭，杨惟薇，王英辉，等 . 2013. 钦州湾水体中磺胺类抗生素污染特征与生态风险［J］. 中国环境科学，33（9）：1 664-1 669.

杨佰娟，郑立，陈军辉，等 . 2009. 南黄海中部表层沉积物中多环芳烃含量分布及来源分析［J］. 环境科学学报，29（3）：662-667.

杨东方，郭军辉，丁咨汝，等 . 2010. 胶州湾水域有机农药 HCH 的分布和残留量［J］. 海岸工程，29（2）：62-69.

杨毅，刘敏 . 2002. 长江口潮滩含氯有机物的分布及与 TOC、粒度的相关性［J］. 上海环境科学，

(9): 530-532.

杨永涛, 何秀婷, 聂湘平, 等 . 2009. 广州地区淡水鱼体内喹诺酮类药物残留调查 [J] . 环境与健康杂志, 26 (2): 109-111.

杨跃志, 张海丽, 李正炎, 等 . 2013. 北部湾沿岸表层沉积物中酚类内分泌干扰物与多环芳烃的污染特征及生态风险评价 [J] . 中国海洋大学学报 (自然科学版), 43 (6): 87-92.

叶计朋, 邹世春, 张干, 等 . 2007. 典型抗生素类药物在珠江三角洲水体中的污染特征 [J] . 生态环境学报, 16 (2): 384-388.

于召强, 徐英江, 田秀慧, 等 . 2013. 四十里湾海洋贝类对氨基脲的生物富集特性 [J] . 海洋环境科学, 32 (1): 39-42.

余兴东 . 2015. 阿特拉津对斑马鱼外周红细胞微核和核异常的影响 [J] . 现代畜牧兽医, 10 (7): 15-20.

张蓬 . 2009. 渤黄海沉积物中的多环芳烃和多氯联苯及其与生态环境的耦合解析 [D] . 青岛: 中国科学院海洋研究所 .

张瑞杰 . 2011. 黄渤海区域及东江流域环境中典型抗生素污染研究 [D] . 北京: 中国科学院研究生院.

张晓琳 . 2013. 长江口、黄河口及邻近海域重金属的分布特征及影响因素研究 [D] . 青岛: 中国海洋大学 .

张亚南 . 2013. 黄河口、长江口、珠江口及其邻近海域重金属的河口过程和沉积物污染风险评价 [D] . 厦门: 国家海洋局第三海洋研究所 .

张禹, 刁晓平, 黎平, 等 . 2016. 东寨港表层海水中多环芳烃 (PAHs) 的分布特征及来源分析 [J] . 生态环境学报, 25 (11): 1 779-1 785.

张玉凤, 吴金浩, 宋永刚, 等 . 2017. 辽东湾海水中 PAHs 分布与来源特征及风险评估 [J] . 环境科学研究, 30 (6): 892-901.

张仲秋, 郑明. 2000. 畜禽药物使用手册 [M]. 北京: 中国农业大学出版社: 74.

张祖麟, 余刚, 洪华生, 等 . 2002. 河口水体中有机磷农药的环境行为及其风险影响评价 [J] . 环境科学, (s1): 75-80.

赵思俊, 李存, 江海洋, 等 . 2007. 高效液相色谱检测动物肌肉组织中 7 种喹诺酮类药物的残留 [J] . 分析化学, 35 (6): 786-790.

周慜, 石雷, 李取生, 等 . 2013. 珠江河口水体有机磷农药的含量与季节变化 [J] . 中国环境科学, 33 (2): 312-318.

周明莹, 陈碧鹃, 崔正国, 等 . 2017. 渤海中部海域生物体内多氯联苯污染状况与风险评价 [J] . 海洋环境科学, 36 (1): 56-60.

周晓 . 2006. 青岛近岸海水中多环芳烃的测定 [D] . 青岛: 中国海洋大学 .

周一兵, 尹春霞, 杨建立 . 1998. 菲律宾蛤仔的呼吸与排泄对三种重金属慢性毒性的反应 [J] . 大连海洋大学学报, 13 (1): 8-16.

周媛，贡玉清，邵德佳. 2010. 有关中兽药中非法添加化学药物的探讨［J］. 中兽医医药杂志，4：28-30.

Abousetta M M, Sorrell R W, Childers C C. 1986. A computer program in BASIC for determining probit and log-probit or logit correlation for toxicology and biology [J]. Bulletin of Environmental Contamination and Toxicology, 36 (1): 242-249.

Abramsson-Zetterberg L, Svensson K. 2005. Semicarbazide is not genotoxic in the flow cytometry-based micronucleus assay in vivo [J]. Toxicology Letters, 155 (2): 211-217.

Ahrenholz S H, Neumeister C E. 1987. Development and use of a sampling and analytical method for azodicarbonamide [J]. American Industrial Hygiene Association Journal, 48 (5): 442-446.

Antonopoulos A, Favetta P, Helbert W, et al. 2004. Isolation of k-carrageenan oligosaccharides using ion-pair liquid chromatography——characterisation by electrospray ionisation mass spectrometry in positive-ion mode [J]. Carbohydrate Research, 339 (7): 1 301-1 309.

Bandyopadhyay A, Cambray S, Gao J. 2017. Fast diazaborine formation of semicarbazide enables facile labeling of bacterial pathogens [J]. Journal of the American Chemical Society, 139 (2): 871-878.

Barbosa J, Moura S, Barbosa R, et al. 2007. Determination of nitrofurans in animal feeds by liquid chromatography - UV photodiode array detection and liquid chromatography - ionspray tandem mass spectrometry [J]. Analytica Chimica Acta, 586 (1-2): 359-365.

Battaglin W A, Furlong E T, Burkhard M R, et al. 2000. Occurrence of sulfonylurea, sulfonamide, imidazolinone, and other herbicides in rivers, reservoirs and ground water in the Midwestern United States, 1998 [J]. Sci. Total Environ., 248: 123-133.

Beatriz de la M C, Anklam E. 2005. Semicarbazide: occurrence in food products and state-of-the-art in analytical methods used for its determination [J]. Analytical and Bioanalytical Chemistry, 382 (4): 968-977.

Becalski A, Lau B P, Lewis D, et al. 2004. Semicarbazide formation in azodicarbonamide-treated flour: a model study [J]. Journal of Agricultural and Food Chemistry, 52 (18): 5 730-5 734.

Becalski A, Lau B P, Lewis D, et al. 2006. Semicarbazide in Canadian bakery products [J]. Food Additives and Contaminants, 23 (2): 107-109.

Bendall J G. 2009. Semicarbazide is non-specific as a marker metabolite to reveal nitrofurazone abuse as it can form under Hofmann conditions [J]. Food Additives and Contaminants, 26 (1): 47-56.

Bester K, Hühnerfuss H. 1996. Triazine herbicide concenteations in the German Wadden Sea [J]. CHEMOSPHERE, 32: 1 919-1 928.

Bhattacharya A K. 1976. Chromosome damage induced by semicarbazide in spermatocytes of a grasshopper [J]. Mutation Research, 40 (3): 237-241.

Björklund H, Bylund G. 1990. Temperature-related absorption and excretion of oxytetracycline in rainbow trout (*Salmogairdneri* R.) [J]. Aquaculture, 84 (3-4): 363-372.

Bock C, Gowik P, Stachel C. 2007. Matrix-comprehensive in-house validation and robustness check of a confirmatory method for the determination of four nitrofuran metabolites in poultry muscle and shrimp by LC-MS/MS [J]. Journal of Chromatography B, 856 (1-2): 178-189.

Bock C, Stachel C, Gowik P. 2007. Validation of a confirmatory method for the determination of residues of four nitrofurans in egg by liquid chromatography-tandem mass spectrometry with the software InterVal [J]. Analytical Chimica Acta, 586 (1-2): 348-358.

Bondebjerg J, Fuglsang H, Valeur K R, et al. 2005. Novel semicarbazide-derived inhibitors of human dipeptidyl peptidase I (hDPPI) [J]. Bioorganic and Medicinal Chemistry, 13 (14): 4 408-4 424.

Brondani D J, De Magalhães Moreira D R, De Farias M P A, et al. 2007. A new and efficient N-alkylation procedure for semicarbazides/semicarbazones derivatives [J]. Tetrahedron Letters, 48 (22): 3 919-3 923.

Carabias Martinez R, Rodriguez Gonzalo E, Fernandez Laespada M. et al. 2000. Evaluation of surface and ground-water pollution due to herbicides in agricultural areas of Salamanea (Spain) [J]. Journal of Chromatography R, 869: 471-480.

Casella I G, Contursi M. 2015. Electrocatalytic oxidation and flow detection analysis of semicarbazide at based IrOx chemically modified electrodes [J]. Sensors and Actuators B: Chemical, 209: 25-31.

Chandra S, Sangeetika. 2004. Spectroscopic, redox and biological activities of transition metal complexes with ons donor macrocyclic ligand derived from semicarbazide and thiodiglycolic acid [J]. Spectrochimica Acta Part A: Molecular and Biomolecular Spectroscopy, 60 (8): 2 153-2 162.

Chen H, Liu S, Xu X R, et al. 2015. Antibiotics in the coastal environment of the Hailing Bay region, South China Sea: spatial distribution, source analysis and ecological risks [J]. Marine Pollution Bulletin, 95 (1): 365-373.

Chen L, Cui H, Dong Y, et al. 2016. Simultaneous detection of azodicarbonamide and the metabolic product semicarbazide in flour by capillary electrophoresis [J]. Food Analytical Methods, 9 (5): 1 106-1 111.

Chinnasamy R P, Sundararajan R, Govindaraj S. 2012. Design and synthesis of 4-(1-(4-chlorobenzyl)-2, 3-dioxoindolin-5-yl)-1-(4-substituted/unsubstituted benzylidene) semicarbazide: novel agents with analgesic, anti-inflammatory and ulcerogenic properties [J]. Chinese Chemical Letters, 23 (5): 541-544.

Christof V, Christ D, Mathieu W. 2011. Investigation into the Possible Natural Occurence of Semicarbazide in Macrobrachium rosenbergii Prawns [J]. Journal of Agricultural and Food Chemistry, 59: 2 107-2 112.

Chu P S, Lopez M I. 2007. Determination of ntrofuran residues in milk of dairy cows using liquid chromatography-tandem mass spectrometry [J]. Journal of Agricultural and Food Chemistry, 55 (6): 2 129-2 135.

Cooper K M, Kennedy D G. 2005. Nitrofuran antibiotic metabolites detected at parts per million concentrations in retina of pigs-a new matrix for enhanced monitoring of nitrofuran abuse [J]. Analyst, 130 (4): 466-468.

Cooper K M, Mulder P P, van Rhijn J A, et al. 2005. Depletion of four nitrofuran antibiotics and their tissue-bound metabolites in porcine tissues and determination using LC-MS/MS and HPLC-UV [J]. Food Additives and Contaminants, 22 (5): 406-414.

Cooper K M, Samsonova J V, Plumpton L, et al. 2007. Enzyme immunoassay for semicarbazide-the nitrofuran metabolite and food contaminant [J]. Analytica Chimica Acta, 592 (1): 64-71.

Crews C. 2014. Potential natural sources of semicarbazide in honey [J]. Journal of Apicultural Research, 53 (1): 129-140.

De la Calle M B, Anklam E, Anal Bioanal Chem. 2005. Semicarbazide: occurrence in food products and state-of-the-art in analytical methods used for its determination. Anal Bioanal Chem. 382 (4), 968-977.

De La F M, Hernanz A, Alía M. 1983. Effect of semicarbazide on the perinatal development of the rat: changes in DNA, RNA and protein content [J]. Methods Find Experiment Clinical Pharmacol, 5 (5): 287-297.

De La F M. 1986. Teratogenic effect of semicarbazide in Wistar rats [J]. Biology of the Neonate, 49 (3): 150-157.

De Souza S V, Junqueira R G, Ginn R. 2005. Analysis of semicarbazide in baby food by liquid chromatography tandem mass spectrometry (LC-MS-MS) --in-house method validation [J]. Journal of Chromatography A, 1077 (2): 151-158.

Dimitris V, Hariklia M, Klimentini E. 2010. Evaluation of genotoxic effects of semicarbazide on cultured human lymphocytes and rat bone marrow [J]. Food and Chemical Toxicology, 48: 209-214.

Du N N, Chen M M, Sheng L Q, et al. 2014. Determination of nitrofuran metabolites in shrimp by high performance liquid chromatography with fluorescence detection and liquid chromatography tandem mass spectrometry using a new derivatization reagent [J]. Journal of Chromatography A, 1327 (1): 90-96.

Dunnivant F M, Coates J T, Elzerman A W. 2005. Labile and non-labile desorption rate constants for 33 PCB congeners from lake sediment suspensions [J]. Chemosphere, 61 (3): 332-340.

Erdur B, Ersoy G, Yilmaz O, et al. 2008. A comparison of the prophylactic uses of topical mupirocin and nitrofurazone in murine crush contaminated wounds [J]. American Journal of Emergency Medicine, 26 (2): 137-143.

European Food Safety Authority (EFSA). 2003a. Advice of the Ad Hoc expert group set up to advise the European Food Safety Authority (EFSA) on the possible occurrence of semicarbazide in packaged foods.

European Food Safety Authority (EFSA). 2003b. Statement of the scientific panel on food additives, flavourings, processing aids and materials in contact with food updating the advice available on semicarbazide in packaged foods.

European Food Safety Authority (EFSA) . 2003c. Additional advice on semicarbazide, in particular related to baby food.

European Food Safety Authority (EFSA) . 2005a. Opinion of the scientific panel on food additives, flavourings, processing aids and materials in contact with food on a request from the commission related to semicarbazide in food. EFSA Journal, 219: 1-36.

European Food Safety Authority (EFSA) . 2005b. Panel on food additives flavourings processing aids and materials in contact with Food. Opinion of the scientific panel on food additives, flavourings, processing aids and materials in contact with food on a request from the Commission related to semicarbazide in food.

Federal Register. 2002. Topical Nitrofurans; Extra label animal drug use; order of prohibition [Z] . Federal Register, 67: 5 470-5 471.

Fedorov B S, Fadeev M A, Utenyshev A N, et al. 2011. Synthesis, crystal structure, and antitumor activity of the cadmium dichloride complex with semicarbazide [J] . Russian Chemical Bulletin, 60 (9): 1 959-1 962.

Fernando R, Munasinghe M, Gunasena A R C, et al. 2015. Determination of nitrofuran metabolites in shrimp muscle tissue by liquid chromatography-photo diode array detection [J] . Food Control, 72: 300-305.

Finney D J. 1971. Probit analysis [J] . Journal of the Royal Statistical Society, 21 (3): 56-57.

Finzi J K, Donato J L, Sucupira M, et al. 2005. Determination of nitrofuran metabolites in poultry muscle and eggs by liquid chromatography-tandem massspectrometry [J] . Journal of Chromatography B, 824 (1-2): 30-35.

Gao A, Chen Q, Cheng Y, et al. 2007. Preparation of monoclonal antibodies against a derivative of semicarbazide as a metabolic target of nitrofurazone [J] . Analytica Chimica Acta, 592 (1): 58-63.

Gao S, Wang W, Tian H, et al. 2014. An emerging water contaminant, semicarbazide, exerts an anti-estrogenic effect in zebrafish (*Danio rerio*) [J] . Bulletin of Environmental Contamination and Toxicology, 93 (3): 280-288.

Gatermann R, Hoenicke K, Mandix M. 2004. Formation of semicarbazide (SEM) from natural compounds in food by heat treatment [J] . Czech Journal of Food Science, 22: 353-354.

Gevao B, Beg M U, Al-Omair A, et al. 2006. Spatial distribution of polychlorinated biphenyls in coastal marine sediments receiving industrial effluents in Kuwait [J] . Archives of Environmental Contamination and Toxicology, 50 (2): 166-174.

Golet M, Xifral, Singerst H, et al. 2003. Environmental exposure assessment of fluoroquinolone antibacterial agents from sewage to soil [J] . Environmental Science & Technology, 37 (15): 3 243-

3 249.

Hallingsørensen B, Sengeløv G, Tjørnelund J. 2002. Toxicity of tetracyclines and tetracycline degradation products to environmentally relevant bacteria, including selected tetracycline-resistant bacteria [J]. Archives of Environmental Contamination & Toxicology, 42 (3): 263-271.

Hirakawa K, Midorikawa K, Oikawa S, et al. 2003. Carcinogenic semicarbazide induces sequence-specific DNA damage through the generation of reactive oxygen species and the derived organic radicals [J]. Mutation Research, 536 (1-2): 91-101.

Hiraku Y, Sekine A, Nabeshi H, et al. 2004. Mechanism of carcinogenesis induced by a veterinary antimicrobial drug, nitrofurazone, via oxidative DNA damage and cell proliferation [J]. Cancer Letters, 215 (2): 141-150.

Hoenicke K, Gatermann R, Hartiq L, et al. 2004. Formation of semicarbazide (SEM) in food by hypochlorite treatment: is SEM a specific marker for nitrofurazone abuse? [J]. Food Additives and Contaminants, 21 (6): 526-537.

Hron R, Jursic B S. 2014. Preparation of substituted semicarbazides from corresponding amines and hydrazines via phenyl carbamates [J]. Tetrahedron Letters, 55 (9): 1 540-1 543.

Hunter MA, Kan AT, et al. 1996. Development of a surrogate sediment to study the mechanisms responsible for adsorption/desorption hysteresis, Environ. Sci. Technol., 30: 2 278-2 285.

Ita B I, Offiong O E. 1999. Corrosion inhibitory properties of 4-phenylsemicarbazide and semicarbazide on mild steel in hydrochloric acid [J]. Materials Chemistry and Physics, 59 (2): 179-184.

Ito K, Ishida K, Takeuchi A, et al. 2002. Nitrofurazone induces non-regenerative hepatocyte proliferation in rats [J]. Experimental and Toxicologic Pathology, 53 (6): 421-426.

Jia Q, Yu S, Cheng N, et al. 2014. Stability of nitrofuran residues during honey processing and nitrofuran removal by macroporous adsorption resins [J]. Food Chemistry, 162 (6): 110-116.

Jia Y, Wang L, Qu Z, et al. 2018. Distribution, contamination and accumulation of heavy metals in water, sediments, and freshwater shellfish from Liuyang River, Southern China [J]. Environmental Science and Pollution Research, 25 (7): 7 012-7 020.

Jin W J, Yang G J, Shao H X, et al. 2013. A novel label-free impedimetric immunosensor for detection of semicarbazide residue based on gold nanoparticles-functional chitosan composite membrane [J]. Sensors and Actuators B: Chemical, 188 (11): 271-279.

Johnston L, Croft M, Murby J, et al. 2015. Preparation and characterisation of certified reference materials for furazolidone and nitrofurazone metabolites in prawn [J]. Accreditation and Quality Assurance, 20 (5): 401-410.

Kaufmann A, Butcher P, Maden K, et al. 2015. Determination of nitrofuran and chloramphenicol residues by high resolution mass spectrometry versus tandem quadrupole mass spectrometry [J]. Analytica Chimica Acta, 862: 41-52.

Khong S P, Gremaud E, Richoz J, et al. 2004. Analysis of matrix - bound nitrofuran residues in worldwide-originated honeys by isotope dilution high-performance liquid chromatography-tandem mass spectrometry [J] . Journal of Agricultural and Food Chemistry, 52 (17): 5 309-5 315.

Kim D, Kim B, Hyung S W, et al. 2015. An optimized method for the accurate determination of nitrofurans in chicken meat using isotope dilution - liquid chromatography/mass spectrometry [J] . Journal of Food Composition and Analysis, 40 (18): 24-31.

Kim Y S, Eun H, Katase T, et al. 2007. Vertical distributions of persistent organic pollutants (POPs) caused from organochlorine pesticides in a sediment core taken from Ariake bay, Japan. [J]. Chemosphere, 67 (3): 456-463.

Kreuger J. 1998. Pesticides in stream water within an agricultural catchment in southern Sweeden, 1990-1996 [J] . The Science of the Total Environment, 216: 227-251.

Kuzyk Z A, Stow J P, Burgess N M, et al. 2005. PCBs in sediments and the coastal food web near a local contaminant source in Saglek Bay, Labrador [J] . Science of the Total Environment, 351 - 352: 264-284.

Kwon J W. 2017. Semicarbazide: natural occurrence and uncertain evidence of its formation from food processing [J] . Food Control, 72: 268-275.

Leblanc L A, Kuivila K M. 2008. Occurrence, distribution and transport of pesticides into the Salton Sea Basin, California, 2001 - 2002 [M] // The Salton Sea Centennial SymposiumSpringer Netherlands, 151-172.

Leitner A, Zöllner P, Lindner W. 2001. Determination of the metabolites of nitrofuran antibiotics in animal tissue by high-performance liquid chromatography-tandem mass spectrometry [J] . Journal of Chromatography A, 939 (1-2): 49-58.

Lesniak S, Pieczonka A M, Jarzynski S, et al. 2013. Synthesis and evaluation of the catalytic properties of semicarbazides derived from N-triphenylmethyl-aziridine-2-carbohydrazides [J] . Tetrahedron Asymmetry, 24 (20): 1 341-1 344.

Li G, Tang C, Wang Y, et al. 2015. A rapid and sensitive method for semicarbazide screening in foodstuffs by HPLC with fluorescence detection [J] . Food Analytical Methods, 8 (7): 1 804-1 811.

Li Z, Li Z, Xu D. 2017. Simultaneous detection of four nitrofuran metabolites in honey using a visualized microarray screen assay [J] . Food Chemistry, 221: 1 813-1 821.

Liu B Y, Nie X P, Liu W Q, et al. 2011. Toxic effects of erythromycin, ciprofloxacin and sulfamethoxazole on photosynthetic apparatus in Selenastrum capricornutum [J] . Ecotoxicol Environ Saf, 74 (4): 1 027-1 035.

Lu X, Liang X, Dong J, et al. 2016. Lateral flow biosensor for multiplex detection of nitrofuran metabolites based on functionalized magnetic beads [J] . Analytical and Bioanalytical Chemistry, 408 (24): 6 703-6 709.

LUND A E, NARAHASHI T. 1981. Modification of sodium channel kinetics by the insecticide tetramethrin in crayfish giant axons [J] . Neurotoxicology, 2: 213–219.

L F Capitán–Vallvey, Mahmoud K A Deheidel, R Avidad. 1998. Determination Of Carbaryl In Foods By Solid–Phase Room–Temperature Phosphorimetry [J] . Fresenius′ Journal of Analytical Chemistry, 362 (3): 307–312.

Ma M N, Zhuo Y, Yuan R, et al. 2015. A new signal amplification strategy using semicarbazide as co–reaction accelerator for highly sensitive electro chemiluminescent aptasensor construction [J] . Analytical Chemistry, 87 (22): 11 389–11 397.

Macdonal R W, Barrie L A, Bidleman T F, et al. 2000. Contaminants in the Canadian Arctic: 5 years of progress in understanding sources, occurrence and pathways [J] . Science of the Total Environment, 254 (2): 93–234.

Mahmoodi N O, Namroudi M, Pirbasti F G, et al. 2016. Practical one–pot synthesis of semicarbazone derivatives via semicarbazide, and evaluation of their antibacterial activity [J] . Research on Chemical Intermediates, 42 (4): 3 625–3 636.

Mai C, Theobald N, Lammel G, et al. 2013. Spatial, seasonal and vertical distributions of currently–used pesticides in the marine boundary layer of the North Sea [J] . Atmospheric Environment, 75 (4): 92–102.

Maranghi F, Tassinari R, Lagatta V, et al. 2009. Effects of the food contaminant semicarbazide following oral administration in juvenile Sprague–Dawley rats [J] . Food and Chemical Toxicology, 47 (2): 472–479.

Maranghi F, Tassinari R, Lagatta V. 2009. Effects of the food contaminant semicarbazide following oral administration in juvenile Sprague-Dawley rats [J] . Food and Chemical Toxicology, 47: 472–479.

Maranghi F, Tassinari R, Marcoccia D, et al. 2010. The food contaminant semicarbazide acts as an endocrine disrupter: evidence from an integrated *in vivo/in vitro* approach [J] . Chemico–Biological Interactions, 183 (1): 40–48.

Mathew B, Narayana B, Rao B M, et al. 1996. Complexometric determination of thallium (III) in pure solution, alloys, and complexes using semicarbazide hydrochloride as a releasing agent [J] . Microchimica Acta, 122 (3–4): 295–299.

McCracken R J, Hanna B, Ennis D, et al. 2013. The occurrence of semicarbazide in the meat and shell of Bangladeshi fresh–water shrimp [J] . Food Chemistry, 136 (3–4): 1 562–1 567.

McCracken R J, Van Rhijn J A, Kennedy D G. 2005. The occurrence of nitrofuran metabolites in the tissues of chickens exposed to very low dietary concentrations of the nitrofurans [J] . Food Additives and Contaminants, 22 (6): 567–572.

Morgane D, Stéphane L F, Fran Ois L, et al. 2014. Effects of in vivo chronic exposure to pendimethalin on EROD activity and antioxidant defenses in rainbow trout (Oncorhynchus mykiss) [J] . Ecotoxicology &

Environmental Safety, 99 (1): 21-27.

Mottier P, Khong S P, Gremaud E, et al. 2005. Quantitave determination of four nitrofuran metabolites in meat by isotope dilution liquid chromatography-electrospray ionisation-tandem mass spectrometry [J]. Journal of Chromatography A, 1067 (1-2): 85-91.

Mulder P P, Beumer B, Van Rhijn J A. 2007. The determination of biurea: a novel method to discriminate between nitrofurazone and azodicarbonamide use in food products. Analytica chimica acta. 586 (1-2), 366-373.

Munaron D, Tapie N, Budzinski H, et al. 2012. Pharmaceuticals, alkylphenols and pesticides in Mediterranean coastal waters: Results from a pilot survey using passive samplers [J]. Estuarine Coastal & Shelf Science, 114 (3): 82-92.

Nardelli M, Fava G, Giraldi G. 1965. The crystal and molecular structure of semicarbazide hydrochloride [J]. Acta Crystallographica, 19 (6): 1 038-1 042.

Ni Y, Wang P, Kokot S. 2012. Voltammetric investigation of DNA damage induced by nitrofurazone and short-lived nitro-radicals with the use of an electrochemical DNA biosensor [J]. Biosensors and Bioelectronics, 38 (1): 245-251.

Noonan G O, Warner C R, Hsu W, et al. 2005. The determination of semicarbazide (N-aminourea) in commercial bread products by liquid chromatography-mass spectrometry [J] Journal of Agricultural and Food Chemistry, 53 (12): 4 680-4 685.

Obaleye J A, Adediji J F, Adebayo M A. 2011. Synthesis and biological activities on metal complexes of 2, 5-diamino-1, 3, 4-thiadiazole derived from semicarbazide hydrochloride [J]. Molecules, 16 (7): 5 861-5 874.

Official Journal of the European Union. 2004. Commission Directive 2004/1/EC of 6 January 2004 amending Directive 2002/72/EC as regards the suspension of the use of azodicarbonamide as blowing agent.

Oliveira-Filho E C, Paumgartten F J. 1997. Comparative study on the acute toxicities of alpha, beta, gamma, and delta isomers of hexachlorocyclohexane to freshwater fishes [J]. Bulletin of Environmental Contamination & Toxicology, 59 (6): 984-988.

Omahony J, Moloney M, McConnell R I, et al. 2011. Simultaneous detection of four nitrofuran metabolites in honey using a multiplexing biochip screening assay [J]. Biosensors and Bioelectronics, 26 (10): 4 076-4 081.

O'Keeffe M, Conneely A, Cooper K M, et al. 2004. Nitrofuran antibiotic residues in pork: The Food BRAND retail survey [J]. Analytica Chimica Acta, 520 (1-2): 125-131.

Parodi S, De Flora S, Cavanna M, et al. 1981. DNA-damaging activity in vivo and bacterial mutagenicity of sixteen hydrazine derivatives asrelated quantitatively to their carcinogenicity [J]. Cancer Research, 41 (4): 1 469-1 482.

Pereira A S, Donato J L, De Nucci G. 2004. Implications of the use of semicarbazide as a metabolic target of nitrofurazone contamination in coated products [J] . Food Additives and Contaminants, 21 (1): 63-69.

Pereira A S, Pampana L C, Donato J L, et al. 2004. Analysis of nitrofuran metabolic residues in salt by liquid chromatography-tandem mass spectrometry [J] . Analytica Chimica Acta, 514 (1): 9-13.

Pieczonka A M, Lesniak S, Rachwalski M. 2014. Direct asymmetric aldol condensation catalyzed by aziridine semicarbazide Zinc (II) complexes [J] . Tetrahedron Letters, 55 (15): 2 373-2 375.

Pikkarainen A L. 2007. Polychlorinated biphenyls and organochlorine pesticides in Baltic Sea sediments and bivalves [J]. Chemosphere, 68 (1): 17-24.

Pouramiri B, Kermani E T. 2017. Lanthanum (III) chloride/chloroacetic acid as an efficient and reusable catalytic system for the synthesis of new 1- ((2-hydroxynaphthalen-1-yl) (phenyl) methyl) semicarbazides/thiosemicarbazides [J] . Arabian Journal of Chemistry, 10: S730-S734.

Prakash A S, Swam W A, Strachan A N. 1975. The thermal decomposition of azodicarbonamide (1, 1' -azobisformamide) [J] . Journal of the Chemical Society Perkin Transactions, 1 (1): 46-50.

Prakash C R, Raja S, Saravanan G. 2012. Anticonvulsant activity of novel 1- (substituted benzylidene) -4- (1- (morpholino/piperidino methyl) -2, 3-dioxoindolin-5-yl) semicarbazide derivatives in mice and rats acute seizure models [J] . Chemical Biology and Drug Design, 80 (4): 524-532.

Pruell R J, Norwood C B, Bowman R D, et al. 1990. Geochemical study of sediment contamination in New Bedford Harbor, Massachusetts [J] . Marine Environmental Research, 29 (2): 77-101.

Qin Z H, Wang Y, Chase T N. 1996. Stimulation of N-methyl-D-aspartate receptors induces apoptosis in rat brain [J] . Brain Research, 725 (2): 166-176.

Radovnikovic A, Moloney M, Byrne P, et al. 2011. Detection of banned nitrofuran metabolites in animal plasma samples using UHPLC-MS/MS [J] . Journal of Chromatography B, 879 (2): 159-166.

Raja R, Seshadri S, Santhanam V, et al. 2017. Growth and characterization of nonlinear optical crystal-semicarbazide picrate [J] . Journal of Molecular Structure, 1147: 515-519.

Reyes J G G, Fossat O V U, Villag rana L C , et al. 1999. Pest icides in Water, Sediments , and Shrimp from a Coastal Lagoon of the Gulf of Cali fornia . Marine Pollut ion Bulletin, 38 (9): 837-841.

Roberts P H, Thomas K V. 2006. The occurrence of selected pharmaceuticals in wastewater effluent and surface waters of the lower Tyne catchment [J] . Science of the Total Environment, 356 (1-3): 143.

Rodziewicz L. 2008. Determination of nitrofuran metabolites in milk by liquid chromatography- electrospray ionization tandem mass spectrometry [J] . Journal of Chromatography B, 864 (1-2): 156-160.

Roul B K, Chaudhary R N P, Rao K V. 1987. Dielectric properties and thermal expansion of semicarbazide hydrochloride and its deuterated single crystals [J] . Journal of Materials Science Letters, 6 (3): 323-325.

Saari L, Peltonen K. 2004. Novel source of semicarbazide: level of semicarbazide in cooked crayfish samples determined by LC-MS/MS. Food Addit Contam. 21 (9): 825-832.

Safavi A, Abdollahi H, Sedaghatpour F, et al. 2003. Indirect simultaneous kinetic determination of semicarbazide and hydrazine in micellar media by H-point standard addition method [J]. Talanta, 59 (1): 147-153.

Samsonova J, Douglas A, Cooper K, et al. 2008. The identification of potential lternative biomarkers of nitrofurazone abuse in animal derived food products [J]. Food and Chemical Toxicology, 46: 1 548-1 554.

Sang D K, Cho J, Kim I S, et al. 2007. Occurrence and removal of pharmaceuticals and endocrine disruptors in South Korean surface, drinking, and waste waters. [J]. Water Research, 41 (5): 1 013.

Santos J M, Macedo C E, Brandao M L. 2008. Gabaergic mechanisms of hypothalamic nuclei in the expression of conditioned fear [J]. Neurobiology of Learning and Memory, 90 (3): 560-568.

Schaudt M, Locardi E, Zischinsky G, et al. 2010. Novel small molecule bradykinin B_1 receptor antagonists. Part 1: Benzamides and semicarbazides [J]. Bioorganic and Medicinal Chemistry Letters, 20 (3): 1 225-1 228.

Schultz T W, Dumont J N, Epler R G. 1985. The embryotoxic and osteolathyrogenic effects of semicarbazide [J]. Toxicology, 36 (2-3): 183-198.

SHI H, YANG Y, LIU M, et al. 2014. Occurrence and distribution of antibiotics in the surface sediments of the Yangtze Estuary and nearby coastal areas [J]. Marine Pollution Bulletin, 83 (1): 317-323.

Shoda T, Yasuhara K, Moriyasu M, et al. 2001. Testicular toxicity of nitrofurazone causing germ cell apoptosis in rats [J]. Archives of Toxicology, 75 (5): 297-305.

Spliid H N, Koppen B. 1998. Occurrence of pesticides in Danish shallow ground water [J]. Chemosphere, 37 (7): 1 307-1 316.

Srinivasan M R, Bhat H L, Narayanan P S. 1992. Electrical, thermal and infrared studies on semicarbazide hydrochloride and semicarbazide hydrobromide [J]. Applied Physics A, 54 (3): 258-260.

Stadler R, Mottier P, Guy P, et al. 2004. Semicarbazide is a minor thermal decomposition product of azodicarbonamide used in the gaskets of certain food jars [J]. Analyst, 129: 276-281.

Stastny K, Frgalova K, Hera A, et al. 2009. In-house validation of liquid chromatography tandem mass spectrometry for determination of semicarbazide in eggs and stability of analyte in matrix [J]. Journal of Chromatography A, 1216 (46): 8 187-8 191.

Sujatha C H, Nair S M, Chacko J. 1999. Determination and dist ribution of Endosulf an and Malathion in an Indian Estuary. Wat er Research, 33 (1): 109-114.

Szilagyi S, Calle M B D L. 2006. Semicarbazide in baby food: a European survey [J]. European Food Research and Technology, 224 (1): 141-146.

Szilagyi S, De L C B. 2006. Development and validation of an analytical method for the determination of semicarbazide in fresh egg and in egg powder based on the use of liquid chromatography tandem mass spectrometry [J]. Analytica Chimica Acta, 572 (1): 113-120.

Takahashi M, Iizuka S, Watanabe T, et al. 2000. Possible mechanisms underlying mammary carcinogenesis in female Wistar rats by nitrofurazone [J]. Cancer Letters, 156 (2): 177-184.

Takahashi M, Yoshida M, Inoue K, et al. 2009. A ninety - day toxicity study of semicarbazide hydrochloride in Wistar Hannover GALAS rats [J]. Food and Chemical Toxicology, 47 (10): 2 490-2 498.

Takahashi M, Yoshida M, Inoue K, et al. 2014. Chronic toxicity and carcinogenicity of semicarbazide hydrochloride in Wistar Hannover GALAS rats [J]. Food and Chemical Toxicology, 73 (3): 84-94.

Tang T, Wei F, Wang X, et al. 2018. Determination of semicarbazide in fish by molecularly imprinted stir bar sorptive extraction coupled with high performance liquid chromatography [J]. Journal of Chromatography B, 1076: 8-14.

Tang Y, Xu J, Wang W, et al. 2011. A sensitive immunochromatographic assay using colloidal gold-antibody probe for the rapid detection of semicarbazide in meat specimens [J]. European Food Research and Technology, 232 (1): 9-16.

Tang Y, Yan L, Xiang J J, et al. 2011. An immunoassay based on bio-barcode method for quantitative detection of semicarbazide [J]. European Food Research and Technology, 232 (6): 963-969.

Tarek M, Zaki M, Fawzy M H, et al. 1986. Application of rhodanine, fluorene and semicarbazide hydrochloride as new spectrophotometric reagents for quinones [J]. Microchimica Acta, 90 (5-6): 321-328.

The European Parliament and the Council of the European Union. 2003. Commission Decision 2003/181/EC Amending Decision 2002/657/EC as regards the setting of minimum required performance limits (MRPLs) for certain residues in food of animal origin [R]. Brussels: Official Journal of the European Communities, L71/17-18.

Tittlemier S A, Van d R J, Burns G, et al. 2007. Analysis of veterinary drug residues in fish and shrimp composites collected during the Canadian Total Diet Study, 1993-2004 [J]. Food Additives and Contaminants, 24 (1): 14-20.

Tolosa I, Bayona J M, Albaiges J. 1995. Spatial and temporal distribution, fluxes, and budgets of organochlorinated compounds in Northwest Mediterranean sediments [J]. Environmental Science and Technology, 29 (10): 2 519-2 527.

Toth B, Shimizu H, Erickson J. 1975. Carbamylhydrazine hydrochloride as a lung and blood vessel tumor inducer in Swiss mice [J]. European Journal of Cancer, 11 (1): 17-22.

Toth B. 1975. Synthetic and naturally occurring hydrazines as possible cancer causative agents [J]. Cancer Research, 35 (12): 3 693-3 697.

Toth B. 2000. A review of the natural occurrence, synthetic production and use of carcinogenic hydrazines and related chemicals [J]. In vivo (Athens, Greece), 14 (2): 299-319.

Tu B M, Leung H W, Loi I H, et al. 2009. Antibiotics in the Hong Kong metropolitan area: Ubiquitous distribution and fate in Victoria Harbour [J] . Marine Pollution Bulletin, 58 (7): 1 052-1 062.

Valera-Tarifa N M, Plaza-Bolaños P, Romero-González R, et al. 2013. Determination of nitrofuran metabolites in seafood by ultra high performance liquid chromatography coupled to triple quadrupole tandem mass spectrometry [J] . Journal of Food Composition and Analysis, 30 (2): 86-93.

Van Poucke C, Detavernier C, Wille M, et al. 2011. Investigation into the possible natural occurence of semicarbazide in Macrobrachium rosenbergii Prawns [J] . Journal of Agricultural and Food Chemistry, 59 (5): 2 107-2 112.

Vass M, Diblikova I, Cernoch I, et al. 2008. ELISA for semicarbazide and its application for screening in food contamination [J] . Analytica Chimica Acta, 608 (1): 86-94.

Vass M, Hruska K, Franek M. 2008. Nitrofuran antibiotics: a review on the application, prohibition and residual analysis [J] . Veterinarni Medicina, 53 (9): 469-500.

Verdon E, Couedor P, Sanders P. 2007. Multi-residue monitoring for the simultaneous determination of five nitrofurans (furazolidone, furaltadone, nitrofurazone, nitrofurantoine, nifursol) in poultry muscle tissue through the detection of their five major metabolites (AOZ, AMOZ, SEM, AHD, DNSAH) by liquid chromatography coupled to electrospray tandem mass spectrometry-In-house validation in line with Commission Decision 657/2002/EC [J] . Analytica Chimica Acta, 586 (1-2): 336-347.

Vlastos D, Moshou H, Epeoglou K. 2010. Evaluation of genotoxic effects of semicarbazide on cultured human lymphocytes and rat bone marrow [J] . Food and Chemical Toxicology, 48 (1): 209-214.

Vázquez J, Albericio F. 2006. A convenient semicarbazide resin for the solid-phase synthesis of peptide ketones and aldehydes [J] . Tetrahedron Letters, 47 (10): 1 657-1 661.

Wang Q, Liu Y, Wang M, et al. 2018. A multiplex immunochromatographic test using gold nanoparticles for the rapid and simultaneous detection of four nitrofuran metabolites in fish samples [J] . Analytical and Bioanalytical Chemistry, 410 (1): 223-233.

Wang Y, Chan H W, Chan W. 2016. Facile formation of a DNA adduct of semicarbazide in reaction with apurinic/apyrimidinic sites in DNA [J] . Chemical Research in Toxicology, 29 (5): 834-840.

Wang Y, Chan W. 2016. Automated in-injector derivatization combined with high performance liquid chromatography-fluorescence detection for the determination of semicarbazide in fish and bread samples [J]. Journal of Agricultural and Food Chemistry, 64 (13): 2 802-2 808.

Wei T, Li G, Zhang Z. 2017. Rapid determination of trace semicarbazide in flour products by high-performance liquid chromatography based on a nucleophilic substitution reaction [J] . Journal of Separation Science, 40 (9): 1 993-2 001.

Weisburger E K, Ulland B M, Nam J, et al. 1981. Carcinogenicity tests of certain environmental and industrial chemicals [J] . Journal of the National Cancer Institute, 67 (1): 75-88.

Wickramanayake P U, Tran T C, Hughes J G, et al. 2006. Simultaneous separation of nitrofuran antibiotics and their metabolites by using micellar electrokinetic capillary chromatography [J] . Electrophoresis, 27 (20): 4 069-4 077.

Wu Y, Zhang J, Zhou Q. 1999. Persistent organochlorine residues in sediments from Chinese river/estuary systems [J]. Environmental Pollution, 105 (1): 143-150.

Xia X, Li X, Zhang S, et al. 2008. Simultaneous determination of 5-nitroimidazoles and nitrofurans in pork by high-performance liquid chromatography-tandem mass spectrometry [J] . Journal of Chromatography A, 1208 (1-2): 101-108.

Xie Y, Li P, Zhang J, et al. 2013. Comparative studies by IR, Raman, and surface-enhanced Raman spectroscopy of azodicarbonamide, biurea and semicarbazide hydrochloride [J] . Spectrochimica Acta Part A: Molecular and Biomolecular Spectroscopy, 114 (10): 80-84.

Xing B, Pignatello J J, et a1. Competitive sorption between atrazine and other organic compounds in soils and model sorbents, Environ, Sci, Technol, 1996, 30: 2 432-2 440.

Xing Y N, Ni H G, Chen Z Y. 2012. Semicarbazide in selected bird' s nest products [J] . Journal of Food Protection, 75 (9): 1 654-1 659.

Xu W H, Zhang G, Zou S C, et al. 2007. Determination of selected antibiotics in the Victoria Harbour and the Pearl River, South China using high-performance liquid chromatography-electrospray ionization tandem mass spectrometry [J] . Environmental Pollution, 145 (3): 672-679.

Xu W, Zhang G, Zou S, et al. 2009. A preliminary investigation on the occurrence and distribution of antibiotics in the Yellow River and its tributaries, China [J] . Water Environment Research A Research Publication of the Water Environment Federation, 81 (3): 248-254.

Xu Y, Sun Y, Song X, et al. 2010. Survey of semicarbazide contamination in coastal waters adjacent to the chaohe river estuary [J] . Oceanologia Et Limnologia Sinica, 41: 538-542.

Yamamoto M, Toda M, Sugita T, et al. 2009. Studies on the results of monitoring of veterinary drug residues in food products of animal origin in Japan and other countries [J] . Kokuritsu Iyakuhin Shokuhinsei Kenkyusho Hokoku, 36 (127): 84-92.

Ye J, Wang X H, Sang Y X, et al. 2011. Assessment of the determination of azodicarbonamide and its decomposition product semicarbazide: investigation of variation in flour and flour products [J] . Journal of Agricultural and Food Chemistry, 59 (17): 9 313-9 318.

Yu M, Feng Y, Zhang X, et al. 2017. Semicarbazide disturbs the reproductive system of male zebrafish (*Daniorerio*) through the GABAergic system [J] . Reproductive Toxicology, 73: 149-157.

Yu M, Zhang X, Guo L, et al. 2015. Anti-estrogenic effect of semicarbazide in female zebrafish (*Daniorerio*) and its potential mechanisms [J] . Aquatic Toxicology, 170: 262-270.

Yu W H, Chin T S, Lai H T. 2013. Detection of nitrofurans and their metabolites in pond water and sediments by liquid chromatography (LC) -photodiode array detection and LC-ion spray tandem mass spectrometry [J] . International Biodeterioration and Biodegradation, 85 (11): 517-526.

Yue Z, Yu M, Zhang X, et al. 2017. Semicarbazide-induced thyroid disruption in Japanese flounder (*Paralichthys olivaceus*) and its potential mechanisms [J]. Ecotoxicology and Environmental Safety, 140: 131-140.

Zaki MH, Moran D, et al. Pesticides in groundwater: The aldicarb story in Suffolk County. NY. Am. J. Public Health, 1982, 72: 1 391-1 395.

Zhai H, Zhang L, Pan Y, et al. 2015. Simultaneous determination of chloramphenicol, ciprofloxacin, nitrofuran antibiotics and their metabolites in fishery products by CE [J]. Chromatographia, 78 (7-8): 551-556.

Zhang D, Lin L, Luo Z, et al. 2011. Occurrence of selected antibiotics in Jiulongjiang River in various seasons, South China. [J]. Journal of Environmental Monitoring Jem, 13 (7): 1 953-1 960.

Zhang X, Gu X, Qu K, et al. 2014. Voltammetric behavior of semicarbazide at graphene modified electrode and application to detection [J]. Journal of the Chinese Chemical Society, 61 (6): 687-694.

Zhang Y, Qiao H, Chen C, et al. 2016. Determination of nitrofurans metabolites residues in aquatic products by ultra-performance liquid chromatography-tandem mass spectrometry [J]. Food Chemistry, 192: 612-617.

Zhang Z, Dai M, Hong H. 2002. Dissolved insect icides and polychlorinat ed biphenyls in the Pearl River Estuary and South China Sea [J]. J Environment al Monitoring, 4: 922-928.

Zhang Z, Wu Y, Li X, et al. 2017. Multi-class method for the determination of nitroimidazoles, nitrofurans, and chloramphenicol in chicken muscle and egg by dispersive-solid phase extraction and ultra-high performance liquid chromatography-tandem mass spectrometry [J]. Food Chemistry, 217: 182-190.

Zhao L, Hou H, Zhou Y, et al. 2010. Distribution and ecological risk of polychlorinated biphenyls and organochlorine pesticides in surficial sediments from Haihe River and Haihe Estuary Area, China [J]. Chemosphere, 78 (10): 1 285-1 293.

Zhong G, Tang J, Zhao Z, et al. 2011. Organochlorine pesticides in sediments of Laizhou Bay and its adjacent rivers, North China. [J]. Marine Pollution Bulletin, 62 (11): 2 543-2 547.

Zhou J L, Fileman T W, Evans S, et al. 1996. Seasonal Dist ribution of Dissolved Pesticides and Polynuclear Aromati c Hydrocarbons in the Humber Estuary and Humber Coast al Zone. Marine Pollution Bulletin, 32 (8/9): 599-608.

Zhou L, Li J, Lin X, et al. 2011. Use of RAPD to detect DNA damage induced by nitrofurazone in marine ciliate, *Euplotes vannus* (Protozoa, Ciliophora) [J]. Aquatic Toxicology, 103 (3-4): 225-232.

Zou S, Xu W, Zhang R, et al. 2011. Occurrence and distribution of antibiotics in coastal water of the Bohai Bay, China: impacts of river discharge and aquaculture activities [J]. Environmental Pollution, 159 (10): 2913.

Zupan I, Kalafati M. 2003. Histological effects of low atrazine concentration on zebra mussel (Dreissena polymorpha Pallas) [J]. Bulletin of Environmental Contamination & Toxicology, 70 (4): 688-695.